大数据与人工智能技术丛书

大数据技术与应用

——Hadoop和PySpark实现

周显春 肖衡 主编

清华大学出版社
北京

内 容 简 介

本书以 Python 为基础，深入讲解 HDFS 分布式文件系统和 PySpark3 编程。全书共 9 章，内容包括 Docker 环境下 Hadoop 与 Spark 的配置、HDFS 操作技巧、RDD 编程方法、Spark SQL 应用、Spark 架构及运行机制、Pandas on Spark 使用及 Spark ML 编程实践。本书通过实际操作案例，帮助读者掌握 Hadoop 和 PySpark 的环境搭建与应用编程，附带丰富的教学资源，包括教案、教学课件、练习题、源代码、数据集及核心知识点视频讲解及实验指导，为读者提供强大支持。

本书适合作为全国高等学校计算机、软件工程、数据科学与大数据技术、人工智能等专业的教材，同时对大数据应用开发者和技术从业者亦有参考价值。

版权所有，侵权必究。举报：010-62782989，beiqinquan@tup.tsinghua.edu.cn。

图书在版编目（CIP）数据

大数据技术与应用：Hadoop 和 PySpark 实现 / 周显春，肖衡主编. -- 北京：清华大学出版社，2025. 4. --（大数据与人工智能技术丛书）. -- ISBN 978-7-302-68743-6

Ⅰ. TP274

中国国家版本馆 CIP 数据核字第 2025BD6024 号

责任编辑：黄 芝 薛 阳
封面设计：刘 键
责任校对：韩天竹
责任印制：宋 林

出版发行：清华大学出版社
网 址：https://www.tup.com.cn，https://www.wqxuetang.com
地 址：北京清华大学学研大厦 A 座　　**邮 编**：100084
社 总 机：010-83470000　　**邮 购**：010-62786544
投稿与读者服务：010-62776969，c-service@tup.tsinghua.edu.cn
质量反馈：010-62772015，zhiliang@tup.tsinghua.edu.cn
课件下载：https://www.tup.com.cn，010-83470236

印 装 者：三河市人民印务有限公司
经 销：全国新华书店
开 本：185mm×260mm　**印 张**：18.75　**字 数**：445 千字
版 次：2025 年 5 月第 1 版　**印 次**：2025 年 5 月第 1 次印刷
印 数：1～1500
定 价：59.80 元

产品编号：103572-01

前言

本书旨在帮助读者全面了解大数据技术和 Spark 应用，系统地介绍了大数据技术的核心概念、关键技术和工具，并深入探讨了 Spark 在大数据处理和分析中的应用。通过阅读本书，读者将获得搭建大数据处理环境，利用 Hadoop、Spark 等工具进行数据处理和分析的实际能力。

全书 9 章内容介绍如下。

第 1 章 大数据技术概述。介绍大数据技术的背景和发展，包括大数据的概念、关键技术和代表性工具，为读者建立起对大数据技术的整体认识。

第 2 章 基于 Docker 的 Hadoop 集群搭建。详细介绍如何使用 Docker 构建 Hadoop 集群。从 Docker 的基本概念开始，逐步引导读者完成 CentOS 镜像的下载、容器的创建与配置，并实现基于 Docker 的 Hadoop 集群的安装和验证。

第 3 章 大数据存储与查询。详细讲解 HDFS 和 HBase 的基础及应用，涉及基本概念、架构原理和实际操作，如 HDFS Shell 和 Python API 使用，以及 HBase 的部署、操作和数据查询。

第 4 章 基于 Docker 的 Spark 集群搭建与使用。重点介绍如何安装和配置 Spark 集群。包括 Scala 和 Spark 的下载与安装、环境变量的配置，以及集群的启动、应用程序的提交和 Web 监控页面的使用。

第 5 章 Spark 概述。解释什么是 Spark 及其在大数据处理中的重要性；探讨了 Spark 的生态系统、架构和运行原理，帮助读者全面了解 Spark 的核心概念和内部工作原理。

第 6 章 Spark RDD。详细解析 RDD 的基础概念、特性、依赖关系和运行机制，讲解 RDD 的创建方法、转换与动作操作，最后通过案例分析和文件操作加深理解。

第 7 章 Spark SQL。讨论 Spark SQL 的基本概念和执行原理。介绍如何创建和操作 DataFrame，包括字段计算、条件查询、数据排序、数据去重和数据分组统计，还包括数据库的读写操作和 RDD 与 DataFrame 之间的相互转换。

第 8 章 Pandas API on Spark 编程。从基础概念、数据类型和结构入手，详细介绍其读写功能、索引处理、常用方法及数据分组等操作。探讨 Pandas 与 Spark DataFrame 之间的转换技巧，并通过酒店预订需求分析案例，展示数据处理和用户数据探索的实际应用。

第 9 章 PySpark ML。介绍 Spark ML 机器学习库的基本概念和使用方法。包括基本数据类型的介绍、基本统计分析的实现、机器学习流水线的构建、特征工程的应用，以及分类、回归、聚类和推荐模型的训练、评估和参数调优。

本书巧妙地融合了 Pandas on Spark 的前沿技术和 Spark ML 的实用应用，为读者搭建了一个理论与实践交互的学习平台，打通了大数据与机器学习领域的深度理解之路。本书创新性地引入Pandas on Spark，为Python开发者提供了处理大规模数据的强大工具，极大地降低了大数据处理的学习门槛。在内容安排上，本书不仅仅满足于传授理论知识，还通过一系列精心设计的实验和实际案例，引领读者实践，从而掌握每项技术的精髓，提升解决复杂问题的能力。这样的实践经验，确保读者在吸收最新技术知识的同时，能够全方位地提升自己在数据分析领域的实际操作能力和竞争力。

全书由三亚学院周显春负责内容规划和统稿编写，肖衡、谭瑞梅进行修订，共同实现特色课程立体化教学资源建设项目。还有很多教师和学生对本书提出了许多宝贵意见，在此一并向他们表示衷心的感谢。本书的出版得到了三亚学院产品思维导向特色课程改革项目(SYJKCF2023147)、2022年度海南省高等学校教育教学改革研究一般项目(Hnjg2022-102)、三亚学院学科特色课程群试点建设项目(SYJZKXK202315)、三亚学院优势专业建设项目(SYZUS202203)、三亚学院一流本科专业特色建设资助项目(SYZZZ202212)的资助。

因编者水平有限，书中难免存在不足之处，恳请读者批评指正。

作　者

2025年3月

目录

第 1 章

大数据技术概述

学习目标

- 理解大数据技术的发展背景及在当前技术领域的重要性。
- 掌握大数据的核心概念和关键技术,包括数据处理、存储和分析方法。
- 了解代表性的大数据分布式处理框架,如 Hadoop、Spark 和 Flink,以及它们之间的性能对比。

在这个数据驱动的时代,大数据技术的发展正如一股不可抗拒的潮流,翻滚向前。本章将带领读者探索大数据的核心概念与关键技术,揭示数据存储、处理、管理、挖掘和可视化的奥秘。更加精彩的是,将比较那些塑造现代数据生态系统的巨人——Hadoop、Spark 和 Flink 的技术优势、挑战以及独特的价值。这不仅仅是一次技术的探索,更是一次激情的旅程,旨在激发读者对大数据无限可能性的想象力,开启一个全新视角来理解我们所生活的数字世界。

1.1 大数据技术的发展背景

观看视频

随着信息技术的不断进步和互联网的普及,大数据技术迅速崛起并成为当代信息社会的重要组成部分。大数据技术的发展背景主要包括数据量的爆发式增长、多样化数据的产生、实时性需求的提升和价值挖掘的需求。这些背景推动了大数据技术的不断创新和应用,为数据驱动的决策和业务创新提供了强有力的支持。

1. 数据爆发式增长

数据量的快速增长是大数据技术发展的直接推动力。例如,社交媒体平台如 Facebook 和 Twitter 每天生成的数据量已达到 TB(太字节)级别,这些数据包括用户帖子、图片、视频和互动信息。同时,视频分享平台如 YouTube 每分钟上传的视频内容量巨大,再加上全球数十亿智能手机用户产生的数据,共同构成了一个庞大的数据生态。这种海量数据的存在不仅对传统的数据处理方法提出了挑战,也催生了大数据技术的发展和应用。

2. 多样化数据的产生

随着社交媒体、移动设备、物联网等技术的普及，人们产生的数据越来越多样化。除了传统的结构化数据，还涌现出大量的非结构化和半结构化数据。以物联网（Internet of Things，IoT）为例，各种智能设备和传感器在工业生产、智能家居、环境监测等领域的广泛应用产生了大量的实时数据。这些数据不仅涵盖了传统的数值和文本信息，还包括复杂的图像、声音和视频数据。例如，智能家居系统中的温度传感器、安防摄像头以及智能音箱等设备，它们产生的数据多样性对数据处理技术提出了更高的要求。

3. 实时性需求的提升

传统的数据处理方式难以满足实时性要求。在许多场景下，需要对数据进行实时处理和分析，以获取即时的洞察和响应。例如，以金融行业为例，高频交易系统需要在毫秒级别内分析和处理大量的交易数据，以实现快速交易决策。另一个例子是在线零售平台，通过实时分析用户行为和购买历史，可以即时推荐相关产品，提高用户满意度和购买转化率。这种对实时性的追求促进了大数据实时分析技术的快速发展。

4. 价值挖掘和决策支持

大数据中蕴含着丰富的信息和价值，通过对大数据进行挖掘和分析，可以发现隐藏的模式、趋势和关联规则，提供决策支持和业务创新的依据。大数据技术的发展为人们提供了更强大的工具和方法，帮助他们从数据中获取更深入的洞察和价值。例如，通过分析社交媒体上的用户行为和情感倾向，企业可以更好地理解市场趋势和消费者需求，从而制定更有效的市场策略。在医疗健康领域，通过对大量患者数据的分析，可以帮助医生诊断疾病、预测疾病发展趋势，并制定个性化治疗方案。这些例子充分展示了大数据技术在价值挖掘和决策支持方面的巨大潜力。

观看视频

1.2 大数据核心概念和关键技术

1.2.1 大数据核心概念

大数据核心概念围绕其六大基本特征和要素展开，这些要素对于深入理解和有效应用大数据技术至关重要。

1. 数据量

数据量（Volume）是大数据最直观的特征之一，它描述了数据集的规模巨大到传统数据处理工具难以高效处理的程度。这包括从TB（太字节）到PB（拍字节）乃至更大规模的数据集，涵盖了结构化数据、非结构化数据以及半结构化数据。例如，社交网络平台每天产生的用户互动数据、电子商务平台的交易记录、智能设备传输的传感器数据等，均体现了大数据的庞大规模。

2. 数据速度

数据速度（Velocity）关注数据的产生、处理和分析的速率。在数字化时代，数据不仅量大，而且流动速度快，这要求数据处理系统能够支持实时或近实时的数据处理能力。例如，金融市场的股票交易数据、社交媒体的实时帖子更新、城市交通系统的实时流量数据等，都需要快速处理和响应。

3. 数据价值

尽管数据量巨大，但真正重要的是能从中提取出有用的信息和洞察，即数据的价值(Value)。大数据的分析和挖掘旨在发现数据中隐藏的模式、趋势和关联，以支持决策制定、创新发展和效率提升。然而，数据的价值与其质量、相关性和可靠性密切相关，因此，确保数据质量和进行有效的数据分析至关重要。

4. 数据多样性

大数据环境中存在多种类型和格式的数据，包括但不限于结构化数据(如数据库表格)、非结构化数据(如文本、图片、视频和音频)以及半结构化数据(如 XML、JSON 格式的数据)。这种多样性(Variety)带来了数据集成、处理和分析的挑战，同时也为获取更全面的洞察提供了机会。

5. 数据真实性

数据真实性(Veracity)强调数据的质量和可信度，这对于基于数据的决策制定和分析尤为重要。由于大数据来源多样，可能包含错误、偏见或不完整的信息，因此，数据清洗、验证和质量控制成为确保数据分析结果准确性和可靠性的关键步骤。

6. 数据复杂性

大数据的复杂性(Complexity)不仅体现在其规模和多样性上，还包括数据之间的复杂关系、数据管理和处理的复杂性。数据可能来自多个来源，以不同格式存储，且具有复杂的内在关联。处理这种复杂性需要高效的数据管理工具和先进的分析技术，以确保数据的整合、分析和应用能够顺利进行。

1.2.2 大数据关键技术

大数据技术支撑着从海量数据集的存储、处理，到最终的分析和可视化的全过程。这些技术共同解决了如何高效地管理和分析庞大且复杂的数据集的挑战，进而支持了数据驱动的决策制定。以下是几种核心的大数据技术，它们的应用不仅推动了大数据领域的发展，也在多个行业中发挥了重要作用。

1. 数据存储技术

数据存储技术为大数据提供了高效、可靠的存储解决方案，支持海量数据集的存储和快速访问。

(1) 分布式文件系统(如 Hadoop 的 HDFS)。HDFS 通过将数据分布存储在多个服务器上，提供了高吞吐量的数据访问，同时保证了数据的可靠性和容错性。Google 的 GFS 是此类技术的先驱，而 Hadoop 的 HDFS 是开源界的代表，广泛应用于互联网公司和企业级大数据解决方案中。

(2) 列式存储(如 Apache Parquet)。专为提升大规模数据集分析的读取性能而设计，列式存储优化了数据压缩和查询效率，特别适用于数据仓库和在线分析处理(On-Line Analysis Processing，OLAP)。

(3) NoSQL 数据库(如 Apache Cassandra)。NoSQL 数据库支持非结构化和半结构化数据的存储，提供了高可扩展性和高性能。Facebook 开发的 Cassandra 就是为了处理大量数据而设计的，现已广泛应用于需要高可用性和分布式存储的场景。

2. 数据处理技术

数据处理技术包括一系列用于数据收集、清洗、转换和分析的工具及框架，确保数据能够被有效利用。

(1) 分布式计算框架(Apache Hadoop & Apache Spark)。Hadoop 提供了一个可靠的、可扩展的框架，用于分布式处理大数据，而 Spark 以其高速缓存和内存计算能力，为大数据分析提供了更快的处理速度。eBay 使用 Spark 进行实时商品推荐和客户行为分析。

(2) 流处理技术(Apache Flink & Apache Storm)，专门用于处理实时数据流。例如，Alibaba 使用 Flink 来优化其实时营销活动，提高用户体验和业务效率。

3. 数据管理技术

数据管理是大数据技术中的核心，它关乎如何从原始数据中提取、清洗、转换和加载有用的信息。

(1) 数据集成工具(Apache NiFi)：NiFi 支持高效的数据流管理和自动化数据流任务，帮助组织快速集成和管理数据源。在物联网数据管理中尤为重要。

(2) 数据质量和元数据管理(Apache Atlas)：为大数据生态系统提供了元数据管理和数据治理框架，帮助确保数据的一致性和可信度。

4. 数据挖掘技术

数据挖掘技术使得从大量数据中发掘洞见和模式成为可能，这一过程依赖于先进的算法和模型。

(1) 机器学习是一种使计算机能够通过数据学习并改进其行为的技术，无须进行明确编程。它依赖于算法来解析数据、学习数据的模式，并基于所学习的信息做出决策或预测。机器学习分为监督学习、无监督学习和强化学习等子领域，广泛应用于产品推荐、金融欺诈检测、预测维护和客户细分等场景。

(2) 深度学习技术通过构建深层神经网络，模拟人脑处理信息的机制，特别适用于图像和语音识别、自然语言处理等任务。TensorFlow 和 PyTorch 等框架为开发复杂的深度学习模型提供了强大的工具，使研究人员和开发者能够设计、训练和部署复杂的神经网络模型。

5. 数据可视化技术

数据可视化技术致力于将大量复杂的数据通过图形、图表等视觉形式呈现，以便用户能够直观地理解数据内涵、分析数据趋势和模式。这一技术领域融合了设计原理、数据科学和计算机科学的知识，旨在简化数据分析过程，加速决策支持系统的响应速度。在大数据时代，数据可视化不仅是数据呈现的艺术，更是一种使数据变得更加“可读”和“可用”的科学方法。

常用的数据可视化工具包括但不限于 Tableau、Power BI、Matplotlib、Plotly、Echarts 和 D3.js 等。这些工具各有其特点和应用领域：Tableau 和 Power BI 适用于商业智能报告和数据分析；Matplotlib 和 Plotly 提供了广泛的图表类型，适合科学计算和工程应用；而 Echarts 和 D3.js 则提供了更丰富的交互性和定制能力，适用于开发复杂的数据可视化项目。

1.3　代表性大数据分布式处理框架

在当今的数据驱动时代，大数据分布式框架成为处理海量数据集、提取洞察并支持数据密集型应用的关键技术。Apache Hadoop、Apache Spark 和 Apache Flink 是三个领先的、广泛使用的大数据处理框架，它们各自拥有独特的特点和优势，适用于不同的应用场景。

1.3.1　Hadoop

Hadoop 是一种开源的分布式计算框架，旨在存储和分析海量数据集。它包括两个核心组件：Hadoop 分布式文件系统（Hadoop Distributed File System，HDFS）和 MapReduce 计算模型。HDFS 是一个可扩展的分布式文件系统，能够将大数据集存储在多个节点上。MapReduce 是一种并行计算模型，通过将计算任务划分为多个子任务，并在集群上并行执行，实现高效的数据处理。Hadoop 生态系统还包括一些其他组件，如 YARN 资源管理器和 Hive 数据仓库等，提供更丰富的功能和工具支持。

1. 关键技术及工具

Hadoop 通过其分布式架构，实现了数据的高效存储和并行处理。HDFS 保证了数据的可靠存储，而 MapReduce 则提供了强大的数据处理能力。YARN 优化了资源分配，使得多任务并行执行成为可能。Hadoop 的生态系统中还包括了 Hive、Pig 等工具，进一步丰富了其数据处理和分析的能力，如图 1-1 所示。

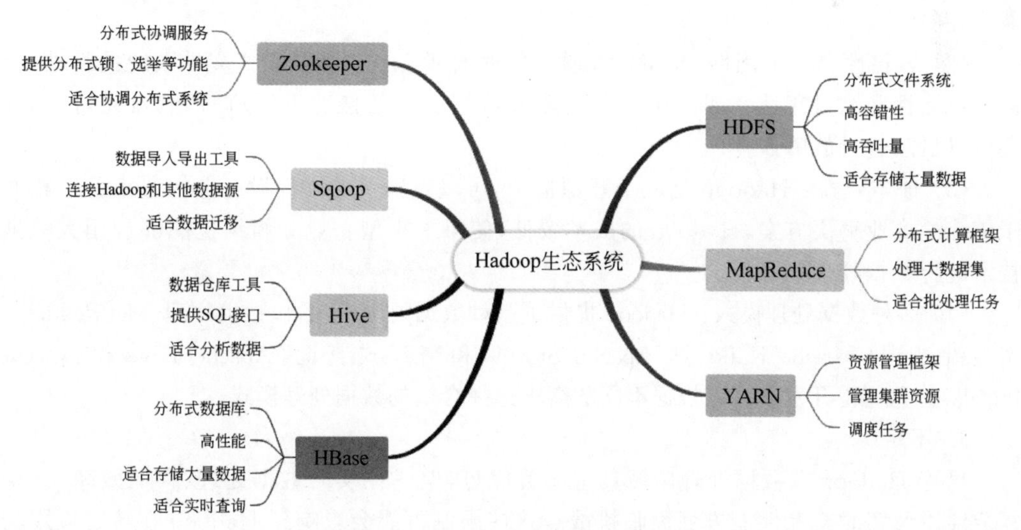

图 1-1　Hadoop 的主要组件及功能

Hadoop 分布式文件系统（HDFS）是 Hadoop 的核心组件之一，它是一个可扩展的分布式文件系统，用于存储大规模数据集。HDFS 将数据划分为多个块，并将这些块分布在多个计算节点上，提供了高可靠性和高吞吐量的数据存储。

(1) MapReduce 计算模型：MapReduce 是 Hadoop 的另一个核心概念，它是一种并行计算模型，用于处理大规模数据集。MapReduce 将计算任务划分为两个阶段：Map 阶段和 Reduce 阶段。在 Map 阶段，数据被划分为多个键值对，并进行局部计算；在 Reduce 阶段，相同键的数据被合并并进行最终的计算。

(2) YARN 资源管理器：YARN(Yet Another Resource Negotiator)是 Hadoop 的资源管理器，负责集群中的资源分配和任务调度。YARN 使得多个应用程序可以共享集群资源，并提供了高效的资源管理和任务隔离。

(3) Hive：Hive 是一个数据仓库基础设施工具，提供了类 SQL 的查询语言 HiveQL，可以将结构化数据映射到 HDFS 上，并支持数据的查询和分析。

(4) HBase：HBase 是一个分布式、可伸缩的列式数据库，用于存储大规模结构化数据，并提供快速的读写访问能力。

(5) Sqoop(SQL-to-Hadoop)：是一个开源工具，旨在实现 Hadoop 和关系数据库之间的高效数据传输。

(6) ZooKeeper：是一个分布式协调服务，用于管理和协调 Hadoop 集群中的各个组件和任务。

2. 优点

Hadoop 的主要优势在于其出色的可扩展性、容错性和成本效益，能够在不断增长的数据需求面前轻松扩展，同时保证数据的可靠性和访问性。此外，Hadoop 支持多种数据处理模式，提供了灵活的数据处理解决方案，满足不同场景的需求。

(1) 可扩展性：Hadoop 具有良好的可扩展性，可以在大规模集群上处理和存储海量数据。通过水平扩展的方式，可以增加集群中的节点数量，以应对不断增长的数据需求。

(2) 容错性和高可用性：Hadoop 通过数据的冗余备份和分布式文件系统的特性，提供了容错性和高可用性。即使在节点故障或数据丢失的情况下，数据仍然可靠可用，并且可以自动进行故障恢复。

(3) 成本效益：Hadoop 是一个开源框架，可以在廉价的硬件设备上构建集群。相对于传统的商业解决方案，Hadoop 的成本较低，使得中小型企业和组织也能够利用大数据技术进行数据处理和分析。

(4) 多种数据处理模式：Hadoop 提供了多种数据处理模式，包括批处理(MapReduce)、实时流处理(Apache Kafka 和 Apache Storm)和交互式查询(Apache Hive 和 Apache Impala)。这使得开发者可以根据不同的需求选择合适的数据处理模式。

3. 不足

尽管 Hadoop 在数据处理领域具有显著优势，但它在实时数据处理、存储效率、系统复杂性以及实时交互性能方面面临挑战。这些限制可能会影响到 Hadoop 在特定应用场景下的适用性和用户体验。

(1) 处理实时数据的限制：传统的 Hadoop 批处理模式在处理实时数据方面存在一定的限制。由于批处理的特性，处理实时数据需要额外的技术和工具，如 Apache Storm 或 Apache Flink。

（2）存储效率：Hadoop 使用分布式文件系统来存储数据，但在存储效率方面存在一些开销。由于数据的冗余备份和数据块的复制，Hadoop 在存储空间的利用率上相对较低。

（3）复杂性和学习曲线：Hadoop 的配置、部署和管理相对复杂，对于新手来说可能需要花费一定的时间和精力来学习和掌握。此外，Hadoop 生态系统中的其他工具和组件也需要额外的学习和了解。

（4）实时交互性能：虽然 Hadoop 提供了一些交互式查询工具，如 Apache Hive 和 Apache Impala，但在实时交互性能方面相对较弱。

1.3.2　Spark

Spark 是一个快速、通用的大数据处理和分析引擎，提供了比 Hadoop 更高级别的 API 和功能。它支持在内存中进行数据处理，通过将数据存储在内存中进行迭代计算，大大提高了处理速度。Spark 提供了丰富的 API，包括 Scala、Java、Python 和 R 等，使得开发者可以使用自己熟悉的编程语言进行大数据处理。Spark 的核心概念是弹性分布式数据集（Resilient Distributed Dataset，RDD），它是一个可并行操作的数据集，具有容错性和可恢复性。除了基本的数据处理功能外，Spark 还提供了图处理（GraphX）、机器学习（MLlib）和流处理（Structured Streaming）等高级功能。

1. 关键技术

Apache Spark 通过一系列关键技术和模块提供了对大数据的高效处理能力。这些技术包括弹性分布式数据集（RDD）作为其核心数据结构，以及 Spark SQL、Spark Streaming、MLlib/ML 和 GraphX 等模块，共同构成了 Spark 的综合数据处理和分析能力。

1）弹性分布式数据集（RDD）

RDD 是 Spark 的核心数据抽象，它代表一个分布式的、不可变的数据集合。RDD 具有容错性和可并行计算的特点，可以在内存中高效地处理大规模数据。RDD 支持多种转换操作（如 map、filter、reduce）和行动操作（如 count、collect、save），可以进行复杂的数据处理和分析。

2）Spark SQL

Spark SQL 是 Spark 的模块之一，用于处理结构化数据。它提供了类似 SQL 的查询语言（Spark SQL 或 HiveQL）和 DataFrame API，可以将结构化数据（如 JSON、CSV、Parquet）映射为表格形式，并支持数据的查询、过滤、聚合和连接等操作。Spark SQL 还与 Spark 的其他组件（如 Spark Streaming、MLlib）无缝集成，实现了批处理和流处理的一体化。

3）Spark Streaming

Spark Streaming 是 Spark 的流处理模块，支持实时数据流的处理和分析。它将实时数据流划分为一系列小批量数据，并使用 Spark 的批处理引擎进行处理。Spark Streaming 具有高吞吐量、低延迟和容错性的特点，可以与其他 Spark 组件（如 Spark SQL、MLlib）集成，实现复杂的实时数据处理任务。

4）MLlib/ML

MLlib/ML是Spark的机器学习库，提供了丰富的机器学习算法和工具。它支持常见的机器学习任务，如分类、回归、聚类、推荐和降维等。MLlib/ML具有分布式计算的能力，可以处理大规模的训练数据，并提供了易于使用的API和工具，使得机器学习任务更加高效和便捷。

5）GraphX

GraphX是Spark的图处理库，用于处理大规模图数据和图算法。它提供了图的构建、操作和算法计算的API，支持复杂的图结构和图算法，如PageRank、连通性分析、图聚类等。GraphX与Spark的其他组件（如Spark SQL、MLlib）无缝集成，可以进行图数据的分析和挖掘。

2. 优点

Spark的优势在于其高速的数据处理能力、统一的编程模型、功能丰富的生态系统以及出色的容错性和可靠性。

（1）高速的数据处理：Spark采用内存计算模型，能够将数据存储在内存中进行高速计算，大大提高了数据处理的速度。它通过RDD的概念和基于转换操作的弹性计算模型，实现了高效的数据处理和分析。

（2）统一的编程模型：Spark提供了统一的编程模型，支持多种编程语言（如Scala、Java、Python和R），以及多个数据处理模式（如批处理、实时流处理、机器学习和图计算）。这使得开发者可以在同一个框架下进行不同类型的数据处理，简化了开发流程和代码维护。

（3）多个组件、功能丰富：Spark生态系统包括Spark SQL、Spark Streaming、MLlib和GraphX等多个组件，提供了丰富的数据处理、机器学习和图分析功能。这使得开发者可以在一个统一的框架下完成多种任务，无须依赖不同的工具和环境。

（4）容错性和可靠性：Spark具有容错性和可靠性，通过RDD的弹性特性和检查点机制来处理数据丢失和故障。它能够自动恢复计算中的错误，并保证结果的准确性和一致性。

3. 不足

虽然Apache Spark以其出色的性能和灵活的数据处理能力在大数据领域受到广泛欢迎，但在使用过程中也存在对内存资源的高需求、较陡峭的学习曲线以及在特定功能和扩展性方面的局限。

（1）对内存的需求较高。Spark的内存计算模型使得它对内存的需求较高，特别是在处理大规模数据时。如果内存资源有限，可能需要进行调优或采用其他解决方案。

（2）学习曲线较陡。相较传统的大数据处理框架，Spark的学习曲线较陡。使用Spark需要熟悉其编程模型、API和调优技巧，这对于新手来说可能需要一定的学习和实践时间。

（3）某些功能和扩展性的限制。尽管Spark提供了丰富的组件和功能，但在某些特定需求和场景下可能存在一些限制。例如，对于复杂的图分析或实时流处理，可能需要额外的定制化或结合其他工具来实现。

1.3.3　Flink

Flink 是一个流式数据处理和批处理框架，旨在实现低延迟和高吞吐量的大数据处理。Flink 支持基于事件时间的流处理，可以处理无限的数据流，并具有容错和 Exactly-Once 语义。Flink 还提供了对批处理的支持，使得开发者可以在同一个框架下同时进行流处理和批处理。

1. 关键技术

Flink 的核心技术包括分布式流式数据处理、批处理、Exactly-Once 语义、状态管理和分布式计算引擎。这些技术共同支撑了 Flink 在实时数据处理和批处理领域的强大能力，使其能够灵活地应对各种数据处理场景，从而为开发者提供一个高效、可靠且易于扩展的数据处理平台。

(1) 分布式流式数据处理：Flink 支持基于事件时间的流式数据处理，能够处理无界数据流并实现低延迟和高吞吐量的实时计算。它提供了流式数据转换操作(如 map、filter、reduce)和窗口操作(如滚动窗口、滑动窗口)，使得开发者可以灵活地处理和分析流式数据。

(2) 批处理：除了流式数据处理，Flink 还支持批处理，可以处理有界的批量数据。它提供了类似于流处理的 API 和操作，使得开发者可以在同一个框架下同时进行流处理和批处理，实现一体化的数据处理。

(3) Exactly-Once 语义：Flink 保证了数据处理的 Exactly-Once 语义，即在发生故障时能够确保结果的准确性和一致性。它通过在数据源和数据传输过程中引入检查点机制和状态管理，以及分布式快照技术，实现了端到端的 Exactly-Once 语义。

(4) 状态管理：Flink 具有内置的状态管理机制，可以跟踪和管理数据处理过程中的状态。状态可以是键值对、列表、聚合值等，用于存储和更新数据处理的中间结果。Flink 提供了丰富的状态管理 API 和机制，使得开发者可以进行复杂的状态管理和处理。

(5) 分布式计算引擎：Flink 采用分布式计算的方式运行数据处理任务，支持任务的并行执行和分布式部署。它可以在大规模集群上运行，利用集群中的计算资源进行高效的数据处理。Flink 还提供了任务调度、资源管理和容错机制，以确保任务的可靠性和高性能。

2. 优点

Flink 的主要优势在于其出色的低延迟和高吞吐量性能，结合灵活的流批一体化处理能力和高级的状态管理功能，为实时数据分析提供了强大的支持。这些优点使得 Flink 成为处理高速数据流和复杂数据处理任务的理想选择，尤其是在需要精确一次性处理和高度可靠性的应用场景中。

(1) 低延迟和高吞吐量：Flink 支持基于事件时间的流式数据处理，能够实现低延迟和高吞吐量的实时计算。它采用流水线式的计算模型，通过优化数据传输和计算任务的执行顺序，提高了数据处理的效率。

(2) Exactly-Once 语义：Flink 保证了数据处理的 Exactly-Once 语义，即在发生故障时能够确保结果的准确性和一致性。它通过检查点机制和分布式快照技术来管理和恢复状态，从而保证数据处理的可靠性。

(3) 灵活的流批一体化：Flink 同时支持流式数据处理和批处理，提供了统一的编程模型和 API。开发者可以在同一个框架下同时进行流处理和批处理，无须切换不同的工具和环境，提高了开发效率和代码复用性。

(4) 高级的状态管理：Flink 具有强大的状态管理机制，可以跟踪和管理数据处理过程中的状态。它支持多种类型的状态和状态更新操作，并提供了丰富的状态管理 API 和工具，使得开发者可以进行复杂的状态处理和分析。

3. 不足

尽管 Flink 在许多方面表现出色，但它仍然存在一些挑战，主要包括相对陡峭的学习曲线、较小的生态系统和相对较弱的社区支持。

(1) 学习曲线较陡：相比其他大数据处理框架，Flink 的学习曲线较陡。使用 Flink 需要熟悉其编程模型、API 和内部机制，以及配置和调优相关的参数。这对于新手来说可能需要一定的学习和实践时间。

(2) 生态系统相对较小：与 Hadoop 和 Spark 相比，Flink 的生态系统相对较小。尽管 Flink 在流处理和批处理方面具有强大的能力，但其周边工具和生态系统相对有限。这可能对一些特定需求和场景下的功能支持和扩展性造成一定的限制。

(3) 社区支持相对较弱：尽管 Flink 拥有活跃的开源社区，但与 Hadoop 和 Spark 相比，其社区规模较小、支持资源相对较少。这可能导致在遇到问题时，获取相关支持和解决方案的困难程度稍高。

1.3.4 常见计算框架的性能对比

每个框架都有其特定的优势和设计哲学。选择哪个框架通常取决于特定的需求、技术栈的适应性，以及开发和维护成本。Hadoop 是适合大规模数据批处理和存储的可靠选择；Spark 以其快速的数据处理能力和强大的内存计算优势，适合数据分析和机器学习场景；而 Flink 则以其在流处理方面的优异性能和灵活性，成为实时数据处理和复杂事件处理的首选框架。不同框架之间的关键区别如表 1-1 所示。

表 1-1 不同框架之间的关键区别

指 标	Hadoop	Spark	Flink
设计目标	大规模数据存储和批处理	快速通用计算引擎，支持批处理和流处理	流处理为中心，同时支持批处理
数据处理模式	批处理为主	批处理和流处理(微批处理模式)	真正的流处理，具有批处理能力
性能	较慢，因为依赖于磁盘 I/O	内存计算使其比 Hadoop 快	流处理中低延迟，性能通常优于 Spark
易用性	API 相对低级，学习曲线较陡	提供高级 API，易于使用，支持多种编程语言	高级 API，流批一体化设计，易于处理复杂场景
容错机制	基于数据副本的容错机制	基于 RDD 的转换操作实现容错	支持精确一次处理语义的状态管理和容错

续表

指　　标	Hadoop	Spark	Flink
主要用例	大规模数据批处理和存储，如 Web 索引、日志处理	数据科学、机器学习、实时流处理	实时数据处理、事件驱动应用、复杂事件处理
生态系统	成熟，广泛的生态系统，包括 Hive、Pig 等	丰富，包含 SQL、MLlib（机器学习）、GraphX（图处理）	不断发展中，已有丰富的连接器和库支持
开发语言支持	Java 为主，部分支持其他语言	支持 Scala、Java、Python、R	主要支持 Java 和 Scala，通过 API 可以支持其他语言

本章小结

本章首先讲述了大数据的发展背景和核心概念，接着介绍了关键技术。然后详细探讨了 Hadoop、Spark 和 Flink 等主流大数据分布式处理框架的特性和优势。最后，通过比较这些框架在不同场景下的性能，为选择合适的大数据处理工具提供参考。

习题 1

1. 判断题

(1) 大数据技术的发展背景包括数据量的爆发式增长和多样化数据的产生。(　　)

(2) 大数据核心概念包括数据量、数据速度和数据价值。(　　)

(3) 大数据关键技术包括数据存储、数据处理和数据分析。(　　)

(4) Hadoop 是一种流行的大数据处理框架，可以高效地处理结构化数据。(　　)

(5) Spark 是一种实时数据处理框架，适用于对流式数据进行实时分析。(　　)

2. 选择题

(1) 大数据技术发展背景主要包括以下哪些方面？(　　)

A. 数据质量的提高　　B. 数据价值的降低

C. 数据量的增长和多样化数据的产生　　D. 数据传输速度的提升

(2) 在大数据的 4V 模型中，Velocity 指的是(　　)。

A. 数据量　　B. 数据速度　　C. 数据价值　　D. 数据维度

(3) 在大数据技术中，下列哪项技术主要关注于数据的存储？(　　)

A. 数据处理　　B. 数据分析　　C. 分布式文件系统　　D. 数据挖掘

(4) 下列哪个框架主要被设计用于分布式存储和大规模数据处理？(　　)

A. Hadoop　　B. Spark　　C. Flink　　D. Kafka

(5) Spark 框架设计上的优势主要体现在(　　)。

A. 仅实时数据处理　　B. 支持实时和批量数据处理

C. 数据存储　　D. 数据传输

3. 简答题

(1) 简要解释 Hadoop、Spark 和 Flink 的特点和用途。

(2) 为什么大数据技术在当今的数据驱动决策和业务创新中起着重要作用?

实验 1 Linux 常用命令的使用

1. 实验目的

通过本实验,学员将学会使用 Docker 搭建 CentOS 虚拟环境,并熟练掌握 Linux 系统下常用命令的使用。

2. 实验环境

(1) 一台已安装 Docker 的计算机或虚拟机。

(2) 互联网连接(用于下载 Docker 镜像)。

3. 实验内容和要求

1) 搭建 CentOS 虚拟环境

(1) 使用 Docker 搭建 CentOS 虚拟环境。

(2) 启动一个 CentOS 容器并进入其命令行界面。

2) 在 CentOS 虚拟环境中完成任务

(1) 文件和目录管理。

① 在当前目录下分别创建一个名为 myfiles、newfiles 的新目录。

② 进入名为 myfiles 的目录以执行操作。

③ 显示当前的工作目录路径。

④ 列出当前目录下的所有文件和子目录。

⑤ 在当前目录下创建一个名为 file1. txt 的空文件。

⑥ 将名为 file1. txt 的文件复制为名为 file2. txt 的文件。

⑦ 将名为 file2. txt 的文件移动到 newfiles 目录。

⑧ 将 file1. txt 权限修改为 755。

⑨ 删除名为 file1. txt 的文件。

(2) 文本处理。

① 在 file2. txt 文件中增加下面的内容:

三亚,阳光沙滩,热情如火,海天一色,尽情畅游!

② 查看文件 file2. txt 的内容。

③ 在文件 file2. txt 中搜索特定模式或关键字“热情”。

④ 使用 sed 进行文本替换。将文件 file2. txt 中所有的“三亚”替换为“中国三亚”。

(3) 系统管理。

① 查看当前系统中所有运行的进程状态。

② 显示系统资源使用情况。

③ 终止一个指定进程的运行。

④ 立即关闭系统,使其进入关机状态。

⑤ 重新启动系统。

(4) 网络管理。

① 显示主机名和域名映射信息。

② 测试当前系统与百度(www. baidu. com)的连通性。

(5) 用户和权限管理。

① 添加一个名为 legend 的新用户。

② 修改用户 legend 的密码。

③ 切换到用户 legend 的身份。

④ 将文件 file2. txt 的所有者修改为 legend,所属组修改为 root。

第 2 章

基于Docker的Hadoop集群搭建

学习目标

- 了解 Docker 的核心概念并可进行常见操作。
- 掌握在 Docker 环境下准备 CentOS 镜像和创建访问容器的方法。
- 学习 Hadoop 集群的部署模式、规划及前置软件的安装配置。
- 理解 Hadoop 安装与配置过程，以及集群的启动、关闭和监控方法。

在这个快速变化的技术世界中，掌握最前沿的技能不仅是一个优势，它几乎成了一种生存的必需。本章内容将进入一个令人兴奋的领域——利用 Docker 这个革命性的技术来搭建 Hadoop 集群。想象一下，用几个简单的命令就能构建起一个强大的数据处理中心，这不仅仅是技术的魅力，更是打开大数据世界大门的钥匙。本章从 Docker 的基础概念到搭建第一个 Hadoop 集群，将一步步揭示如何在这个虚拟化的容器世界中，轻松管理和运行分布式系统。不论是初学者还是希望深化理解的开发者，本章都是不可多得的学习资源。让我们一起启程，探索这个充满无限可能的技术新领域，解锁大数据处理的新技能，开启数据科学之旅。

2.1 Docker 基础知识

Docker 是一种开源的容器化平台，用于构建、部署和运行应用程序。它通过容器的方式实现了应用程序的打包和隔离，使应用程序能够在不同的环境中以相同的方式运行。

Docker 的优点如图 2-1 中所列，包括快速部署、轻量化、可移植性和可扩展性等方面。它能够快速创建和启动容器，极大地提高了应用程序的部署效率。相对于传统的虚拟机，Docker 容器更加轻量级，占用的资源更少，并且启动更快。Docker 容器可以在不同的环境中运行，保证了应用程序的一致性和可移植性。同时，Docker 容器可以很容易地进行横向和纵向的扩展，满足应用程序的需求。

然而，Docker 也面临着一些挑战，如图 2-1 中所列，包括容器性能开销和安全性挑战。容器相比于直接在操作系统上运行应用程序会带来一定的性能开销。另外，由于容器共享主机操作系统的内核，容器之间可能存在一定的安全风险，需要采取适当的安全措施。

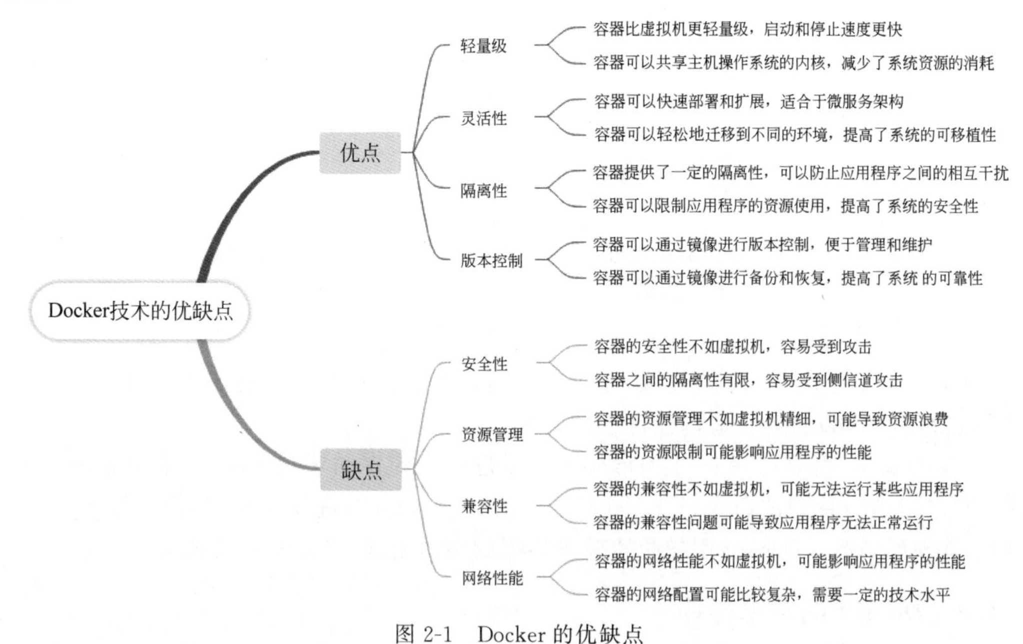

图 2-1　Docker 的优缺点

总体来说，Docker 作为一种先进的容器化技术，已经被广泛应用于软件开发和部署领域，为应用程序的交付和管理带来了巨大的便利性。它提供了一种标准化的、可移植的方式来打包和交付应用程序，并提供了灵活的扩展和部署选项。

2.1.1　Docker 的核心概念

Docker 的核心概念如图 2-2 所示，它们共同构成了 Docker 的基础架构，使得应用程序可以被打包、分发和部署为独立的容器。通过使用这些概念，开发人员可以轻松地构建、管理和运行应用程序，实现快速、可靠的软件交付。

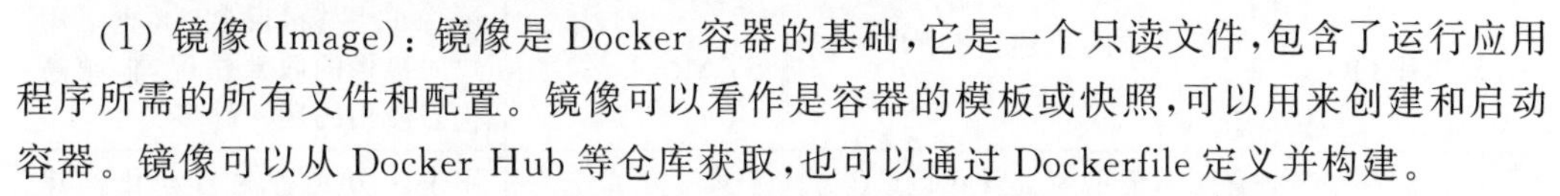

（1）镜像（Image）：镜像是 Docker 容器的基础，它是一个只读文件，包含了运行应用程序所需的所有文件和配置。镜像可以看作是容器的模板或快照，可以用来创建和启动容器。镜像可以从 Docker Hub 等仓库获取，也可以通过 Dockerfile 定义并构建。

（2）容器（Container）：容器是从镜像创建的运行实例。每个容器都是相互隔离的、独立运行的环境，包含了运行应用程序所需的文件、库和系统工具。容器可以被启动、停止、删除和暂停，可以在不同的主机和环境中移动。

（3）仓库（Repository）：仓库是用来存储和共享镜像的地方。可以将自己创建的镜像上传到仓库，并与他人共享。公共仓库中最知名的是 Docker Hub，其中包含了大量的官方和社区提供的镜像供使用。此外，还可以创建私有仓库来管理自己的镜像。

（4）Dockerfile：Dockerfile 是一个文本文件，用于定义镜像的构建过程。它包含了

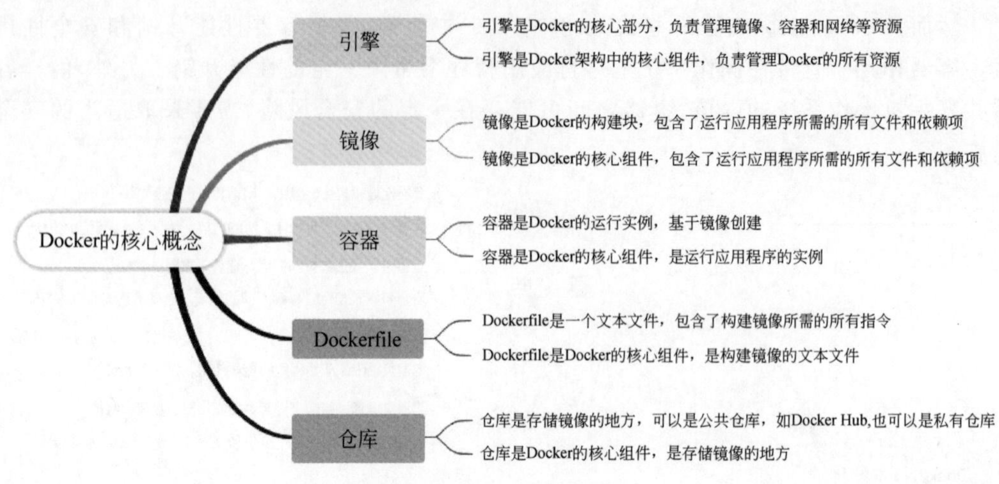

图 2-2 Docker 的核心概念

一系列的指令，用于指定基础镜像、运行命令、添加文件、设置环境变量等操作。通过编写 Dockerfile，可以自动化地构建自己的镜像。

(5) Docker 引擎(Engine)：Docker 引擎是用来管理和运行 Docker 容器的核心组件。它包括了一系列的命令行工具和 API，用于与 Docker 进行交互，如构建镜像、启动容器、管理网络等。Docker 引擎负责管理容器的生命周期、资源分配和隔离。

观看视频

2.1.2 Docker 的常见操作

Docker 的常见操作包括搜索、下载、删除镜像，创建、启动、停止、删除容器，以及进行文件传输和网络设置等操作。

1. 镜像操作

(1) 搜索镜像：docker search <关键字>，用于搜索 Docker Hub 上的镜像。该命令执行之后，显示信息的字段含义如表 2-1 所示。

表 2-1 镜像常用字段及含义

字段名	含义	字段名	含义
INDEX	镜像索引，这里代表镜像仓库	NAME	镜像名称
DESCRIPTION	关于镜像的描述，使用户可以有方向性地选择镜像	STARS	镜像的星标，反映 Docker 用户对镜像的收藏情况，值越高代表使用的用户越多
OFFICIAL	有此标记的都是 Docker 官方维护的镜像，没有此标记的通常是用户上传的镜像	AUTOMATED	用来区分是否为自动化构建的镜像，有此标记的为自动化构建的镜像，否则不是

(2) 下载镜像：docker pull <镜像名>，用于从仓库中下载镜像。

(3) 查看镜像：docker images，用于列出本地已下载的镜像。

(4) 删除镜像：docker rmi <镜像名>，用于删除本地的镜像。

(5) 镜像的导出：docker save -o <文件名.tar> <镜像名称:标签>。

(6) 镜像的导入：docker load -i <文件名.tar>。

2. 容器操作

(1) 创建并启动容器：docker run <镜像名>,用于创建一个新的容器。

docker run [OPTIONS] IMAGE [COMMAND] [ARG...]

根据需要设置容器的参数。常用的参数设置与功能说明如表 2-2 所示。

表 2-2　常用的参数设置与功能说明

参　　数	功 能 说 明
-d	以后台模式运行容器
add-host list	添加自定义主机到 IP 映射(主机：IP)
e, env list	设置环境变量
h, hostname	指定容器的 hostname
i, interactive	以交互模式运行容器,通常与 ；t 同时使用
ip	IPv4 address (例如 172.17.0.2)
name	为容器指定一个名称
network network	指定容器的网络连接类型,bridge/host/none/container
privileged	Give extended privileges to this container
p, publish list	将容器的端口映射到主机端口
P, publish	随机端口映射,容器内部端口随机映射到主机的端口
t,tty	为容器重新分配一个伪输入终端,通常与；i 同时使用
v, volume list	绑定一个卷

(2) 启动容器：docker start <容器 ID 或名称>,用于启动已创建的容器。

(3) 停止容器：docker stop <容器 ID 或名称>,用于停止正在运行的容器。

(4) 进入容器：docker exec -it <容器 ID 或名称> <命令>,用于在运行的容器中执行命令。

(5) 查看容器：docker ps,用于列出正在运行的容器。

(6) 删除容器：docker rm <容器 ID 或名称>,用于删除已停止的容器。

(7) 导出容器：docker export my_container > my_container.tar。

(8) 导入容器：docker import - my_new_image:latest。

3. 容器和主机之间的文件传输

(1) 从容器复制文件到主机：使用 docker cp 命令可以将容器内的文件复制到主机上。

(2) 从主机复制文件到容器：使用 docker cp 命令可以将主机上的文件复制到容器内。

4. 容器网络操作

(1) 设置端口映射：使用 docker run -p 命令可以将容器内的端口映射到主机上的端口。

(2) 查看容器的 IP 地址：使用 docker inspect 命令可以查看容器的 IP 地址。

5. 文件共享

Docker 在容器中管理数据主要有两种方式：挂载本地目录、数据卷容器。

Docker 挂载本地目录,Docker 容器启动时,可以使用-v 参数来挂载主机下的一个目录。要启动一个 centos 容器,宿主机的 d:/spark 目录挂载到容器的/tmp/spark 目录,可通过以下命令方式指定：

```
docker run -it -v d:/spark:/tmp/spark centos /bin/bash
```

-v参数中，冒号"："前面的目录是宿主机目录，后面的目录是容器内目录。冒号前后的路径必须是绝对路径，以下斜线"/"开头。宿主机目录如果不存在，则会自动生成。

6. 域名修改

域名是用于在互联网上标识和定位网站的字符串。它是网站的唯一地址，类似于电话号码或门牌号码，能够让用户找到并访问特定的网站或在线服务。/etc/hosts文件早于DNS出现，用于解析主机名，为系统提供本地的域名解析和主机名映射。/etc/hosts文件中的一行（空格或Tab间隔）组成如下：

```
ip full_host_name alias_host_name #comment
```

Docker容器中的/etc/hosts文件内容由--add-host参数添加。

（1）需要提前设置/etc/hosts文件。在容器启动后，当在被启动的容器中访问其他服务器时，修改/etc/hosts文件，但是重启容器后，增加的内容会丢失。

（2）add-host命令选项。在启动容器的同时对/etc/hosts文件进行必要的设置。使用docker run的--add-host命令选项，将要访问的其他服务器的host和ip加入到/etc/hosts文件。

--add-host命令选项表示，在启动容器时，向/etc/hosts文件添加一个host:ip的映射。

```
docker run --add-host='worker1:192.168.10.200' 容器id -it /bin/bash
```

容器启动之后，会把"worker1:192.168.10.200"这个配置写到容器的/etc/hosts中。

观看视频

2.1.3 Docker网络

1. 概述

Docker提供了灵活而强大的网络功能，使得容器之间可以相互通信，并与外部网络进行交互。Docker提供了4种主要的网络模式，用于定义容器之间的网络通信方式，其特点如表2-3所示。

表2-3 常见的网络通信方式

网络模式	命令指定方式	描述
bridge	-network bridge	为每一个容器分配、设置IP，并将容器连接到docker0虚拟网桥上，这也是默认的网络模式
host	-network host	容器不会创建自己的网卡，配置IP等，而是使用宿主机的IP和端口
container	-network 容器名称或id	新创建的容器不会创建自己的网卡和配置自己的IP，而是和一个指定的容器共享IP、端口范围
none	-network none	容器有独立的Network namespace，但并没有对其进行任何网络设置

1）桥接网络模式

桥接网络模式（Bridge Network Mode）是Docker默认的网络模式。在桥接模式下，每个容器都会分配一个独立的网络命名空间和IP地址，并通过一个共享的桥接接口连接到宿主机器上的其他容器或外部网络，其结构如图2-3所示。桥接网络模式适用于单主机上的容器通信和与外部网络的通信。

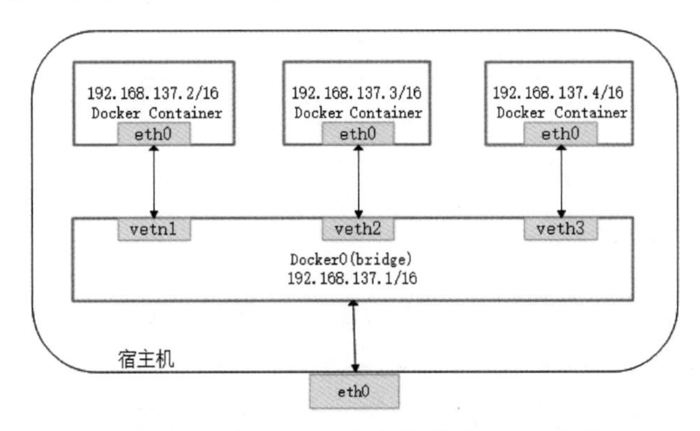

图2-3　桥接网络模式

2）主机网络模式

主机网络模式(Host Network Mode)将容器直接连接到宿主机器的网络栈，容器与宿主机器共享相同的网络接口和IP地址。这意味着容器可以通过宿主机器的IP地址直接访问外部网络，也可以使用宿主机器上的端口进行通信，其结构如图2-4所示。主机网络模式的优点是网络性能较高，但容器之间的隔离性较差，容器与宿主机器的网络配置存在冲突。

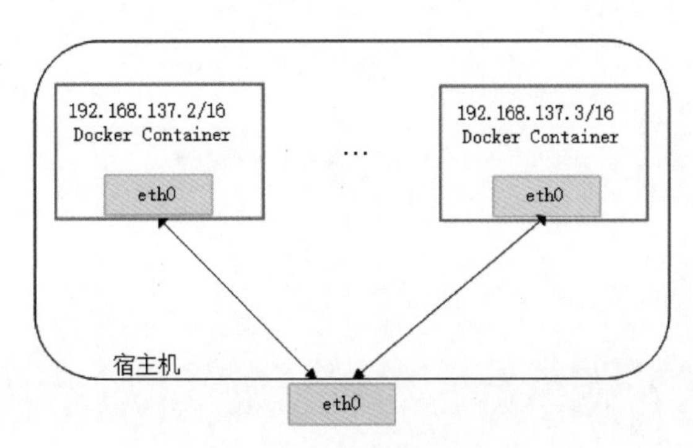

图2-4　主机网络模式

3）容器网络模式

容器网络模式(Container Network Mode)用于连接跨多个Docker主机的容器，实现容器集群的跨主机通信。在该网络模式下，容器使用Overlay网络驱动创建一个虚拟网络，该网络在物理网络之上构建，容器可以在这个虚拟网络中相互通信，而不受物理网络的限制，其结构如图2-5所示，适用于分布式应用和容器编排平台(如Docker Swarm和Kubernetes)。

4）无网络模式

无网络模式(None Network Mode)如图2-6所示，容器没有网络连接，完全与外部网络隔离。这种模式适用于一些特殊的场景，例如运行与网络无关的应用程序或需要自定义网络配置的容器。

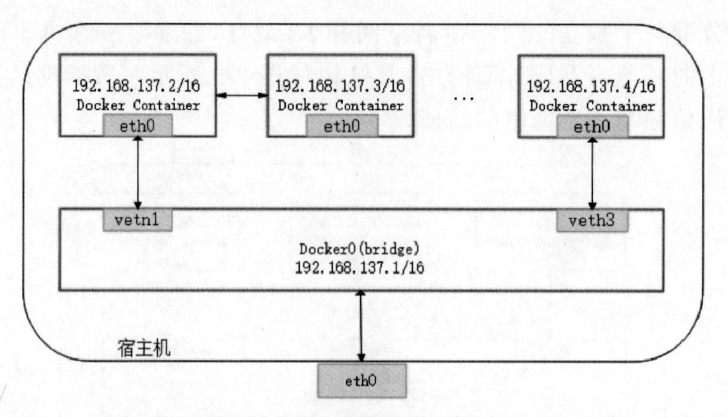

图 2-5　容器网络模式

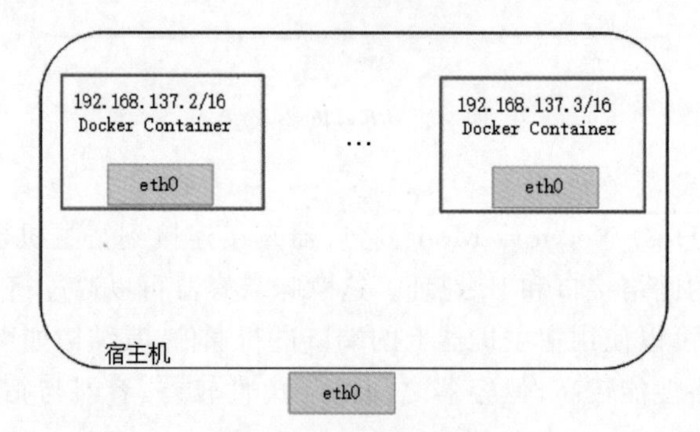

图 2-6　无网络模式

2. 常用命令

1）查看网络

```
docker network ls
```

2）创建网络

(1) 基础用法：

```
docker network create 网络名称
```

(2) 创建网络时可以添加一系列参数,例如：

＃ --driver：驱动程序类型。

＃ --gateway：主子网的 IPv4 和 IPv6 的网关。

＃ --subnet：代表网段的 CIDR 格式的子网。

＃ cluster：自定义网络名称。

```
docker network create --driver=bridge --gateway=192.168.10.1 --subnet=192.168.10.0/24 cluster
```

3）将容器连接到指定网络

```
docker network connect 网络名称 容器名称
```

4）断开容器的网络

```
docker network disconnect 网络名称 容器名称
```

5）删除一个或多个网络

```
docker network rm 网络名称
```

2.2 Docker 环境的准备

2.2.1 CentOS 镜像下载

观看视频

通过运行搜索命令找到合适的镜像，然后使用 docker pull 命令来下载该镜像，最后使用 docker images 命令确认下载完成。下载 CentOS 镜像的步骤如下。

（1）打开终端或命令提示符，进入命令行界面。

单击桌面图标启动 dock，接着在命令窗口运行 docker search centos 命令，搜索 CentOS 镜像，其结果部分信息如图 2-7 所示。在搜索结果中找到合适的 CentOS 镜像，选择合适的版本和标签。

```
C:\Users\legend>docker search centos
NAME                                DESCRIPTION                                     STARS     OFFICIAL   AUTOMATED
centos                              DEPRECATED; The official build of CentOS.       7600      [OK]
kasmweb/centos-7-desktop            CentOS 7 desktop for Kasm Workspaces            38
bitnami/centos-base-buildpack       Centos base compilation image                   0                    [OK]
couchbase/centos7-systemd           centos7-systemd images with additional debug…   8                    [OK]
continuumio/centos5_gcc5_base                                                       3
```

图 2-7 搜索 CentOS 镜像部分结果

（2）运行下面的命令来下载 CentOS 镜像，将镜像名称替换为你选择的镜像名称和标签。为了找到合适的版本，推荐在 Docker 官网上找到资料和镜像下载命令，如图 2-8 所示。

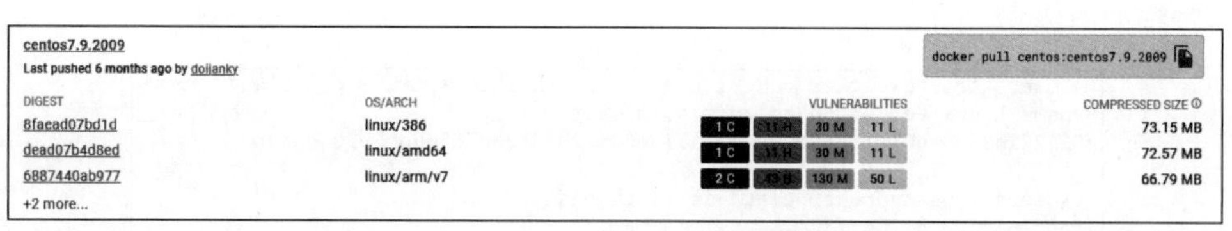

图 2-8 最终 CentOS 镜像的信息

```
docker pull centos:centos7.9.2009
C:\Users\legend> docker pull centos:centos7.9.2009
centos7.9.2009: Pulling from library/centos
2d473b07cdd5: Already exists
Digest: sha256:9d4bcbbb213dfd745b58be38b13b996ebb5ac315fe75711bd618426a630e0987
Status: Downloaded newer image for centos:centos7.9.2009
docker.io/library/centos:centos7.9.2009
```

下载命令执行后，将自动从 Docker Hub 下载 CentOS 镜像。下载时间取决于网络连接和镜像大小。如果不可以下载，则使用 docker load -i centos.tar 命令导入；其中导入文件是本书附带的电子资源文件。

(3) 在下载完成后，可以使用 docker images 命令来查看已下载的 CentOS 镜像。该命令执行之后的具体信息如图 2-9 所示。

```
C:\Users\legend>docker image list
REPOSITORY          TAG              IMAGE ID       CREATED          SIZE
spark_hadoop3.3     latest           f7d08fd1a932   4 months ago     6.95GB
mysql               latest           3218b38490ce   18 months ago    516MB
mongo               latest           dfda7a2cf273   18 months ago    693MB
centos              centos7.9.2009   eeb6ee3f44bd   21 months ago    204MB
bingozhou/mysql5.7  latest           8dbbe042b8f7   5 years ago      407MB
```

图 2-9　查看下载镜像

2.2.2　创建与访问容器

1）创建容器

创建容器并进行参数设置是使用 Docker 的关键操作之一。可以使用 docker run 命令创建容器，指定所需的镜像名称、标签、共享目录来创建容器。例如：

```
docker run -itd -v d:/spark:/tmp/spark --privileged=true --name linux eeb6ee3f44bd /
usr/sbin/init
```

该命令将在后台模式下以 CentOS 镜像的 latest 标签创建一个名为 linux 的容器，并将容器内的/tmp/spark 映射到主机上的 d:/spark。

在容器创建完成后，可以使用 docker ps 命令查看正在运行的容器列表，确认容器是否成功创建。

2）访问容器

如果容器成功创建，执行命令 docker exec -it linux /bin/bash 后，可以进入容器。其执行过程如图 2-10 所示。

```
C:\Users\legend>docker run -itd -v d:/spark:/tmp/spark --privileged=true
--name linux eeb6ee3f44bd /usr/sbin/init
6921241d390dee01c1cef6c8986eaea712e63d020f8f2ad5c868db5b3d3dea7b

C:\Users\legend>docker exec -it linux bash
[root@6921241d390d /]# |
```

图 2-10　创建、进入容器

2.3　Hadoop 集群的搭建

2.3.1　集群部署模式

Hadoop 是一个分布式计算框架，用于处理大规模数据集的存储和分析。它使用 HDFS 来存储数据，并使用 MapReduce 编程模型来处理数据。

Hadoop 的集群部署模式包括独立模式、伪分布式模式和完全分布式模式。三种模式的对比如表 2-4 所示。

表 2-4 三种集群部署模式的对比

部署模式	运行特点	数据存储位置	应用场景
独立模式	单个节点,不涉及真正的分布式计算	本地文件系统	群开发、测试和调试目的与处理小规模数据集
伪分布式模式	在单个节点上模拟完全分布式,每个 Hadoop 组件都在单独的进程中运行,并使用分布式的配置	HDFS	开发和测试期间的功能验证
完全分布式模式	完全分布式,各个组件分布在多个节点上形成一个完整的集群,并通过 MapReduce 任务进行分布式计算	HDFS	大规模数据和实际生产环境

(1) 独立模式(Standalone Mode):独立模式是 Hadoop 的简单模拟模式,所有组件都在单个节点上运行。这种模式主要用于开发、测试和调试目的,不涉及真正的分布式计算。在独立模式下,没有使用 HDFS,而是将数据存储在本地文件系统上。独立模式适合处理小规模数据。

(2) 伪分布式模式(Pseudo-Distributed Mode):伪分布式模式是在单个节点上模拟完全分布式的运行环境。每个 Hadoop 组件(如 NameNode、DataNode、ResourceManager、NodeManager 等)都在单独的进程中运行,并使用分布式的配置。在伪分布式模式下,使用真实的 HDFS 来存储和管理数据。伪分布式模式适用于开发和测试期间的功能验证。

(3) 完全分布式模式(Fully-Distributed Mode):完全分布式模式是 Hadoop 的真实分布式部署模式,其中各个组件分布在多个节点上形成一个完整的集群。在完全分布式模式下,每个节点都扮演着不同的角色,包括一个主节点(NameNode 和 ResourceManager)和多个从节点(DataNode 和 NodeManager)。数据存储在 HDFS 上,并通过 MapReduce 任务进行分布式计算。完全分布式模式适用于处理大规模数据和实际生产环境。

2.3.2 集群规划

本书使用完全分布式集群模式。搭建集群使用 docker 4.20.1、CentOS 7.9、Java 1.8.0_371、Hadoop 3.3.5、Spark 3.4.3。节点规划信息如表 2-5 所示。

表 2-5 节点规划信息

节点名称	IP 地址	节点的角色	用户/密码
master	192.168.10.20	NameNode/ResourceManager/ SecondaryNameNode/ DataNode/NodeManager/	root / root
worker1	192.168.10.21	DataNode/NodeManager /	

2.3.3 前置软件的安装和配置

1. 更换系统安装源

CentOS 默认的 yum 源不一定是国内镜像,导致 yum 在线安装及更新速度不是很理想。这时候需要将 yum 源设置为国内镜像站点。国内主要开源的镜像站点有网易、阿里云、清华源。

温馨提示：下面的操作必须在完成下载镜像、创建容器和进入容器的基础上进行。

(1) 查看 CentOS 7 版本

```
cat /etc/redhat-release
```

```
[root@6921241d390d /]# cat /etc/redhat-release
CentOS Linux release 7.9.2009 (Core)
```

(2) 备份原来的源

```
[root@6921241d390d /]# cp /etc/yum.repos.d/CentOS-Base.repo /etc/yum.repos.d/CentOS-Base.repo.backup
```

(3) 更新源文件

① 从阿里云的镜像源下载 CentOS 7 的软件源配置文件并保存到指定路径：d:/spark。

```
地址：https://mirrors.aliyun.com/repo/Centos-7.repo
```

② 使用下载文件覆盖原来的软件源配置文件 cp/tmp/spark/centos-7.repo/etc/yum.repos.d/CentOS-Base.repo。

(4) 更新安装源

首先，输入命令：yum clean all，清理原先的 yum 源。

```
[root@6921241d390d /]# yum clean all
Loaded plugins: fastestmirror, ovl
Cleaning repos: Base extras updates
```

其次，输入命令：yum makecache，最后生成 yum 源缓存。

```
[root@ 6921241d390d /]# yum makecache
Loaded plugins: fastestmirror, ovl
Determining fastest mirrors
Base
extras
…
Metadata Cache Created
```

最后，输入命令：yum update，安装所有更新软件。

```
(base) [root@ 6921241d390d /]# yum update
Loaded plugins: fastestmirror, ovl
Loading mirror speeds from cached hostfile
Resolving Dependencies
--> Running transaction check
---> Package bash.x86_64 0:4.2.46-34.el7 will be updated
…
Complete!
```

2. 安装 SSH 和配置免密登录

安装 SSH 并配置免密登录在 Hadoop 集群部署中的作用是确保通信安全、简化远程访问、实现自动化任务、避免重复输入密码、提高集群管理效率，并且为集群的安全性和可维护性提供关键支持。

(1) 安装 SSH。输入命令：yum install -y openssl openssh-server openssh-clients。

```
[root@6921241d390d /]# yum install -y openssl openssh-server openssh-clients
Loaded plugins: fastestmirror, ovl
Loading mirror speeds from cached hostfile
Resolving Dependencies
--> Running transaction check
---> Package openssh-clients.x86_64 0:7.4p1-22.el7_9 will be installed
…
Complete!
```

(2) 设置登录密码。根据安全需求，可以配置 SSH 服务允许密码或密钥登录。对于密码登录，可能需要设置一个密码或者允许使用默认密码登录。命令格式：ssh-keygen -t rsa。其执行过程如图 2-11 所示。

```
[root@6921241d390d /]# ssh-keygen -t rsa
```

```
Enter file in which to save the key (/root/.ssh/id_rsa):
Created directory '/root/.ssh'.
Enter passphrase (empty for no passphrase):
Enter same passphrase again:
Your identification has been saved in /root/.ssh/id_rsa.
Your public key has been saved in /root/.ssh/id_rsa.pub.
The key fingerprint is:
SHA256:iuGhsDuXitYcQQ2q3SqdIz+47L1h1xIoOgeK7N+dXW8 root@6921241d390d
The key's randomart image is:
+---[RSA 2048]----+
|   .o            |
|   .. .          |
| ..              |
|.. o.            |
|+...=.  S        |
|==.* +o.         |
|OoX++o..    .    |
|*O*++ o o . .E   |
|BOo=.. o .  ..   |
+----[SHA256]-----+
```

图 2-11 密码生成信息

(3) 添加密码并启动 SSH。对于免密钥登录，需要将公钥添加到容器的～/.ssh/authorized_keys 文件中，命令格式为：

```
cat ~/.ssh/id_rsa.pub >> ~/.ssh/authorized_keys
systemctl start sshd.service
```

```
[root@1009e4deb446 /]# cat ~/.ssh/id_rsa.pub >> ~/.ssh/authorized_keys
[root@1009e4deb446 /]# systemctl start sshd.service
[root@1009e4deb446 /]# ssh localhost
The authenticity of host 'localhost (127.0.0.1)' can't be established.
ECDSA key fingerprint is SHA256:zLZ0iNXx2pReGFOYLXzT6QFO0ZBzyg3JjzxFmuRV47s.
ECDSA key fingerprint is MD5:05:ea:77:56:ac:e7:e0:f4:9f:ec:ad:2a:9c:78:d7:13.
```

```
Are you sure you want to continue connecting (yes/no)? yes
Warning: Permanently added 'localhost' (ECDSA) to the list of known hosts.
```

3. Anaconda3(Python3) 安装

在后面的 PySpark 集群部署中，安装 Anaconda3 的作用主要体现在实现统一的 Python 3 环境，提供数据处理与分析工具支持，包括丰富的库、Jupyter Notebook/lab 交互环境以及高性能计算选项。

1）下载 Anaconda

在 Anaconda 官网下载所需要的 Anaconda 版本，如 Anaconda3-2020.11-Linux-x86_64.sh，其对应 Python 3.8.5。

2）共享 Anaconda 文件

把前面下载后的文件放在 d:/spark 文件夹下，如图 2-12 所示。通过文件共享作用，在容器的/tmp/spark/下可以访问该文件。

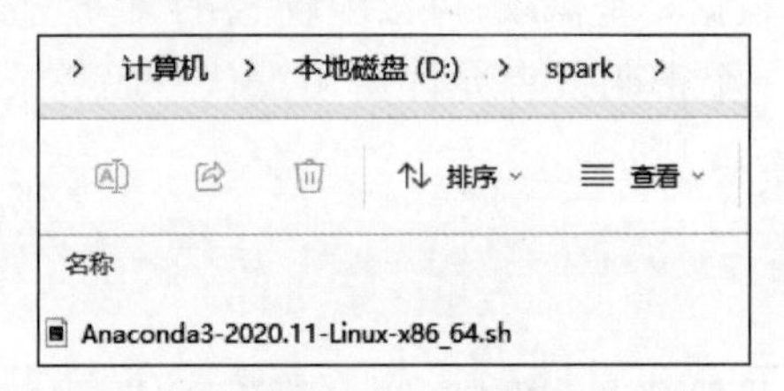

图 2-12 宿主机与容器的共享文件夹

3）安装 Anaconda

在容器中执行命令 bash Anaconda3-2020.11-Linux-x86_64.sh，启动 Anaconda 安装。

```
[root@6921241d390d /]# bash /tmp/spark/Anaconda3-2020.11-Linux-x86_64.sh
Welcome to Anaconda3 2020.11-0
In order to continue the installation process, please review the license
agreement.
Please, press ENTER to continue
>>>
……(省略)
PyCharm Pro for Anaconda is available at: https://www.anaconda.com/pycharm
```

4）查看 Python 版本

安装完成后，先输入 source /root/.bashrc 命令激活修改的配置，再输入 python 命令查看 Python 版本。

```
[root@6921241d390d /]# source /root/.bashrc
(base) [root@6921241d390d /]# python
Python 3.8.5 (main, Mar 1 2023, 18:23:06) [GCC 11.2.0] on linux
Type "help", "copyright", "credits" or "license" for more information.
```

4. JDK 安装

在 Hadoop 集群部署中，安装 Java 是必要的。因为 Hadoop 框架是基于 Java 开发的,Java 提供了必需的运行环境来支持 Hadoop 集群的各项功能和任务。选择 Java 版本时,应考虑与 Hadoop 版本的兼容性。官方推荐的对应关系如表 2-6 所示。

表 2-6　Hadoop 与 Java 版本的对应关系

Hadoop 版本	Java 版本	备　注
3.3 及以上	Java 8 和 Java 11	使用 Java 8 编译 Hadoop,不支持使用 Java 11 进行编译
3.0.x 到 3.2.x	Java 8	
从 2.7.x 到 2.10.x	Java 7 和 Java 8	

选好 Java 后,先在/opt 下新建 spark 文件夹,作为集群所在目录。输入以下命令对压缩包解压后重命名:

```
(base) [root@6921241d390d /]# mkdir /opt/spark
(base) [root@6921241d390d /]# tar -zxvf /tmp/spark/jdk-8u371-linux-x64.tar.gz -C
/opt/spark
(base) [root@6921241d390d /]# mv /opt/spark/jdk1.8.0_371 /opt/spark/java
```

2.3.4　Hadoop 的安装与配置

安装 Hadoop 是关键步骤,它提供了一个分布式计算框架和存储系统,从而为大数据应用提供强大的基础设施。

1. Hadoop 的安装

和前面软件安装方法一样,先把下载的 Hadoop 压缩包放在宿主 d:/spark 文件夹里,接着对压缩包解压后重命名:

```
(base) [root@6921241d390d /]# tar -zxvf /tmp/spark/hadoop-3.3.5.tar.gz -C /opt/spark
(base) [root@6921241d390d /]# mv /opt/spark/hadoop-3.3.5 /opt/spark/hadoop
```

2. Hadoop 的配置

在 Hadoop 集群正常启动之前,需要对其中的 etc/hadoop/下的 core-site.xml、hadoop-env.sh、hdfs-site.xml、mapred-site.xml、yarn-site.xml、workers 配置文件进行配置。配置文件的功能如表 2-7 所示。

表 2-7　Hadoop 配置文件的功能

配 置 文 件	功 能 描 述
hadoop-env.sh	配置 Hadoop 运行所需的环境变量
yarn-env.sh	配置 Yarn 运行所需的环境变量
core-site.xml	Hadoop 核心全局配置文件,可在其他配置文件中引用
hdfs-site.xml	HDFS 配置文件,继承 core-site.xml 配置文件
mapred-site.xml	MapReduce 配置文件,继承 core-site.xml 配置文件
yarn-site.xml	Yarn 配置文件,继承 core-site.xml 配置文件
workers	配置从节点文件

1) core-site.xml 配置

通过在 core-site.xml 文件中配置这些属性,可以为 Hadoop 集群定义默认的文件系统和临时目录，以便正确地执行各种操作和任务。

```
<!-- Put site-specific property overrides in this file. -->
<configuration>
   <property>
     <name>fs.defaultFS</name>
     <value>hdfs://master:9000</value>
   </property>
   <property>
       <name>hadoop.tmp.dir</name>
       <value>/opt/spark/hadoop/tmp</value>
   </property>
</configuration>
```

(1) <name>fs.defaultFS</name>：指定了Hadoop集群的默认文件系统的URL。hdfs://master:9000表示HDFS的默认文件系统位于名为"master"的主节点(NameNode)，并监听9000端口。所有的HDFS路径和操作都将基于此默认文件系统进行。例如，如果要访问HDFS中的文件，可以使用路径hdfs://master:9000/path/to/file。

(2) <name>hadoop.tmp.dir</name>：指定Hadoop集群的临时目录。Hadoop在运行过程中需要存储临时数据，如MapReduce任务的中间结果等。在这里，/opt/spark/hadoop/tmp是指定的临时目录路径。这个目录应该在所有的集群节点上都可用，并且需要有足够的空间来存储临时数据。

2) hadoop-env.sh配置

通过在hadoop-env.sh文件中配置这些环境变量和用户，以确保集群能够正确运行，并具备足够的权限来执行各种操作。

```
# The java implementation to use. By default, this environment
# variable is REQUIRED on ALL platforms except OS X!
 export JAVA_HOME=/opt/spark/java
…
export HDFS_NAMENODE_USER=root
export HDFS_DATANODE_USER=root
export HDFS_SECONDARYNAMENODE_USER=root
export YARN_RESOURCEMANAGER_USER=root
export YARN_NODEMANAGER_USER=root
```

这段配置内容是Hadoop集群中的hadoop-env.sh文件的一部分，其中包含了一些重要的环境变量和用户设置，其含义如下。

(1) export JAVA_HOME=/opt/spark/java：指定Java的安装路径。

(2) export HDFS_NAMENODE_USER=root：指定各个HDFS组件(如NameNode、DataNode等)运行时所使用的用户。

(3) export YARN_RESOURCEMANAGER_USER=root：指定YARN资源管理器(ResourceManager)运行时所使用的用户。

(4) export YARN_NODEMANAGER_USER=root：指定YARN节点管理器(NodeManager)运行时所使用的用户。

3）hdfs-site. xml 配置

通过在 hdfs-site. xml 文件中配置这些属性，可以定义 HDFS 的 NameNode 和 DataNode 的存储路径，以及文件的副本数量。这些配置影响到 HDFS 的数据存储和冗余机制，以及集群中的数据可靠性和性能。

```
<!-- Put site-specific property overrides in this file. -->
<configuration>
  <property>
    <name>dfs.name.dir</name>
    <value>/opt/spark/hadoop/hdfs/name</value>
  </property>
  <property>
    <name>dfs.data.dir</name>
    <value>/opt/spark/hadoop/hdfs/data</value>
  </property>
  <property>
    <name>dfs.replication</name>
    <value>2</value>
  </property>
</configuration>
```

这段 XML 配置内容是 Hadoop 集群中的 hdfs-site. xml 文件的配置部分，其中包含了三个属性的配置，其含义如下。

（1）<name>dfs. name. dir</name>：指定 HDFS 的 NameNode 元数据存储目录。NameNode 是 HDFS 的关键组件，负责管理文件系统的元数据。

（2）<name>dfs. data. dir</name>：指定 HDFS 的 DataNode 数据存储目录。DataNode 是 HDFS 的另一个关键组件，负责存储实际的数据块。

（3）<name>dfs. replication</name>：指定 HDFS 中文件的副本数量。

4）mapred-site. xml 配置

通过在 mapred-site. xml 文件中配置这些属性，可以定义 MapReduce 框架的执行环境、环境变量以及 HDFS 的权限控制。这些配置影响到 MapReduce 任务的执行环境和文件权限的控制机制。

```
<!-- Put site-specific property overrides in this file. -->

<configuration>
  <property>
    <name>mapreduce.framework.name</name>
    <value>yarn</value>
  </property>
  <property>
    <name>yarn.app.mapreduce.am.env</name>
    <value>HADOOP_MAPRED_HOME=${HADOOP_HOME}</value>
  </property>
  <property>
    <name>mapreduce.map.env</name>
```

```
      <value>HADOOP_MAPRED_HOME=${HADOOP_HOME}</value>
    </property>
    <property>
      <name>mapreduce.reduce.env</name>
      <value>HADOOP_MAPRED_HOME=${HADOOP_HOME}</value>
    </property>
    <property>
       <name>dfs.permissions</name>
       <value>false</value>
    </property>
</configuration>
```

这段 XML 配置内容是 Hadoop 集群中的 mapred-site.xml 文件的配置部分，其中包含了几个属性的配置，其含义如下。

(1) <name>mapreduce.framework.name</name>：指定 MapReduce 框架使用的执行环境。在这里，yarn 表示 MapReduce 框架将使用 YARN 资源管理器(ResourceManager)作为执行环境。

(2) <name>yarn.app.mapreduce.am.env</name>：设置 MapReduce 应用程序管理器(ApplicationMaster)的环境变量。HADOOP_MAPRED_HOME=${HADOOP_HOME}指定应用程序管理器使用的 Hadoop MapReduce 的安装路径。

(3) <name>mapreduce.map.env</name>：设置 Map 任务的环境变量，同样使用 HADOOP_MAPRED_HOME=${HADOOP_HOME}。

(4) <name>mapreduce.reduce.env</name>：设置 Reduce 任务的环境变量，同样使用 HADOOP_MAPRED_HOME=${HADOOP_HOME}。

(5) <name>dfs.permissions</name>：指定是否启用 HDFS 的权限控制。在这里，false 表示禁用了 HDFS 的权限控制，即所有用户都具有对 HDFS 文件的读写权限。

5) yarn-site.xml 配置

通过在 yarn-site.xml 文件中配置这些属性，用户可以定义 YARN 资源管理器的主机名和 NodeManager 的辅助服务。这些配置影响到 YARN 资源管理和任务调度机制，从而影响整个集群的资源分配和任务执行。

```
<configuration>
<!-- Site specific YARN configuration properties -->
  <property>
    <name>yarn.resourcemanager.hostname</name>
    <value>master</value>
  </property>
  <property>
    <name>yarn.nodemanager.aux-services</name>
    <value>mapreduce_shuffle</value>
  </property>
</configuration>
```

这段 XML 配置内容是 Hadoop 集群中的 yarn-site.xml 文件的配置部分，其中包含了两个属性的配置，其含义如下。

(1) <name>yarn.resourcemanager.hostname</name>：指定 YARN 资源管理器(ResourceManager)的主机名。在这里，master 表示资源管理器的主机名为“master”，这是集群中的资源管理节点。

(2) <name>yarn.nodemanager.aux-services</name>：指定 NodeManager 的辅助服务。在这里，mapreduce_shuffle 表示 NodeManager 将提供用于 MapReduce 任务的 Shuffle 服务。

6) workers 文件配置

用于 Hadoop 集群中的 YARN 资源管理器(ResourceManager)配置。每行包含一个主机名或 IP 地址，代表了集群中可以作为资源节点的工作节点。

```
master
worker1
```

3. 复制配置文件到集群

先将前面已经编辑好的配置文件放到共享目录/tmp/spark/conf/hadoop 后，利用 cp 命令复制这些配置文件到 hadoop 的配置目录：

```
(base) [root@6921241d390d /]# cp /tmp/spark/conf/hadoop/* /opt/spark/hadoop/etc/hadoop/
cp: overwrite '/opt/spark/hadoop/etc/hadoop/core-site.xml'? y
cp: overwrite '/opt/spark/hadoop/etc/hadoop/hadoop-env.sh'? y
cp: overwrite '/opt/spark/hadoop/etc/hadoop/hdfs-site.xml'? y
cp: overwrite '/opt/spark/hadoop/etc/hadoop/mapred-site.xml'? y
cp: overwrite '/opt/spark/hadoop/etc/hadoop/workers'? y
cp: overwrite '/opt/spark/hadoop/etc/hadoop/yarn-site.xml'? y
```

4. 集群环境变量的配置

输入命令：vi /etc/profile，修改/etc/profile 文件。

```
#Java
export JAVA_HOME=/opt/spark/java/
export JAVA_BIN=${JAVA_HOME}/bin
export JRE_HOME=${JAVA_HOME}/jre
export CLASSPATH=${JRE_HOME}/lib:${JAVA_HOME}/lib:${JRE_HOME}/lib/charsets.jar
#Hadoop
export HADOOP_HOME=/opt/spark/hadoop
#command
export PATH=$PATH:${JAVA_HOME}/bin:${HADOOP_HOME}/bin:${HADOOP_HOME}/sbin
```

温馨提示：

(1) source /etc/profile，执行后环境变量生效。

(2) 为了避免每次进入命令都要重新 source /etc/profile 才能生效，在~/.bashrc 里面加一句 source /etc/profile，或者把这些指令放在~/.bashrc 中，再执行 source ~/.bashrc 使其生效。

5. 配置验证

```
(base) [root@6921241d390d /]              # source /etc/profile
(base) [root@6921241d390d /]              # hadoop version
Hadoop 3.3.5
Source code repository https://github.com/apache/hadoop.git -r 706d88266abcee09ed78fbaa
0ad5f74d818ab0e9
Compiled by stevel on 2023-03-15T15:56Z
Compiled with protoc 3.7.1
From source with checksum 6bbd9afcf4838a0eb12a5f189e9bd7
This command was run using /opt/spark/hadoop/share/hadoop/common/hadoop-common-3.3.5.jar
```

2.4 集群的运行与验证

2.4.1 集群的启动与关闭

在 Hadoop 集群运维中,启动与关闭是关键步骤。启动集群时,必须确保所有节点上的 Hadoop 服务正常启动,可以使用 start-dfs.sh、start-yarn.sh 脚本来依次启动服务。而关闭集群时,务必先停止 Job 运行,然后按照正确的顺序逐个关闭各个服务,例如使用 stop-yarn.sh、start-dfs.sh 脚本。确保启停操作正确有序,有助于保障集群的稳定性和数据完整性。

1. Hadoop 集群的常用端口

Hadoop 集群中的各个组件使用不同的端口来进行通信和交互,熟悉这些常用端口有助于更好地理解集群的运行状态和交互过程。默认端口和说明如表 2-8 所示。

表 2-8 默认端口和说明

端 口 号	说 明	端 口 号	说 明
9870	NameNode WebUI 端口	8088	YRARN 的 WebUI 的端口
9868	SecondaryNameNodeWebUI 端口	9000	非高可用访问数 RPC 端口
19888	history job 端口	8020	高可用访问数据 RPC

2. 生成 Hadoop 集群镜像

利用 docker commit 命令将当前容器打包成镜像。

```
C:\Users\legend>docker commit linux hadoop_cluster
sha256:cc5ab4efd30c73075bdc79ca17f88279c402575823cf61e9866728e95dd008a5
```

3. 创建容器

按照 Hadoop 集群的规划,根据镜像创建两个容器。

docker run -itd -v D:\spark:/tmp/spark -p 9870:9870 -p 9868:9868 -p 16010:16010 -p 8088:8088 -p 19888:19888 -p 18080:18080 -p 22:22 -p 8888:8888 --privileged=true --network cluster --ip=192.168.10.20 --hostname=master --add-host=worker1:192.168.10.21 --name master cc5ab4efd30c /usr/sbin/init

docker run -itd -v D:\spark:/tmp/spark --privileged=true --network cluster --ip=

192.168.10.21 --hostname=worker1 --add-host=master:192.168.10.20 --name worker1 cc5ab4efd30c /usr/sbin/init

提示：网络 cluster 必须按照 2.1.3 节的方法创建。

4. 启动集群

在首次启动 Hadoop 之前，需要格式化 HDFS 分布式文件系统。

1）格式化 namenode 节点

```
C:\Users\legend> docker exec -it master bash
(base) [root@master /]          # source /etc/profile
(base) [root@master /]          # hdfs namenode -format
…(省略)
2023-06-22 08:27:14,675 INFO common.Storage: Storage directory /opt/spark/hadoop/hdfs/
name has been successfully formatted.
…(省略)
```

2）启动 HDFS 进程

```
(base) [root@master /]          # start-dfs.sh
Starting namenodes on [master]
Last login: Thu Jun 22 02:32:29 UTC 2023 from localhost on pts/2
master: Warning: Permanently added 'master,192.168.100.3' (ECDSA) to the list of known
hosts.
Starting datanodes
…(省略)
```

3）启动 YARN 服务进程

```
(base) [root@master /]          # start-yarn.sh
Starting resourcemanager
Last login: Thu Jun 22 08:29:01 UTC 2023 on pts/1
Starting nodemanagers
Last login: Thu Jun 22 08:30:17 UTC 2023 on pts/1
```

5. 关闭集群

```
(base) [root@master /]          # stop-yarn.sh
(base) [root@master /]          # stop-dfs.sh
```

2.4.2 Web 页面监控

Hadoop 集群正常启动后，默认开发两个端口 9870 和 8088，分别用于监控 HDFS 集群和 YARN 集群 Web 监控页面。

1. HDFS 集群监控

在浏览器地址栏中输入"localhost:9870"，可以访问 HDFS 集群的监控界面，如图 2-13 所示。通过该界面，可帮助我们了解 HDFS 集群的健康状况，存储容量的使用情况，数据节点的状态以及运行中的作业等，从而更好地了解 HDFS 集群的状态和性能。

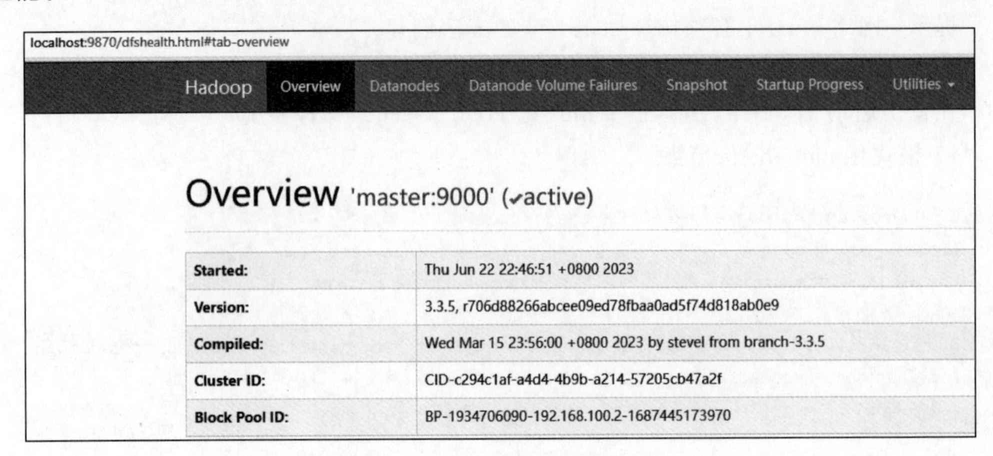

图 2-13　HDFS 集群的监控界面

2. YARN 资源管理监控

在浏览器地址栏中输入“localhost:8088”，访问 YARN 资源管理器(ResourceManager)界面，如图 2-14 所示。通过这个界面，可以帮助我们了解 YARN 集群的健康状况，资源的使用情况，正在运行的应用程序等。

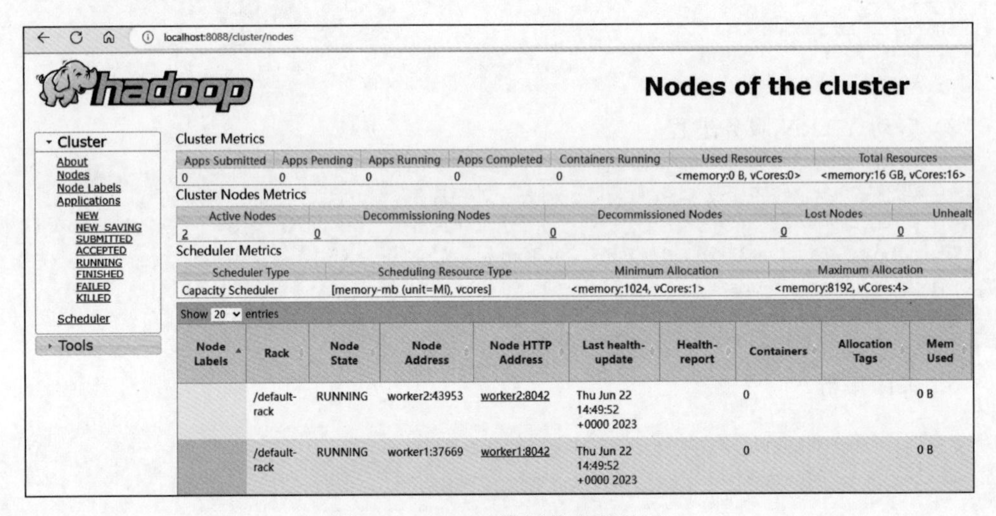

图 2-14　YARN 资源管理器界面

本章小结

本章通过介绍 Docker 的基础知识，详细指导了使用 Docker 搭建 Hadoop 集群的全过程，包括环境准备、Hadoop 配置、集群部署及运行验证。读者将学会如何利用 Docker 技术快速搭建并管理 Hadoop 集群，为探索大数据技术提供实践基础。

习题 2

1. 判断题

(1) Docker 是一种虚拟化技术。(　　)

(2) 在 Docker 中,镜像是用来创建容器的模板。(　　)

(3) Hadoop 的安装步骤包括 JDK 的安装和 Hadoop 的配置。(　　)

(4) Hadoop 集群可以通过 Web 监控页面来查看集群的运行状态。(　　)

(5) Eclipse 是一种用于分布式数据处理的开发工具。(　　)

2. 选择题

(1) Docker 的核心概念包括(　　)。

A. 镜像　　B. 容器　　C. 仓库

D. 虚拟机　　E. 文件系统

(2) 下列哪项是 Hadoop 集群验证的方法?(　　)

A. 启动集群　　B. 关闭集群

C. 使用 Web 监控页面　　D. 安装 JDK

(3) Hadoop 开发平台的搭建需要以下哪些步骤?(　　)

A. 下载 Eclipse　　B. 安装 JDK

C. 配置 Hadoop 开发环境　　D. 创建 Hadoop 集群

(4) Docker 的优点包括(　　)。

A. 轻量化和快速部署　　B. 可移植性和可扩展性

C. 提供容器间通信和资源隔离　　D. 易于集成和管理

(5) Hadoop 的优点包括(　　)。

A. 处理大规模数据和并行计算能力　　B. 容错性和高可用性

C. 支持分布式存储和处理　　D. 提供全文搜索和分析功能

3. 简答题

(1) 描述 Docker 与传统虚拟机技术之间的主要区别,并说明 Docker 的主要优势。

(2) 阐述 Hadoop 集群的 Web 界面监控功能对集群管理和维护的重要性。

实验 2　基于 Docker 的 Hadoop 集群搭建

1. 实验目的

(1) 理解 Hadoop 分布式系统的工作原理与组件。

(2) 学习 Docker 容器技术的基础知识及应用。

(3) 掌握在 Docker 容器环境中部署和配置 Hadoop 集群的方法。

(4) 实践在 Hadoop 集群上进行数据存储和处理的技术。

2. 实验环境

1）软件要求

操作系统：任意支持 Docker 的操作系统，如 Linux、Windows 或 macOS。

Docker：最新版，用于创建和管理容器。

CentOS 7.9 镜像：可从 Docker Hub 下载 CentOS 7.9 镜像。

2）硬件要求

至少 32GB RAM：以支持多个容器和 Hadoop 服务的运行。

至少 50GB 的硬盘空间：用于安装 Docker、Hadoop 镜像及数据存储。

3. 实验内容和要求

1）环境准备

内容：使用 CentOS 7.9 镜像作为基础，准备两个 Docker 容器环境，一个作为 Hadoop 的 master 节点，另一个作为 slave 节点。

要求：熟练掌握 Docker 镜像的获取和容器的启动命令。确保两个容器能够互相通信。

2）安装配置 Hadoop

内容：在两个容器中安装 Hadoop，并配置网络使得 master 节点能够管理 slave 节点。

要求：理解 Hadoop 的基本组件及其功能，正确配置 hdfs-site.xml 和 core-site.xml 等文件，确保 Hadoop 集群的正常通信和运行。

3）初始化 HDFS

内容：在 master 节点上格式化 Hadoop 文件系统（HDFS），并启动 Hadoop 文件系统。

要求：掌握 HDFS 的格式化及启动流程。使用 Hadoop 的管理命令，如 start-dfs.sh，来启动 HDFS，并验证 master 和 slave 节点都能正常工作。

4）运行示例 MapReduce 作业

内容：在配置好的 Hadoop 集群上运行一个简单的 MapReduce 示例作业，例如 word count，来验证集群的数据处理能力。

要求：能够独立完成 MapReduce 作业的提交过程，并通过日志或输出验证作业运行的正确性。

第 3 章

大数据存储与查询

学习目标

- 了解 HDFS 的基本概念,包括其存储架构和读写原理。
- 掌握 HDFS Shell 的操作方法和实践。
- 学习 HDFS 的 Python API 操作,包括 Pyhdfs 的使用。
- 理解 HBase 的重要特点、概念,以及如何进行集群部署和基本操作。

随着数据量的日益增长,传统的数据存储和处理方法已经无法满足现代应用的需求。大数据技术应运而生,为处理海量数据提供了新的解决方案。本章将重点介绍两个核心的大数据技术:HDFS 和 HBase。通过对这两个技术的深入学习,不仅能够理解它们各自的设计原理和运作机制,还能通过实践掌握如何高效地存储、管理和查询大规模数据集。

3.1 HDFS 概述

观看视频

1. HDFS 的介绍

Hadoop 分布式文件系统(HDFS)是 Hadoop 生态系统中的核心组件之一,旨在提供可靠且高容量的存储解决方案。它被设计用于在大规模集群上存储和处理大数据。

HDFS 的设计基于分布式存储和容错机制,它将大文件划分为多个数据块,并在集群中的多台计算机上进行存储。这种分布式存储方式不仅允许数据并行处理,还提供了高容错性,因为数据的副本可以在不同的计算机上存储。

2. HDFS 的特点

HDFS 的架构由一个主节点(NameNode)和多个从节点(DataNode)组成。主节点负责管理文件系统的命名空间、维护文件元数据和协调数据访问。从节点负责实际的数据存储和处理。通过使用 HDFS,用户可以在分布式环境中存储和处理大规模的数据集,支持数据的高吞吐量访问和并行计算。这使得 HDFS 成为大数据处理和分析的理想选择。HDFS 的主要特点如下。

(1) 高容量：HDFS 能够存储海量数据，支持 PB 级别的数据存储。

(2) 可靠性：HDFS 通过数据冗余和副本机制确保数据的可靠性。它默认会在集群中多个节点上保存数据的副本，以应对硬件故障。

(3) 高吞吐量：HDFS 通过并行读写和数据本地性优化，实现了高吞吐量的数据访问。

(4) 可扩展性：HDFS 的存储容量和性能可以随着集群规模的增加而线性扩展。

(5) 简单易用：HDFS 提供了简单的文件系统操作接口，方便用户进行数据的存储和访问。

3.2 HDFS 运行架构与原理

3.2.1 存储架构

HDFS 的存储架构是其核心设计之一，它将大文件划分为多个数据块并分布存储在集群中的多台计算机上。

1. 存储架构的关键概念

(1) 块(Block)：HDFS 将大文件划分为固定大小的数据块进行存储，默认情况下每个块大小为 128MB。较大的文件可能由多个数据块组成。这种分块存储的方式有助于数据的并行处理和分布式存储。

(2) 主节点(NameNode)：主节点是 HDFS 的关键组件，负责管理文件系统的命名空间和存储文件的元数据。它维护着文件和数据块的映射关系、文件的访问权限和文件的复制策略等信息。主节点通常运行在集群中的一台计算机上。

(3) 从节点(DataNode)：从节点是实际存储数据块的节点。它们是集群中的多台计算机，每个从节点负责存储一部分数据块，并向主节点报告其存储的块的列表和健康状况。从节点根据主节点的指令，进行数据块的读取、写入和复制等操作。

(4) 副本(Replica)：HDFS 通过数据的冗余存储提供了高可靠性。每个数据块在 HDFS 中都有多个副本，这些副本存储在不同的从节点上，以应对硬件故障或节点故障。默认情况下，HDFS 会为每个数据块创建三个副本，其中一个存储在主节点所在的机器上，另外两个存储在其他机器上。

(5) 数据本地性(Data Locality)：HDFS 通过将数据块存储在接近数据处理任务的计算节点上，实现了数据本地性优化。这意味着计算节点可以直接从本地磁盘读取数据，而不需要通过网络传输，从而提高了数据访问的效率。

2. Hadoop 的存储原理

在分布式存储系统中，数据的可靠性、可用性和完整性是最重要的考虑因素之一。Hadoop 通过 HDFS 实现了高效和可靠的存储解决方案。HDFS 的设计哲学是在廉价的商用硬件上运行，并且能够检测和处理常见的故障。以下是 HDFS 存储原理的三个核心方面：数据冗余存储、存取策略和数据错误与恢复。

1）数据冗余存储

Hadoop 通过数据冗余来提高数据的可靠性。在 HDFS 中，每个文件被切分成一系列块，通常大小为 128MB 或 256MB。当文件被写入 HDFS 时，每个块被复制到多个 DataNode 上，默认情况下是三个副本，这个数目是可以配置的。这样，即使某些 DataNode 失败或丢失数据，文件仍然可以从其他 DataNode 上的副本中恢复。这种策略显著提高了数据的耐久性和系统的容错能力。

2）存取策略

HDFS 采用了一种智能的存取策略来优化性能和资源利用率。在写入数据时，第一个副本通常存放在与客户端同一机架的 DataNode 上，第二个副本存放在不同机架的一个 DataNode 上，而第三个副本则放在与第二个副本同一机架的另一个 DataNode 上。这种策略旨在减少跨机架通信带来的延迟和带宽消耗，同时也考虑到了机架故障的情况。

在读取数据时，HDFS 尽量从与客户端最近的 DataNode 上读取数据，以减少延迟。如果客户端在 Hadoop 集群外部，HDFS 会选择一个距离客户端最近的 DataNode 来传输数据。

3）数据错误与恢复

HDFS 通过持续的监控和自动恢复机制来处理数据错误。每个 DataNode 都会定期向 NameNode 发送心跳和块报告，以证明它们正常工作并报告它们所持有的块的情况。如果 NameNode 发现某个块的副本数量低于配置的副本数，它会指定其他 DataNode 创建额外的副本以恢复到所需的副本数量。

如果在数据传输过程中发生错误，HDFS 会尝试重新从另一个 DataNode 读取数据块。如果某个 DataNode 连续失败或不再发送心跳，NameNode 会将其标记为失效，并开始副本复制过程，以确保所有数据块都有足够的副本。

此外，HDFS 也提供了校验和验证机制来检测文件读取过程中的数据损坏。每个数据块在写入时都会生成校验和，当客户端读取数据块时，会验证这个校验和。如果检测到数据损坏，HDFS 会尝试从其他 DataNode 上的副本中重新读取数据块，从而保证数据的完整性。

3.2.2 读写原理

HDFS 的读写原理是基于 NameNode 和 DataNode 之间的协作进行的。

1. 读取数据的过程

读取数据时，客户端通过与 NameNode 协商来确定数据的存储位置，然后直接从 DataNode 读取数据块，这样做可以最大化读取效率并减轻 NameNode 的负担，其过程如图 3-1 所示。

（1）初始化操作：客户端初始化一个读取操作，向 Hadoop 集群发送一个请求来打开需要读取的文件。

（2）请求 NameNode：客户端的请求首先到达 NameNode，NameNode 负责管理 HDFS 的命名空间，包括文件的目录树、文件和文件夹的属性信息，以及每个文件的块列表和块所在的 DataNode 的信息。

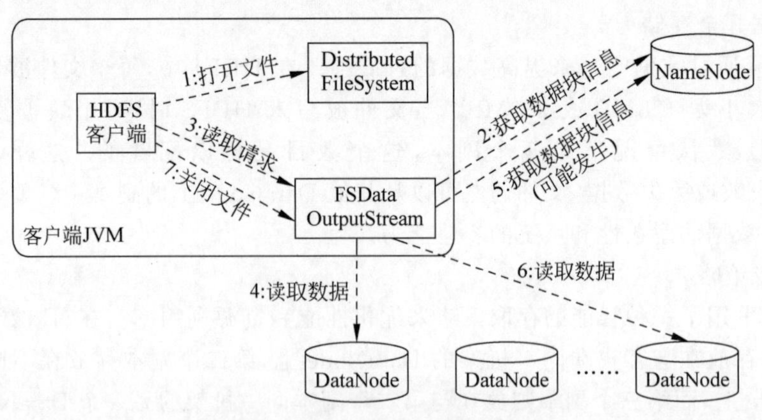

图 3-1　Hadoop 读取数据的过程

（3）获取块信息：NameNode 查找请求的文件，如果文件存在，NameNode 将返回文件的各个块所在的 DataNode 的地址。这一步确保了客户端知道去哪些 DataNode 上读取数据。

（4）定位 DataNode 和块：客户端根据 NameNode 提供的信息，定位到存储有所需数据块的 DataNode。客户端会尝试选择最近的 DataNode，以减少数据传输延迟。

（5）读取块：客户端对每个 DataNode 发出读取指定块的请求。DataNode 将块的数据发送给客户端。

（6）传输数据：客户端从 DataNode 接收数据。这个过程可能涉及网络传输，客户端可能会并行地从多个 DataNode 读取数据块，特别是当文件比较大时。

（7）关闭操作：完成数据读取后，客户端会关闭文件和网络连接。如果是顺序读取，客户端在完成一个块的读取后，会继续请求下一个块，直到文件的所有数据都被读取。

在整个过程中，客户端会处理必要的网络连接、错误检查、数据校验、重试逻辑等，以确保数据的正确读取。如果在读取过程中出现任何问题，例如 DataNode 无法响应，客户端将根据 NameNode 提供的信息尝试其他 DataNode。这个过程隐藏了分布式环境的复杂性，对于客户端来说，它就像是从一个单一的大文件系统中读取数据。

2. 写入数据的过程

写入数据时，客户端先与 NameNode 通信以确定写入路径，然后将数据分块并顺序地传输到 DataNode 链。数据块在 DataNodes 之间复制以确保冗余和数据的可靠性，其过程如图 3-2 所示。

（1）请求写入数据：客户端通过 HDFS API 发送一个请求，表示希望写入数据到 HDFS。

（2）NameNode 分配 DataNode：请求首先到达 NameNode。NameNode 负责管理 HDFS 的命名空间和文件系统的元数据。NameNode 将决定数据应该写入哪些 DataNode，并将这些 DataNode 的地址返回给客户端。通常，NameNode 会选择距离客户端较近的 DataNode，以提高写入效率，并且会为同一数据块选择多个 DataNode，以便创建副本以实现容错。

（3）客户端分块：客户端将数据划分为一个或多个块，这些块的大小通常是预先配置的（例如 128MB）。然后客户端开始按顺序处理每个数据块的写入操作。

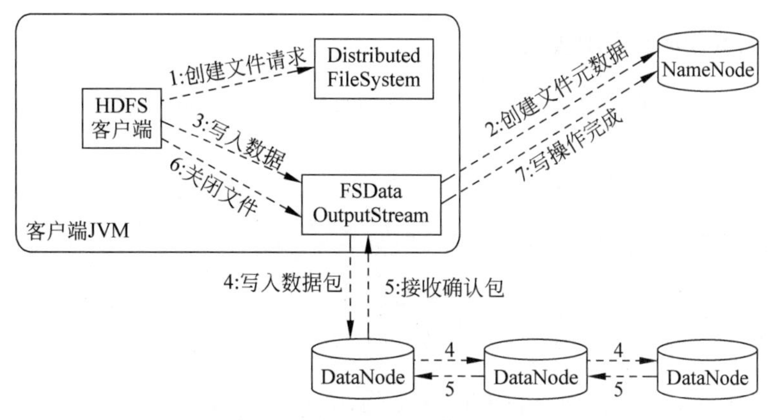

图 3-2 Hadoop 写入数据的过程

(4) 写入数据块：客户端按照 NameNode 指定的顺序，将每个数据块发送到对应的 DataNode。数据首先写入第一个 DataNode，然后该 DataNode 会将数据复制到下一个 DataNode。这个复制过程持续进行，直到所有的副本都被写入不同的 DataNode 上。

(5) 创建数据流：客户端创建了一个数据流，通过这个流将数据写入 HDFS 中。这通常涉及创建一个 FSDataOutputStream 对象，客户端通过这个对象将数据写入 HDFS。

(6) 数据块写入确认：每写入一个块，客户端会从 DataNode 接收确认消息，确保数据块已经正确地存储到 HDFS 中。客户端在收到所有 DataNode 的确认后，才会继续写入下一个数据块。

(7) 关闭写入操作：一旦所有的数据块都被写入，客户端会关闭文件和数据流，完成写入操作。此时，客户端也会通知 NameNode，表示写入操作已经完成。

3.3 HDFS Shell 操作

3.3.1 HDFS Shell 介绍

HDFS Shell 是 HDFS 提供的命令行界面工具，用于与 HDFS 进行交互和管理文件系统。通过 HDFS Shell，用户可以执行各种文件和目录操作，如创建文件、创建目录、移动文件、删除文件、查看文件内容等，其具体内容如表 3-1 所示。

表 3-1 HDFS Shell 的一些常用参数和功能

参 数	功 能 说 明	参 数	功 能 说 明
ls	列出指定目录下的文件和子目录	rm	删除文件或目录
mkdir	创建新的目录	chmod	修改文件或目录的权限
touchz	创建一个空文件	chown	修改文件或目录的所有者
cat	查看文件的内容	chgrp	修改文件或目录的所属组
get	将 HDFS 中的文件复制到本地文件系统	du	显示文件或目录的大小
put	将本地文件复制到 HDFS	df	显示 HDFS 文件系统的磁盘使用情况
mv	移动文件或重命名文件	tail	查看文件的末尾内容

3.3.2 HDFS Shell 常用操作实践

通过操作 HDFS 了解中国的传统节日春节(Spring Festival)。假设本地目录为/tmp/spark/sf。

(1) 检查根目录:查看 HDFS 根目录下的文件和目录情况。

```
(base) [root@master cmd]            # hdfs dfs -ls /
Found 2 items
drwxr-xr-x - root supergroup        0 2024-03-23 15:04 /eventLog
drwxr-xr-x - root supergroup        0 2024-03-22 10:13 /hadoop
```

(2) 创建项目目录:为项目在 HDFS 上创建一个以"SF(Spring Festival)"为前缀的根目录,比如命名为 SF_Project。

```
(base) [root@master cmd]            # hdfs dfs -mkdir /SF_Project
```

(3) 创建说明文件:在项目目录下创建一个名为 SF_readme.txt 的空文件,用于记录春节的相关说明。

```
(base) [root@master cmd]       # hdfs dfs -touchz /SF_Project/SF_readme.txt
```

(4) 下载文件到本地:把要编辑的文件下载到本地。

```
(base) [root@master cmd]       # hdfs dfs -get /SF_Project/SF_readme.txt /tmp/spark/sf/SF_
                               # readme.txt
```

(5) 上传最终文件:编辑完成后,将最终的春节介绍文件上传到 HDFS,命名为 SF_intro.txt。

```
(base) [root@master cmd]       # hdfs dfs -put /tmp/spark/sf/SF_readme.txt /SF_Project/
                               # SF_intro.txt
```

(6) 查看说明文件:确认 SF_intro.txt 文件已经创建。

```
(base) [root@master cmd]       # hdfs dfs -cat /SF_Project/SF_intro.txt
民间有一首流传很广的《过年歌》:
…
```

(7) 重命名和移动文件:为整理项目目录,将 SF_intro.txt 文件移动到名为 SF_docs 的新目录下。

```
(base) [root@master cmd]     # hdfs dfs -mkdir /SF_docs
(base) [root@master cmd]     # hdfs dfs -mv /SF_Project/SF_intro.txt /SF_docs/SF_intro.txt
```

(8) 删除旧文件:如果决定不再需要旧的草稿文件,可以将其删除。

```
(base) [root@master cmd]       # hdfs dfs -rm /SF_Project/SF_readme.txt
Deleted /SF_Project/SF_readme.txt
```

(9) 调整文件权限：更改 SF_intro.txt 文件的权限，使其对所有用户都可读。

```
(base) [root@master cmd]       # hdfs dfs -chmod 644 /SF_docs/SF_intro.txt
```

(10) 更改文件所有者：根据需要更改文件或目录的所有者。

```
(base) [root@master cmd]       # useradd -m newuser
(base) [root@master cmd]       # hdfs dfs -chown newuser /SF_docs/SF_intro.txt
```

3.4 HDFS 的 Python API 操作

3.4.1 pyhdfs API 操作概述

pyhdfs 是一个 Python 库，pyhdfs 库是基于 Hadoop 的 hadoop-hdfs 库开发的，用于与 Hadoop 的 HDFS 进行交互。它提供了一组简单而强大的 API，可以将其操作分为以下几个主要类别。

1. 连接和配置操作

HdfsClient(hosts, user_name)：创建与 HDFS 集群的连接。需要指定 HDFS 主机、端口、用户名。

2. 目录操作

(1) mkdirs(path)：创建一个新目录及其所有父目录。

(2) listdir(path)：列出指定目录下的文件和子目录名。

(3) get_file_status(path)：获取一个文件或目录的状态信息，如权限、大小、修改日期等。

(4) set_permission(path, permission)：设置文件或目录的权限。

(5) set_owner(path, owner=None, group=None)：更改文件或目录的所有者和/或组。

(6) set_replication(path, replication)：设置文件的副本数。

3. 文件操作

(1) create(path, data)：创建一个新文件，并写入数据。如果文件已存在，将会被覆盖。

(2) append(path, data)：向已存在的文件追加数据。

(3) open(path)：打开一个文件，返回一个可用于读取文件内容的文件对象。

(4) delete(path, recursive=False)：删除一个文件或目录。如果是目录，recursive=True 时可删除目录及其所有内容。

(5) rename(src_path, dst_path)：将文件或目录从一个路径移动(重命名)到另一个路径。

3.4.2 HDFS的Python API常用操作实践

1. pyhdfs的安装

在完成Pycharm的安装后，使用pip3安装pyhdfs才能在Python环境下访问HDFS文件系统。

```
pip3 install pyhdfs
C:\Users\legend>pip3 install pyhdfs -i https://pypi.tuna.tsinghua.edu.cn/simple
Looking in indexes: https://pypi.tuna.tsinghua.edu.cn/simple
Collecting pyhdfs
Downloading https://pypi.tuna.tsinghua.edu.cn/packages/91/a9/e9bf3dc7c1f673765e6ba9acf
7d049a7b90cd734d85dfa832cf704a1eb59/PyHDFS-0.3.1.tar.gz (12 kB)
…(省略)
Successfully built pyhdfs
Installing collected packages: simplejson, pyhdfs
Successfully installed pyhdfs-0.3.1 simplejson-3.19.1
```

2. 常用操作

pyhdfs库提供了一组函数和方法，用于执行各种HDFS文件系统操作。下面是pyhdfs库的一些主要操作函数。

(1) 检查根目录：查看HDFS根目录下的文件和目录情况。

```
fs = pyhdfs.HdfsClient(hosts='master:9870', user_name='root')
root_files = fs.listdir('/')
print("Root directory content:", root_files)
```

输出结果：

```
Root directory content: ['eventLog', 'hadoop']
```

(2) 创建项目目录：为项目在HDFS上创建一个以"SF(Spring Festival)"为前缀的根目录，比如命名为SF_Project。

```
fs.mkdirs('/SF_Project')
```

(3) 创建说明文件：在项目目录下创建一个名为SF_readme.txt的空文件，用于记录春节的相关说明。

```
fs.create('/SF_Project/SF_readme.txt', '')
```

(4) 下载文件到本地：把要编辑的文件下载到本地。

```
sf_readme_content = fs.open('/SF_Project/SF_readme.txt')
with open('/tmp/spark/sf/SF_readme.txt', 'wb') as local_file:
  local_file.write(sf_readme_content.read())
```

(5) 上传最终文件：编辑完成后，将最终的春节介绍文件上传到 HDFS，命名为 SF_intro.txt。

```
with open('/tmp/spark/sf/SF_readme.txt', 'rb') as local_file:
  fs.create('/SF_Project/SF_intro.txt', local_file.read())
```

(6) 查看说明文件：确认 SF_intro.txt 文件已经创建。

```
sf_intro_content = fs.open('/SF_Project/SF_intro.txt').read()
print(sf_intro_content.decode('utf-8'))
```

(7) 重命名和移动文件：为整理项目目录，将 SF_intro.txt 文件移动到名为 SF_docs 的新目录下。

```
fs.mkdirs('/SF_docs')
fs.rename('/SF_Project/SF_intro.txt', '/SF_docs/SF_intro.txt')
```

(8) 删除旧文件：如果决定不再需要旧的草稿文件，可以将其删除。

```
fs.delete('/SF_Project/SF_readme.txt')
```

(9) 调整文件权限：更改 SF_intro.txt 文件的权限，使其对所有用户都可读。

```
fs.set_permission('/SF_docs/SF_intro.txt', permission='644')
```

3.5　HBase

HBase(Hadoop Database)构建在 Apache Hadoop 之上，利用 HDFS 和分布式计算能力。

3.5.1　HBase 的重要特点和概念

HBase 是一个开源的、分布式的、可扩展的、面向列的 NoSQL 数据库系统，用于存储大规模的结构化、半结构化数据。HBase 允许快速随机访问大量数据，并且可以依靠 Hadoop 生态系统(特别是 HDFS)来提供高可靠性和高性能的数据存储服务。

(1) 分布式存储：HBase 将数据分散存储在一个集群中的多台服务器上，可以轻松地扩展到数以千计的节点，处理 PB 级别的数据。

(2) 面向列的存储：HBase 以列族(Column Family)为单位存储数据，而不是传统数据库的行。这使得 HBase 非常适合存储稀疏数据或需要快速随机访问的场景。

(3) 高吞吐量：HBase 被设计用于处理大量的随机读/写请求，可以实现极高的吞吐量，适用于需要高性能数据访问的应用。

(4) 自动分区和负载均衡：HBase 会自动将数据分区并将其分配到集群中的各个节点上，以保证数据的均衡存储和查询。

(5) 强一致性和高可靠性：HBase 提供了强一致性的数据写入和读取操作，并具有主从复制、分布式容错和自动故障恢复等特性，提供高度可靠的数据存储。

(6) 灵活的数据模型：HBase 支持灵活的数据模型，可以存储半结构化和非结构化数据，适用于多种数据类型。

(7) 动态列模式：HBase 不要求事先定义表的结构，可以根据需要动态地添加列。

(8) 版本控制：HBase 可以存储多个版本的数据，使得可以轻松地回溯历史数据。

(9) 复杂查询的限制：相对于传统的关系数据库，HBase 不适用于复杂的查询操作。它主要用于快速随机访问和存储大量数据。

总体来说，HBase 适用于大规模数据存储与分析、实时数据访问、日志存储、时序数据存储等场景，如社交媒体、在线游戏、日志分析等。然而，它也有一些局限性，如不支持复杂查询和事务等特性，所以在选择使用 HBase 时需要根据具体业务需求进行评估。

3.5.2 HBase 集群部署

HBase 集群的部署是一个复杂的过程，涉及众多组件和配置项。

1. 部署前的准备

(1) 环境准备：确保所有节点安装了 Java 环境，以及 HBase 和 Hadoop 的软件包。

(2) 配置 Hadoop：由于 HBase 依赖于 Hadoop 的 HDFS 组件，需要先配置好 Hadoop 集群。

2. ZooKeeper 分布式部署

为了搭建一个完全分布式的 HBase 集群，必须使用 ZooKeeper。ZooKeeper 作为一个开源的分布式协调服务，广泛应用于多种分布式系统的环境搭建中，包括但不限于 Kafka、Storm 等。

1) 解压缩至/home/hadoop/spark 文件夹

```
tar -zxvf apache-zookeeper-3.7.2-bin.tar.gz -C /opt/spark
mv /opt/spark/apache-zookeeper-3.7.2-bin /opt/spark/zookeeper
```

2) 编辑环境变量

#zookeeper

```
export ZOOKEEPER_HOME=/opt/spark/zookeeper
export PATH=$PATH:$ZOOKEEPER_HOME/bin
```

3) 激活环境变量

```
source /etc/profile
```

4) 修改配置文件

进入 zookeeper/conf 目录，配置 zoo.cfg。

```
cp zoo_sample.cfg zoo.cfg
```

接下来，在 zoo.cfg 文件中进行以下必要的修改：

```
dataDir = /opt/spark/zookeeper/data/
dataLogDir = /opt/spark/zookeeper/logs
server.1 = master:2888:3888
server.2 = worker1:2888:3888
```

5）编辑 myid 文件

在每个 ZooKeeper 服务器上，按照 dataDir 的配置创建相应目录（例如/opt/spark/zookeeper/data/），并在该目录下创建一个名为 myid 的文件。该文件包含一个标识符，即节点的服务器编号。例如，因为 master 机器在 ZooKeeper 集群中的编号为 1，所以在其对应的/opt/spark/zookeeper/data/目录下的 myid 文件中应写入 1。

3. HBase 的安装

1）解压与重命名

```
tar -zvxf hbase-2.5.5-bin.tar.gz -C /opt/spark
mv /opt/spark/hbase-2.5.5 /opt/spark/hbase
```

2）修改配置文件

进入 hbase/conf 目录，然后修改 hbase-env.sh、hbase-site.xml 文件。

（1）修改 hbase-env.sh。指定 Java 的安装路径并告诉 HBase 不负责管理 ZooKeeper。

```
export JAVA_HOME = /opt/spark/java/
export HBASE_MANAGES_ZK = false
```

其中，HBASE_MANAGES_ZK＝false 表示使用单独的 ZooKeeper 集群而不是 HBase 自带的 ZooKeeper 集群。

（2）修改 hbase-site.xml 文件。配置主要定义了 HBase 集群的基础设定，包括数据存储位置、集群分布模式，以及 ZooKeeper 服务器的配置。通过这些配置，HBase 知道数据该如何存储，集群是否运行在分布式模式下，以及如何通过 ZooKeeper 进行节点管理和协调。

```
<property>
    <name>hbase.rootdir</name>
    <value>hdfs://master:9000/opt/spark/hbase</value>
</property>
<property>
    <name>hbase.cluster.distributed</name>
    <value>true</value>
</property>
<property>
    <name>hbase.zookeeper.quorum</name>
    <value>master,worker1</value>
</property>
<!-- 以下是遇到问题以后再增加的,第一次可以不用添加下面的信息 -->
<property>
    <name>hbase.unsafe.stream.capability.enforce</name>
    <value>false</value>
</property>
```

(3) 修改 regionservers。将 localhost 删除后,添加新的节点条目至文件中,确保每个节点名称占据一行。

```
master
worker1
```

4. 启动 HBase 集群

下面的命令分别用于启动、停止 ZooKeeper 服务,查询 ZooKeeper 状态,以及启动和停止 HBase 集群。

```
zkServer.sh start/stop
zkServer.sh status
start/stop-hbase.sh
```

5. 查看 HBase Web UI

通过访问 http://localhost:16010,可以查看 HBase 的 Web 用户界面(UI),如图 3-3 所示。该界面提供了关于 HBase 集群状态、性能指标、表信息等详细的实时数据和管理功能,是监控和管理 HBase 集群的一个重要工具。

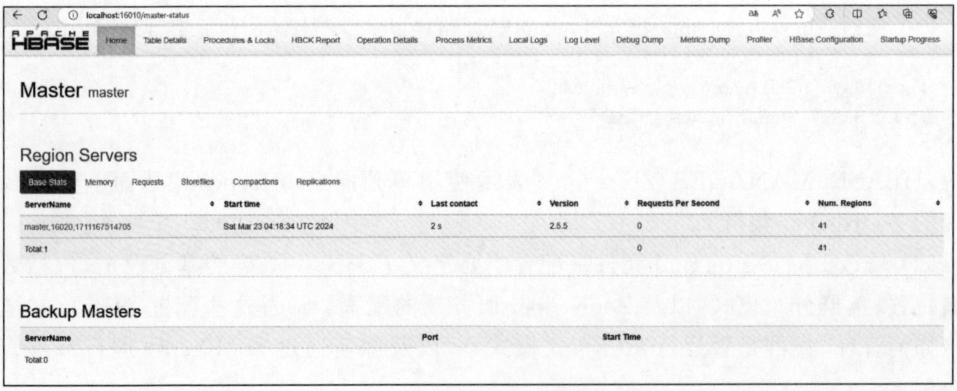

图 3-3 HBase Web UI 界面

3.5.3 HBase Shell 基本操作

HBase Shell 是一个基于 JRuby 的交互式 Shell,它允许用户通过执行命令来交互式地操作 HBase。常用的 HBase Shell 命令和它们的基本功能如表 3-2 所示。

表 3-2 常用的 HBase Shell 命令及基本功能

命　令	功能描述
list	列出 HBase 中所有的表
create	创建新表,指定表名和列族
describe	显示表的结构信息,包括其列族
put	向指定表中的指定行和列插入数据
get	获取并显示指定表和行键的数据
scan	扫描并显示表中的数据,可指定起始行、结束行和其他条件

续表

命　　令	功 能 描 述
delete	删除指定表、行键、列族和列的数据
disable	禁用指定的表，准备进行删除或修改操作
enable	启用被禁用的表
drop	删除被禁用的表
count	计数表中的行数
truncate	清空表中的所有数据并保留表结构
alter	修改表结构，如添加或删除列族
exit or quit	退出 HBase Shell
help	显示命令帮助信息

1) 案例

在 HBase 中创建一个表 VehicleLocation 用于存储车辆位置信息，包括车辆 ID、经度和纬度。

2) 实现

(1) 创建表 VehicleLocation，其中包含一个名为 loc 的列族，用于存储车辆的位置信息(经度和纬度)。

```
hbase:001:0 > create 'VehicleLocation', 'loc'
Created table VehicleLocation
Took 0.8873 seconds
 => Hbase::Table - VehicleLocation
hbase:002:0 >
```

(2) 插入车辆位置数据。以车辆的标识(例如车牌号)作为行键，将经度和纬度作为列 loc:longitude 和 loc:latitude 存储。

```
hbase:002:0 > put 'VehicleLocation', 'vehicle1', 'loc:longitude', '116.397128'
Took 0.0900 seconds
hbase:003:0 > put 'VehicleLocation', 'vehicle1', 'loc:latitude', '39.916527'
Took 0.0029 seconds
hbase:004:0 >
```

(3) 查询指定车辆的位置信息。

```
hbase:004:0 > get 'VehicleLocation', 'vehicle1'
COLUMN                CELL
 loc:latitude        timestamp = 2024 - 03 - 23T04:53:44.028, value = 39.916527
 loc:longitude       timestamp = 2024 - 03 - 23T04:53:33.425, value = 116.397128
1 row(s)
Took 0.0257 seconds
```

(4) 扫描表，展示 VehicleLocation 表中所有的车辆位置信息。

```
hbase:005:0 > scan 'VehicleLocation'
ROW          COLUMN + CELL
 vehicle1    column = loc: latitude, timestamp = 2024 - 03 - 23T04: 53: 44. 028, value =
39.916527
```

```
vehicle1      column = loc:longitude, timestamp = 2024 - 03 - 23T04:53:33.425, value =
116.397128
1 row(s)
Took 0.0072 seconds
```

(5) 计算 VehicleLocation 表中存储的车辆数。

```
hbase:006:0 > count 'VehicleLocation'
1 row(s)
Took 0.0290 seconds
=> 1
```

(6) 更新特定车辆的位置信息。

```
hbase:007:0 > put 'VehicleLocation', 'vehicle1', 'loc:longitude', '116.500000'
Took 0.0038 seconds
hbase:008:0 > put 'VehicleLocation', 'vehicle1', 'loc:latitude', '39.900000'
Took 0.0025 seconds
```

(7) 查看 VehicleLocation 表和列族 loc 的配置详情。

```
hbase:009:0 > describe 'VehicleLocation'
Table VehicleLocation is ENABLED
VehicleLocation, {TABLE_ATTRIBUTES => {METADATA => {'hbase.store.file-tracker.impl' =>
'DEFAULT'}}}
COLUMN FAMILIES DESCRIPTION
{NAME => 'loc', INDEX_BLOCK_ENCODING => 'NONE', VERSIONS => '1', KEEP_DELETED_CELLS =>
'FALSE', DATA_
BLOCK_ENCODING => 'NONE', TTL => 'FOREVER', MIN_VERSIONS => '0', REPLICATION_SCOPE => '0',
BLOOMFILTE
R => 'ROW', IN_MEMORY => 'false', COMPRESSION => 'NONE', BLOCKCACHE => 'true', BLOCKSIZE =
> '65536 B
(64KB)'}

1 row(s)
Quota is disabled
Took 0.0310 seconds
```

3.5.4 HBase 数据查询

Apache Phoenix 是一个开源的、高性能的关系数据库引擎，设计用于在 Apache Hadoop 的 HBase 数据模型之上运行。它将 HBase 的非关系数据库模型转换成一个可以通过标准的 SQL 查询进行交互的关系模型。Phoenix 提供了一个 JDBC 驱动，允许用户通过标准的数据库连接工具和 API 来查询和管理 HBase 中的数据。对于简单查询来说，其性能量级是毫秒，对于百万级别的行数来说，其性能量级是秒。

1. Apache Phoenix 的安装

(1) 确认 HBase 版本。

在下载和安装 Phoenix 之前，首先需要确认 HBase 版本。因为 Apache Phoenix 针对不同的 HBase 版本有不同的兼容版本。使用不兼容的版本可能会导致运行时错误。

(2) 下载 Apache Phoenix。

访问 Apache Phoenix 官网下载页面并下载与 HBase 版本兼容的 Phoenix 版本。请确保下载的是“bin”(二进制)发行版,而不是源代码发行版。

(3) 解压 Apache Phoenix。

下载完成后,将下载的 tar 文件解压到一个目录中。例如,如果下载的文件名为 phoenix-hbase-2.5-5.1.3-bin.tar.gz,则可以使用以下命令解压:

```
tar -zxvf phoenix-hbase-2.5-5.1.3-bin.tar.gz -C /opt/spark
mv /opt/spark/phoenix-hbase-2.5-5.1.3-bin /opt/spark/phoenix-hbase
```

(4) 将 Phoenix JAR 文件和配置文件复制到 HBase 的 lib 目录。

解压后,需要将 Phoenix 的 phoenix-server-hbase-2.5-5.1.3.jar 文件复制到 HBase 的 lib 目录中。这些 JAR 文件通常位于解压的 Phoenix 目录中。

```
cp /opt/spark/phoenix-hbase/phoenix-server-hbase-2.5-5.1.3.jar /opt/spark/
hbase/lib/
```

此外,还要复制 HBase 配置文件 hbase.site.xml 文件到 Phoenix 安装目录 lib 下。

```
cp /opt/spark/hbase/conf/hbase.site.xml /opt/spark/phoenix-hbase/lib/
```

(5) 重启 HBase。

复制文件后,需要重启 HBase 以加载 Phoenix 的 JAR 文件。重启方法取决于你的 HBase 部署方式。如果是在单机模式下运行,简单地停止并重新启动 HBase 即可。对于分布式环境,需要在所有节点上重复上述复制操作,并在整个集群上重新启动 HBase。

(6) 验证安装。

安装完成后,可以尝试启动 Phoenix Shell(sqlline.py)来验证是否安装成功。

```
(base) [root@master bin]# ./sqlline.py master:2181
Setting property: [incremental, false]
Setting property: [isolation, TRANSACTION_READ_COMMITTED]
issuing: !connect -p driver org.apache.phoenix.jdbc.PhoenixDriver -p user "none" -p
password "none" "jdbc:phoenix:master:2181"
Connecting to jdbc:phoenix:master:2181
24/03/23 04:20:26 WARN util.NativeCodeLoader: Unable to load native-hadoop library for
your platform... using builtin-java classes where applicable
Connected to: Phoenix (version 5.1)
Driver: PhoenixEmbeddedDriver (version 5.1)
Autocommit status: true
Transaction isolation: TRANSACTION_READ_COMMITTED
sqlline version 1.9.0
0: jdbc:phoenix:master:2181>
```

2. Phoenix Shell 操作

Phoenix Shell(通常指的是 sqlline.py 脚本)提供了一个命令行界面,让用户能够直接执行 SQL 查询和命令来与 Phoenix 交互。通过这个 Shell，用户可以创建表、查询数据、更新记录和执行其他 SQL 操作，就像操作一个关系数据库一样。它是与 Phoenix 进行交互的一个直接且灵活的工具，特别适用于测试、脚本编写和自动化任务。

1）常见的 Phonenix Shell 命令

通过命令行以 SQL 的形式，进行数据的查询、插入、更新和删除操作，方便地管理和操作存储在 HBase 中的数据。Phoenix Shell 常用的命令及其功能如表 3-3 所示。

表 3-3　Phoenix Shell 常用的命令及其功能

命　　令	功能描述
! tables	列出所有可用的表
! describe <表名>	显示指定表的结构，包括列名、数据类型等
SELECT * FROM <表名>	查询指定表中的所有数据
UPSERT INTO <表名>(列 1，列 2，...) VALUES(值 1，值 2，...)	向指定表插入或更新数据。如果主键已存在，则更新该行；如果不存在，则插入新行
DELETE FROM <表名> WHERE <条件>	根据条件删除指定表中的数据
! quit	退出 Phoenix Shell

2）案例

（1）案例背景。

为一个物流公司设计一个车辆管理系统，这个系统需要跟踪车辆的基本信息、当前状态（如是否在途中、维修中等），以及每辆车的当前位置。使用 Phoenix 来存储和查询这些信息。

（2）案例需求。

车辆信息表：存储每辆车的基本信息，如车辆 ID、车牌号、型号和购买日期。

车辆状态表：记录每辆车的当前状态信息，如车辆 ID、是否在途中、是否需要维修。

车辆位置表：记录每辆车的最新位置信息，如车辆 ID、经度和纬度。该表已经在 HBase 中创建，只需要在 Phoenix 中进行映射。

（3）实现

下面是使用 Phoenix SQL 创建 VEHICLE_INFO、VEHICLE_STATUS 和 VEHICLE_LOCATION 表。VARCHAR 可用于文本字段，DATE 用于日期，BOOLEAN 用于布尔值，DOUBLE 用于存储双精度浮点数。

① 创建 VEHICLE_INFO 表，存储车辆的基本信息。

命令：
```
CREATE TABLE IF NOT EXISTS VEHICLE_INFO (
  VEHICLE_ID VARCHAR PRIMARY KEY,
  LICENSE_PLATE VARCHAR,
  MODEL VARCHAR,
  PURCHASE_DATE DATE
);
```

```
0: jdbc:phoenix:master:2181 > CREATE TABLE IF NOT EXISTS VEHICLE_INFO (
. . . . . . . . . . . . . )>  VEHICLE_ID VARCHAR PRIMARY KEY,
```

```
. . . . . . . . . . . . . . . )>  LICENSE_PLATE VARCHAR,
. . . . . . . . . . . . . . . )>  MODEL VARCHAR,
. . . . . . . . . . . . . . . )>  PURCHASE_DATE DATE
. . . . . . . . . . . . . . . )> );
>
No rows affected (0.889 seconds)
```

② 创建 VEHICLE_STATUS 表，记录每辆车的当前状态，如是否在途中、是否需要维修。

命令：CREATE TABLE IF NOT EXISTS VEHICLE_STATUS (
　VEHICLE_ID VARCHAR PRIMARY KEY,
　IS_ON_TRIP BOOLEAN,
　NEEDS_MAINTENANCE BOOLEAN
);

```
0: jdbc:phoenix:master:2181 > CREATE TABLE IF NOT EXISTS VEHICLE_STATUS (
. . . . . . . . . . . . . . . )>  VEHICLE_ID VARCHAR PRIMARY KEY,
. . . . . . . . . . . . . . . )>  IS_ON_TRIP BOOLEAN,
. . . . . . . . . . . . . . . )>  NEEDS_MAINTENANCE BOOLEAN
. . . . . . . . . . . . . . . )> );
No rows affected (0.641 seconds)
```

③ 插入车辆信息。

命令：UPSERT INTO VEHICLE_INFO (VEHICLE_ID, LICENSE_PLATE, MODEL, PURCHASE_DATE) VALUES ('VH001', 'ABC123', 'Tesla Model X', TO_DATE('2020-01-01'));

```
0: jdbc:phoenix:master:2181 > UPSERT INTO VEHICLE_INFO (VEHICLE_ID, LICENSE_PLATE, MODEL,
PURCHASE_DATE) VALUES ('VH001', 'ABC123', 'Tesla Model X', TO_DATE('2020 - 01 - 01'));
1 row affected (0.182 seconds)
```

④ 更新车辆状态为在途中。

命令：UPSERT INTO VEHICLE_STATUS (VEHICLE_ID, IS_ON_TRIP, NEEDS_MAINTENANCE) VALUES ('VH001', TRUE, FALSE);

```
0: jdbc:phoenix:master:2181 > UPSERT INTO VEHICLE_STATUS (VEHICLE_ID, IS_ON_TRIP, NEEDS_
MAINTENANCE) VALUES ('VH001', TRUE, FALSE);
1 row affected (0.007 seconds)
```

⑤ 查询在途中且不需要维修的车辆信息。

命令：SELECT VEHICLE_INFO. VEHICLE_ID, LICENSE_PLATE, MODEL
FROM VEHICLE_INFO
JOIN VEHICLE_STATUS ON VEHICLE_INFO. VEHICLE_ID=VEHICLE_STATUS. VEHICLE_ID
WHERE IS_ON_TRIP=TRUE AND NEEDS_MAINTENANCE=FALSE;

```
0: jdbc:phoenix:master:2181 > SELECT VEHICLE_INFO.VEHICLE_ID, LICENSE_PLATE, MODEL
. . . . . . . . . semicolon > FROM VEHICLE_INFO
. . . . . . . . . semicolon > JOIN VEHICLE_STATUS ON VEHICLE_INFO.VEHICLE_ID = VEHICLE_STATUS.
VEHICLE_ID
. . . . . . . . . semicolon > WHERE IS_ON_TRIP = TRUE AND NEEDS_MAINTENANCE = FALSE;
>
+-------------------+-----------+-----------+
| VEHICLE_INFO.VEHICLE_ID | LICENSE_PLATE |   MODEL   |
+-------------------+-----------+-----------+
|       VH001       |   ABC123  | Tesla Model X |
+-------------------+-----------+-----------+
```

3. 表的映射

要在 Phoenix 中操作 HBase 中已经存在的表，可以通过创建视图映射或表映射来实现。

1）视图映射

视图映射（View Mapping）是在 Phoenix 中为已存在的 HBase 表创建一个视图。这种方式不会改变表的物理结构，只是在 Phoenix 层面提供了一个 SQL 接口来查询 HBase 表的数据。

使用场景：当不想改变原有 HBase 表结构或数据存储方式，但需要通过 SQL 来查询数据时，视图映射是一个理想的选择。

2）表映射

表映射（Table Mapping）涉及在 Phoenix 中创建一个与 HBase 表结构对应的表。这种方式提供了完全的 SQL 支持，包括插入、更新、删除操作。

使用场景：当需要在 HBase 表上执行完整的 SQL 操作，包括数据修改时，表映射是必要的。这适用于新的应用开发，其中 HBase 表是从 Phoenix 创建并管理的。

3）案例

物流公司需要实时监控其车辆的地理位置，以优化配送路线和提高服务效率。为此，需要将在 HBase 中直接创建的 VehicleLocation 表映射到 Phoenix 中，以便使用 SQL 进行查询和分析。

(1) 映射车辆位置表到 Phoenix。

命令：CREATE VIEW IF NOT EXISTS "VehicleLocation" (
  "VEHICLE_ID" VARCHAR PRIMARY KEY,
  "loc"."LONGITUDE" DOUBLE,
  "loc"."LATITUDE" DOUBLE
);

```
0: jdbc:phoenix:master:2181 > CREATE VIEW IF NOT EXISTS "VehicleLocation" (
. . . . . . . . . . . . . . )>   "VEHICLE_ID" VARCHAR PRIMARY KEY,
. . . . . . . . . . . . . . )>   "loc"."LONGITUDE" DOUBLE,
. . . . . . . . . . . . . . )>   "loc"."LATITUDE" DOUBLE
. . . . . . . . . . . . . . )> );
>
No rows affected (5.93 seconds)
```

（2）映射到 Phoenix 表。

命令：CREATE TABLE IF NOT EXISTS "VehicleLocation_table" (
  "VEHICLE_ID" VARCHAR PRIMARY KEY,
  "loc"."LONGITUDE" DOUBLE,
  "loc"."LATITUDE" DOUBLE
);

```
0: jdbc:phoenix:master:2181> CREATE TABLE IF NOT EXISTS "VehicleLocation_table" (
. . . . . . . . . . . . . . )>    "VEHICLE_ID" VARCHAR PRIMARY KEY,
. . . . . . . . . . . . . . )>    "loc"."LONGITUDE" DOUBLE,
. . . . . . . . . . . . . . )>    "loc"."LATITUDE" DOUBLE
. . . . . . . . . . . . . . )> );
>
No rows affected (5.605 seconds)
0: jdbc:phoenix:master:2181> !tables
```

创建的表和视图如图 3-4 所示。

TABLE_CAT	TABLE_SCHEM	TABLE_NAME	TABLE_TYPE	REMARKS	TYPE_NAME	SELF_REFER
	SYSTEM	CATALOG	SYSTEM TABLE			
	SYSTEM	CHILD_LINK	SYSTEM TABLE			
	SYSTEM	FUNCTION	SYSTEM TABLE			
	SYSTEM	LOG	SYSTEM TABLE			
	SYSTEM	MUTEX	SYSTEM TABLE			
	SYSTEM	SEQUENCE	SYSTEM TABLE			
	SYSTEM	STATS	SYSTEM TABLE			
	SYSTEM	TASK	SYSTEM TABLE			
		VEHICLE_INFO	TABLE			
		VEHICLE_STATUS	TABLE			
		VehicleLocation_table	TABLE			
		VehicleLocation	VIEW			

图 3-4　查看创建的表和视图

（3）更新车辆位置：物流公司可以通过执行 UPSERT 语句在 Phoenix 中更新"VEHICLE_ID"='VH001'车辆的位置信息。

命令：UPSERT INTO "VehicleLocation_table" ("VEHICLE_ID", "loc"."LONGITUDE", "loc"."LATITUDE") VALUES ('VH001', −122.4194, 37.7749);

```
0: jdbc:phoenix:master:2181> UPSERT INTO "VehicleLocation_table" ("VEHICLE_ID", "loc".
"LONGITUDE", "loc"."LATITUDE") VALUES ('VH001', -122.4194, 37.7749);
1 row affected (0.038 seconds)
```

（4）查询车辆位置：公司还可以通过执行 SELECT 语句快速检索"VEHICLE_ID"='VH001'车辆的最新位置。

命令：SELECT "VEHICLE_ID", "loc"."LONGITUDE", "loc"."LATITUDE" FROM "VehicleLocation_table" WHERE "VEHICLE_ID" = 'VH001';

```
0: jdbc:phoenix:master:2181> SELECT "VEHICLE_ID", "loc"."LONGITUDE", "loc"."LATITUDE"
FROM "VehicleLocation_table" WHERE "VEHICLE_ID" = 'VH001';
+------------+-----------+-----------+
| VEHICLE_ID | LONGITUDE | LATITUDE  |
```

```
+-----------+----------+----------+
|   VH001   | -122.4194 |  37.7749  |
+-----------+----------+----------+
```

（5）使用 psql. py 批量导入数据。使用以下命令导入 CSV 文件到 VEHICLE_LOCATION 表。

命令：./psql. py -t VehicleLocation_table -d ，zookeeperQuorum：2181：/hbase/tmp/**. csv

这里，-t 参数后跟的是 Phoenix 表名，-d 参数后跟的是字段分隔符（如逗号），zookeeperQuorum：2181：/hbase 需要替换为用户的 ZooKeeper 的实际连接字符串，--header：指示输入的 CSV 文件包含列标题行。如果使用这个参数，psql. py 将跳过文件的第一行，不会将其作为数据导入，最后是 CSV 文件路径（-f，可以省略）。

```
(base) [root@master bin]# ./psql.py -t VehicleLocation_table -d , master,worker1:2181:/hbase /tmp/spark/linux/VEHICLE_LOCATION.csv
24/03/23 07:38:06 WARN util.NativeCodeLoader: Unable to load native-hadoop library for your platform... using builtin-java classes where applicable csv columns from database.
CSV Upsert complete. 5 rows upserted
```

验证输出如下：

```
0: jdbc:phoenix:master:2181 > SELECT * FROM "VehicleLocation_table" ;
+-----------+----------+----------+
| VEHICLE_ID | LONGITUDE | LATITUDE |
+-----------+----------+----------+
|   VH001   | -122.4194 | 37.7749    |
|   VH002   | -122.084  | 37.4219999 |
|   VH003   | -121.885  | 37.3382    |
|   VH004   | -122.6784 | 45.5234    |
|   VH005   | -74.006   | 40.7128    |
+-----------+----------+----------+
```

本章小结

本章从 HDFS 的概述开始，详细解释了其运行架构、存储架构及读写原理，并介绍了 HDFS Shell 的操作及 Python API 的应用。接着，内容转向 HBase 的探讨，涵盖了其关键特性、基本概念、集群部署流程，以及通过 HBase Shell 进行的基础操作和数据查询方法。

习题 3

1. 判断题

（1）HDFS 是一个分布式文件系统。（　　）

（2）HDFS 的设计目标之一是高吞吐量的数据访问。（　　）

(3) HDFS 的存储架构包括 NameNode 和 DataNode 两种类型的节点。(　　)

(4) HDFS 的读操作是从多个 DataNode 并行获取数据块的副本。(　　)

(5) HDFS Shell 是基于命令行的交互式工具，用于操作 HDFS 文件系统。(　　)

2. 选择题

(1) HDFS 的设计目标不包括(　　)。

A. 高可靠性　　B. 高吞吐量　　C. 低延迟　　D. 大规模扩展性

(2) HDFS 的存储架构中，负责管理文件系统命名空间的是(　　)。

A. NameNode　　B. DataNode

C. Secondary NameNode　　D. ResourceManager

(3) HDFS 的写操作包括(　　)步骤。

A. 将数据块发送给 NameNode

B. 将数据块写入 DataNode

C. 将数据块的副本复制到其他 DataNode

D. 将数据块读取到客户端

(4) HDFS Shell 命令中，用于创建新目录的命令是(　　)。

A. ls　　B. rm　　C. mkdir　　D. touchz

(5) HDFS 的 Java API 中，用于打开一个文件并获取输入流的方法是(　　)。

A. open()　　B. create()　　C. read()　　D. write()

(6) HBase 是建立在哪个分布式文件系统之上的？(　　)

A. HDFS　　B. GFS　　C. EFS　　D. NFS

(7) 在 HBase 中，数据是按照(　　)维度进行分区的。

A. 行键　　B. 列键　　C. 时间戳　　D. 值

(8) HBase 中的"列族"指的是(　　)。

A. 一个或多个具有相同前缀的列

B. 数据库中的一个表

C. 存储在不同物理位置的数据集

D. 由多个行键组成的集合

(9) 在 HBase 中，为了优化读性能，数据模型中最重要的设计原则是(　　)。

A. 尽量减少列族的数量

B. 将所有数据存储在一个大表中

C. 创建尽可能多的索引

D. 每个表只存储一种类型的数据

(10) HBase 集群的主要组件不包括下面的(　　)。

A. HMaster　　B. HRegionServer

C. NameNode　　D. ZooKeeper

3. 简答题

(1) 简述 HDFS 的特点和适用场景。

(2) 社区健康调查数据处理。

要求：假设你是一名数据分析师，负责管理和分析一个社区健康调查项目的数据。该项目收集了社区居民的健康习惯、疾病历史和生活方式等信息。你的任务是将收集到的调查数据文件(health.txt)从本地上传到 HDFS 进行存储，然后对这些数据进行初步的文件操作管理，包括创建数据存储目录、上传数据文件、列出目录中的文件，最后删除不再需要的旧数据文件。假设本地路径为/tmp/spark。

实验3 HDFS存储和HBase查询

1. 实验目的

(1) 学习如何在 Hadoop 集群中使用 HDFS 进行文件存储。

(2) 掌握 HBase 集群的搭建和配置过程。

(3) 熟练使用 HBase 进行数据存储和查询，设计并实施至少 3 个查询场景。

2. 实验环境

软件：Hadoop 3.3.5、HBase 3.5.2、ZooKeeper (版本与 HBase 兼容)、Apache Phoenix (版本与 HBase 兼容)、Java 环境、Netflix 数据集(位于 D:/spark/netflix 目录下)。

网络：能够正常上网。

3. 实验内容和要求

1) HBase 集群搭建

内容：在已有的 Hadoop 集群上安装和配置 HBase，确保 HBase 集群能够正常运行。

要求：完成 HBase 的安装配置，并验证集群状态。应包括启动 HBase、检查 HBase UI 界面、验证集群节点的健康状态等。

2) HDFS 文件上传和读取

内容：将本地的 Netflix 数据集上传到 HDFS 的指定目录，并尝试读取文件，确保数据可用。

要求：使用 HDFS 命令上传 Netflix 数据集到 HDFS 的/movie 文件，验证文件上传成功。

3) HBase 数据存储

内容：设计 HBase 表结构，将从 HDFS 读取的 Netflix 数据存储到 HBase 中。

要求：创建合适的表和列族，设计行键策略。使用 HBase Shell 或 API(Phoenix 的 psql.py 工具)将数据导入 HBase 表中。

4) HBase 数据查询

内容：使用 HBase 查询功能，从存储的 Netflix 数据集中检索信息。

场景 1：查询 822109 用户对电影 ID 为 1 的电影评分。

场景 2：列出平均评分最高的 5 部电影。

场景 3：查询评分次数最多的 5 个用户。

场景 4：分析每年电影评分的变化趋势。

要求：熟练使用 HBase 的查询语句或 API 进行数据检索。应包括不同类型的查询操作，如按行键查询、范围扫描等。

提示信息：Netflix 文件中包含很多文本文件，每一个文本文件数据格式为：第一行仅包含一个数字(5317:)，表示电影 ID 和后续评分数据的开始。接下来的行包含了用户评分信息，格式为用户 ID，评分，评分日期。

第 4 章

基于Docker的Spark集群搭建与使用

学习目标

- 学习如何在 Docker 上搭建 Spark 集群，包括 Scala 和 Spark 的安装与配置。
- 掌握 Spark 集群的运行管理，包括创建容器、启动和关闭集群。
- 了解 Spark 的部署方式，熟悉使用 spark-submit 提交作业。
- 理解部署过程中可能遇到的问题及解决方案。

进入大数据的世界，搭建一个强大的 Spark 集群是我们成功的关键。本章不仅是关于技术的学习，它更是一场冒险，将带领我们通过 Docker 轻松搭建和运行 Spark 集群，探索数据分析的无限可能。从 Scala 的安装到 Spark 的精细配置，将手把手教会我们在机器上复现一个强大的数据处理环境。本章将解锁大数据分析平台的秘密，让我们以全新的视角看待数据，不仅为我们的学习之旅增添宝贵的实践经验，也为未来的职业生涯打下坚实的基础。

观看视频

4.1 Spark 集群的搭建

4.1.1 Scala 的下载与安装

Scala 是一种在 Java 虚拟机上运行的编程语言，它提供了强大的函数式编程和面向对象编程的特性。在本节中，我们将学习如何下载和安装 Scala，为后续的 Spark 集群搭建做准备。

(1) 访问 Scala 官方网站(https://www.scala-lang.org/)。导航至下载页面，根据自己的操作系统选择相应版本的 Scala。单击对应的下载链接以下载 Scala 安装包。参照图 4-1 中的版本信息进行选择。

(2) 利用在第 2 章创建的 hadoop-cluster 镜像创建容器。

```
C:\Users\legend > docker run - itd - v D:\spark:/tmp/spark -- name hadoop cc5ab4efd30c /
usr/sbin/init
```

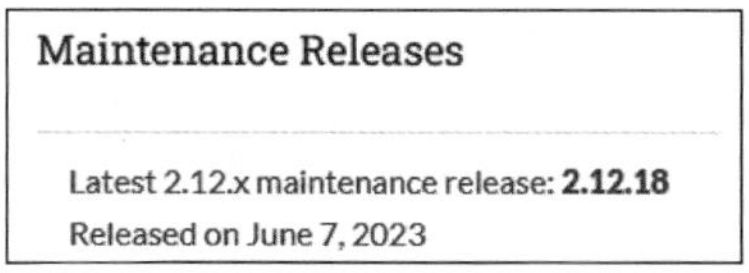

Maintenance Releases

Latest 2.12.x maintenance release: **2.12.18**
Released on June 7, 2023

图 4-1　当前 Scala 稳定版

（3）下载完成后，解压安装包到选择的目录并重命名。

```
(base) [root@6921241d390d /]# tar -zxvf /tmp/spark/scala-2.12.18.tgz -C /opt/spark
(base) [root@6921241d390d /]# mv /opt/spark/scala-2.12.18 /opt/spark/scala
```

（4）配置环境变量。在 Linux/macOS 系统中，打开终端，编辑～/. bashrc 或/etc/profile 文件，并添加以下行：

```
export SCALA_HOME=/opt/spark/scala
export PATH=$SCALA_HOME/bin:$PATH
```

然后运行 source ～/. bashrc 或 source /etc/ profile 使配置生效。

（5）打开命令行终端（或重启终端），输入 scala 命令，如果看到 Scala 的版本信息，则表示安装成功。

```
(base) [root@6921241d390d /]# scala -version
Scala code runner version 2.12.18 -- Copyright 2002-2023, LAMP/EPFL and Lightbend, Inc.
```

4.1.2　Spark 的下载与安装

Spark 是一个强大的开源分布式计算系统，它提供了快速且可扩展的大数据处理能力。本节我们将学习如何下载和安装 Spark，以便进行后续的 Spark 开发和分布式数据处理。

1. 下载安装包

首先，打开 Spark 官方网站（https://spark. apache. org/），导航到 Downloads 页面，选择适合自己操作系统的 Spark 版本，如图 4-2 所示。接着单击下载链接下载 Spark 安装包。

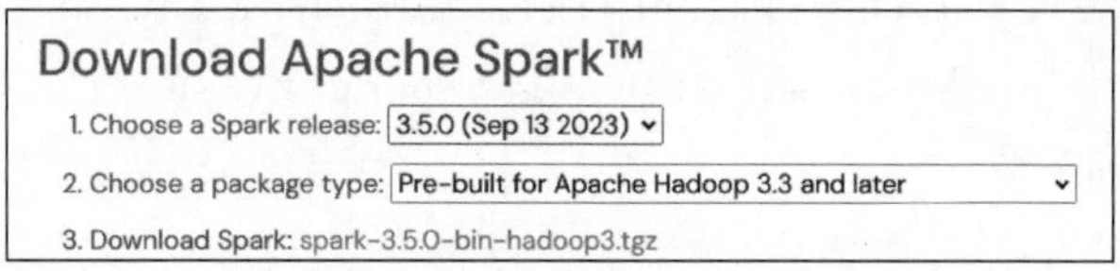

Download Apache Spark™

1. Choose a Spark release: 3.5.0 (Sep 13 2023)
2. Choose a package type: Pre-built for Apache Hadoop 3.3 and later
3. Download Spark: spark-3.5.0-bin-hadoop3.tgz

图 4-2　当前 Spark 最新版

2. 解压重命名

下载安装包共享后，解压安装包到选择的目录并重命名。

```
(base) [root@6921241d390d /]# tar -zxvf /tmp/spark/spark-3.4.3-bin-hadoop3.tgz -C /opt/spark
(base) [root@6921241d390d /]# mv /opt/spark/spark-3.4.3-bin-hadoop3 /opt/spark/spark
```

3. 环境变量配置

(1) 在 Linux/macOS 系统中，打开终端，编辑～/. bashrc 或/etc/ profile 文件，并添加以下行：

```
export SPARK_HOME = /opt/spark/spark
export PATH = $ SPARK_HOME/bin: $ SPARK_HOME/sbin: $ PATH

#用于指定 PySpark 在执行 Python 代码时使用的 Python 解释器
export PYSPARK_PYTHON = /root/anaconda3/bin/python3
export PYSPARK_DRIVER_PYTHON = /root/anaconda3/bin/python3
```

然后运行 source ～/. bashrc 或 source /etc/ profile 文件使配置生效。

(2) 在 Windows 系统中，首先打开系统属性(通过右击“计算机”或“此电脑”，选择“属性”)，接着单击“高级系统设置”→“环境变量”按钮。在“系统变量”部分，添加一个名为 SPARK_HOME 的新变量，其值设置为 Spark 的安装目录路径。最后，在 Path 变量中添加%SPARK_HOME%\bin，以确保系统能够识别 Spark 的命令。

4. 安装验证

打开命令行终端(或在进行环境变量设置后重启终端)，输入 spark-shell(若使用 Scala)或 pyspark(若使用 Python)命令。若终端显示包含 Spark 字符的启动信息，则说明 Spark 已成功安装。

```
(base) [root@6921241d390d /]      # pyspark
Python 3.8.5 (main, Mar 1 2023, 18:23:06) [GCC 11.2.0] on linux
Type "help", "copyright", "credits" or "license" for more information.
…<省略>...
Spark context available as 'sc' (master = local[ * ], app id = local - 1687528154838).
SparkSession available as 'spark'.
```

4.1.3 Spark 集群配置

1. 配置 spark- env. sh 文件

在 Spark 的安装目录下，定位到 conf 目录。复制 spark-env. sh. template 文件，并将复制的文件重命名为 spark-env. sh。接着，编辑 spark-env. sh 文件，根据具体需求配置 Spark 的环境变量和参数。

```
export JAVA_HOME = / opt/spark /hadoop/java
export SCALA_HOME = /opt/spark/scala
export HADOOP_HOME = /opt/spark/hadoop
export SPARK_MASTER_HOST = master
export SPARK_WORKER_CORES = 1
export SPARK_WORKER_MEMORY = 1G
export SPARK_WORKER_INSTANCES = 1
export SPARK_EXECUTOR_MEMORY = 1G
export HADOOP_CONF_DIR = $ HADOOP_HOME/etc/hadoop
export LD_LIBRARY_PATH = $ HADOOP_HOME/lib/native
```

2. 配置 spark-defaults. conf 文件

在 Spark 的安装目录内，导航至 conf 目录。在此处，复制 spark-defaults. conf. template 文件，然后将该复制文件重命名为 spark-defaults. conf。完成重命名后，打开并编辑 spark-defaults. conf 文件，根据具体需求进行配置。

```
spark.eventLog.enabled          true
spark.eventLog.dir          hdfs://master:9000/eventLog
spark.history.fs.logDirectory          hdfs://master:9000/eventLog
spark.eventLog.compress          true
spark.yarn.jars hdfs://master:9000/spark-yarn/jars/*.jar   #需要先创建文件夹及复制文件
```

温馨提示：在配置 spark-defaults. conf 文件时，特别注意 spark. eventLog. dir 和 spark. history. fs. logDirectory 这两个选项设置的路径必须相同。这两个参数分别指定了 Spark 事件日志的存储位置和 Spark History Server 读取日志的位置。若这两个路径不一致，Spark History Server 将无法正确读取事件日志，从而影响其功能。

3. workers 配置

```
master
worker1
```

提示：可以先编辑好配置文件，接着复制到 spark 的配置文件夹。

```
(base) [root@6921241d390d /]# cp /tmp/spark/conf/spark/* /opt/spark/spark/conf/
```

4.1.4 其他依赖包的安装与配置

1. PyArrow 插件

```
pip3 install PyArrow -i https://pypi.tuna.tsinghua.edu.cn/simple
export PYARROW_IGNORE_TIMEZONE=1
```

2. 常用图像处理函数库

安装 OpenCV

```
pip install opencv-python
```

查看版本号

```
import cv2
print(cv2.__version__)
```

3. MMLSpark

MMLSpark(Microsoft Machine Learning for Apache Spark)是由微软开发的一款针对 Apache Spark 的开源工具包，旨在为 Spark 用户提供丰富的机器学习功能和工具，使其能够更轻松地在大规模数据处理和机器学习任务中进行深度集成。

通过--packages 选项，MMLSpark 可以方便地安装在现有的 Spark 集群上。

```
spark-shell --packages com.microsoft.ml.spark:mmlspark_2.11:0.18.1
pyspark --packages com.microsoft.ml.spark:mmlspark_2.11:0.18.1
spark-submit --packages com.microsoft.ml.spark:mmlspark_2.11:0.18.1 MyApp.jar
```

温馨提示：查看 pip 安装文件所在位置。

```
import sys
print(sys.path)
```

4. xgboost

```
pip3 install xgboost -i https://pypi.tuna.tsinghua.edu.cn/simple
```

5. 添加插件包

将/opt/spark/spark/conf 目录下的 mysql-connector-java-5.1.49.jar 和 spark-streaming-kafka-0-10_2.12-3.3.1.jar 复制到/opt/spark/spark/jars 目录下。

```
(base) [root@6921241d390d /]# cp /tmp/spark/conf-0205/spark/jars/* /opt/spark/spark/jars/
```

4.1.5 生成 Spark 集群镜像

利用 docker commit 命令将当前容器打包成镜像。提示：不要关闭容器。

```
C:\Users\legend> docker commit linux spark_jupyter
C:\Users\legend> docker image list
REPOSITORY      TAG       IMAGE ID       CREATED        SIZE
spark_cluster   latest    8662e6efca27   9 hours ago    8.96GB
```

观看视频

4.2 集群运行

4.2.1 创建容器

1. Spark 集群常用默认端口

在实际部署中，了解并配置 Spark 的默认端口至关重要，因为它们能够协助我们监控集群状态、诊断问题，并深入了解集群中各个组件的运行状况。值得注意的是，根据不同的部署环境和特定需求，实际的端口配置可能需要相应的调整。以下是一些常见的 Spark 组件及其默认端口的简要说明，详细信息可参见表 4-1。

表 4-1 默认端口及说明

端口号	说　明	端口号	说　明
8080	master 的 WebUI 端口	4040	application 的 WebUI 端口
8081	worker 的 WebUI 端口	7077	基于 standalone 的提交任务的端口
18080	historyServer 的 WebUI 端口		

（1）NameNode WebUI 端口（默认为 9870）。如果 Spark 集群与 HDFS 集成，那么这个端口通常用于访问 HDFS 的 NameNode Web 界面。

（2）Spark Master WebUI 端口（默认为 8080）。Spark 集群的 Master 节点提供的 Web 界面，用于监视和管理 Spark 集群的状态、运行的应用程序以及可用的资源等。

（3）Spark Worker WebUI 端口（默认为 8081）。Spark 集群的 Worker 节点也提供一个 Web 界面，用于查看 Worker 节点的资源使用情况、运行的任务以及向 Master 报告的信息。

（4）WebUI 端口（默认为 4040）。每个 Executor 和 Driver 都会提供一个 Web 界面，用于监视应用程序的执行进度、资源使用情况和任务状态等。

（5）History Server 端口（默认为 18080）。Spark 的历史服务器提供 Web 界面，用于查看已完成应用程序的详细信息和统计数据。

2. 创建容器

（1）按照 Spark 集群的规划，需要根据 4.1.5 节打包生成的镜像创建两个容器。

docker run -itd -v D:\spark:/tmp/spark -p 9870:9870 -p 9868:9868 -p 8088:8088 -p 19888:19888 -p 18080:18080 -p 8080:8080 -p 8081:8081 -p 4040:4040 -p 22:22 -p 8888:8888 -p 16010:16010 -p 16030:16030 -p 2181:2181 -p 8765:8765 --privileged=true --network cluster --ip=192.168.10.20 --hostname=master --add-host=worker1:192.168.10.21 --name master 8662e6efca27 /usr/sbin/init

docker run -itd -v D:\spark:/tmp/spark --privileged=true --network cluster --ip=192.168.10.21 --hostname=worker1 --add-host=master:192.168.10.20 --name worker1 8662e6efca27 /usr/sbin/init

（2）创建容器命令部分参数解释。

```
--network cluster          # 使用名为 cluster 的 Docker 网络，该网络已在 2.1.3 节创建
--ip=192.168.10.20         # 设置容器的 IP 地址为 192.168.10.20
--privileged=true          # 提供容器特权，可以执行更多操作(不推荐在生产环境中使用)
--hostname=master          # 设置容器的主机名为 master
/usr/sbin/init             # 启动容器内的 init 进程，模拟一个完整的操作系统环境
```

4.2.2 启动 Spark 集群

1. 设置 Spark 库文件（可选）

在启动 Spark 集群之前，确保其运行环境已经被正确初始化。这包括配置 spark.yarn.jars 参数，该步骤对于在 YARN 上运行 Spark 作业尤为关键。通过在 spark-defaults.conf 文件中设置此参数，可以指定 Spark 的 JAR 文件所在的路径。为了确保所有节点都能访问 JAR 文件，建议将它们上传到 HDFS 的一个目录中。

```
hadoop fs -mkdir -p /spark-yarn/jars
hadoop fs -put /opt/spark/spark/jars/* /spark-yarn/jars/
spark.yarn.jars hdfs://master:9000/spark-yarn/jars/*.jar #spark-default.conf 文件里面
                                                         #添加，也可以使用本地文件夹
```

2. 依次启动 master 和 workers 节点

在主节点的命令行界面，先后运行 start-master. sh 和 start-workers. sh 命令来分别启动 Master 节点和 Worker 节点。完成这些操作后，通过主机上映射的 8080 端口访问，可以查看 Spark 集群的 Master 节点和 Worker 节点的状态信息，详细展示如图 4-3 所示。

```
(base) [root@master /]# start-master.sh
starting org.apache.spark.deploy.master.Master, logging to /opt/spark/spark/logs/spark-root-org.apache.spark.deploy.master.Master-1-master.out
(base) [root@master /]# start-workers.sh
worker1: starting org.apache.spark.deploy.worker.Worker, logging to /opt/spark/spark/logs/spark-root-org.apache.spark.deploy.worker.Worker-1-worker1.out
```

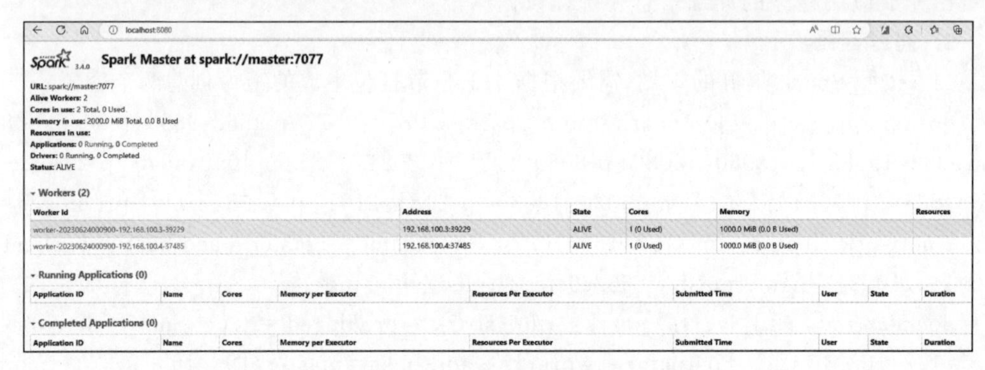

图 4-3　资源管理器界面

4.2.3　启动 Spark History Server

在启动 start-history-server. sh 脚本以激活 Spark 事件日志服务器之前，必须先通过执行 hadoop fs -mkdir /eventLog 命令来创建一个目录，用于存放事件日志。随后，通过访问绑定到主机上的 18080 端口，可以检查 Spark 事件日志服务器的状态和信息，具体情况如图 4-4 所示。

```
(base) [root@master /]# hadoop fs -mkdir /eventLog
(base) [root@master /]# start-history-server.sh
starting org.apache.spark.deploy.history.HistoryServer, logging to /opt/spark/spark/logs/spark-root-org.apache.spark.deploy.history.HistoryServer-1-master.out
```

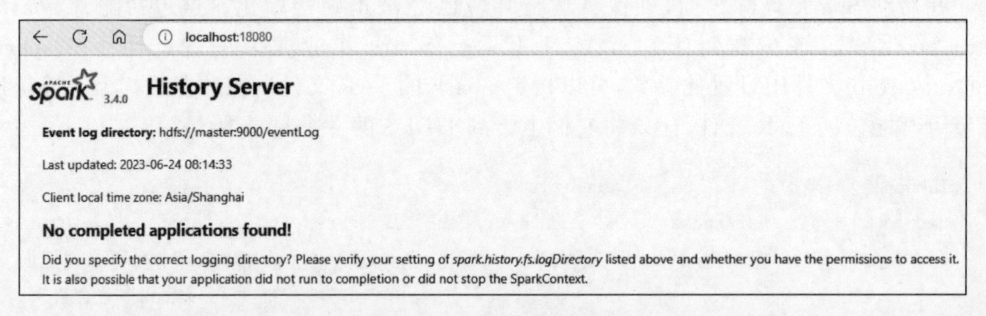

图 4-4　日志信息界面

4.2.4　关闭集群

关闭 Spark 集群的步骤包括在主节点上执行 stop-master.sh 脚本以停止 Master 节点，以及运行 stop-slaves.sh（或在各 Worker 节点上执行 stop-worker.sh）来停止所有 Worker 节点，确保整个集群及其相关服务都被有序且安全地关闭。

（1）执行 stop-workers.sh 脚本关闭 Spark 工作节点。

```
(base) [root@master /]# stop-workers.sh
worker1: stopping org.apache.spark.deploy.worker.Worker
```

（2）执行 stop-master.sh 脚本停止 Spark 主节点。

```
(base) [root@master /]# stop-master.sh
stopping org.apache.spark.deploy.master.Master
```

4.3　Spark 部署

观看视频

4.3.1　Spark 部署分类

Spark 可以按照部署模式（Deployment Mode）和资源管理器（Cluster Manager）方式进行分类。

1. 按照部署模式分类

1）Local 模式

Local 模式是在单个机器上运行 Spark，不需要集群。它主要用于开发、测试和调试的目的。在 Local 模式中，Spark 不会启动任何分布式组件，所有的计算任务都在单个 JVM 中执行，用于开发、测试和调试的目的。

2）伪分布式模式

伪分布式模式实际上是一种单节点的分布式环境，用于模拟一个完整的集群环境。在伪分布式模式下，每个组件（如 Master、Worker）都在同一台机器上运行，但它们会相互通信并模拟集群环境。在单台机器上模拟一个分布式集群环境，用于测试和验证分布式任务的正确性。

3）分布式模式

分布式模式是在一个真实的集群环境中运行 Spark，可以利用集群中的多台机器进行计算。在分布式模式下，通常会有多个工作节点，它们分别承担着计算任务的一部分。需要处理大规模数据集，并充分利用集群资源进行并行计算。

2. 按照集群管理器（Cluster Manager）分类

1）Standalone 集群

Standalone 集群是 Spark 自带的一个简单的集群管理器，适用于小规模的集群。在 Standalone 模式中，Spark 的 Master 节点负责资源分配和任务调度，而 Worker 节点负责实际的任务执行。

2）YARN 集群

YARN(Yet Another Resource Negotiator)是 Hadoop 生态系统中的资源管理器，也可以用于管理 Spark 应用程序。在 YARN 模式下，YARN 负责集群资源的管理和分配，Spark 作为一个应用程序运行在 YARN 之上。

3）Mesos 集群

Mesos 是一个通用的集群管理系统，可以用于管理多种类型的应用程序，包括 Spark。在 Mesos 模式下，Mesos 负责分配集群资源给 Spark 应用程序。

4.3.2 Spark 常用部署

1. Local 模式

1）运行 Pyspark 程序

```
(base) [root@master /]# pyspark
Python 3.8.5 (default, Sep 11 2023, 13:40:15)
[GCC 11.2.0] :: Anaconda, Inc. on linux
Type "help", "copyright", "credits" or "license" for more information.
Setting default log level to "WARN".
To adjust logging level use sc. setLogLevel ( newLevel ). For SparkR, use setLogLevel
(newLevel).
…<省略>…
Using Python version 3.8.5 (default, Sep 11 2023 13:40:15)
Spark context Web UI available at http://master:4040
Spark context available as 'sc' (master = local[ * ], app id = local - 1702821751960).
SparkSession available as 'spark'
```

2）查看运行模式

```
>>> sc.master
'local[ * ]'
```

3）举例程序运行

```
>>> rdd = sc.textFile("file:///tmp/spark/data/notice.txt")
>>> rdd.count()
34
```

2. Standalone 模式

1）运行 Pyspark 程序

```
(base) [root@master /]# pyspark -- master spark://master:7077
Python 3.8.5 (default, Sep 11 2023, 15:41:35)
[GCC 11.2.0] :: Anaconda, Inc. on linux
Type "help", "copyright", "credits" or "license" for more information.
Setting default log level to "WARN".
To adjust logging level use sc. setLogLevel ( newLevel ). For SparkR, use setLogLevel
(newLevel).
```

```
…<省略>…
Using Python version 3.8.5 (main, Sep 11 2023, 15:41:35)
Spark context Web UI available at http://master:4040
Spark context available as 'sc' (master = spark://master:7077, app id = app-202307100
70016-0000).
SparkSession available as 'spark'.
```

2）查看运行模式

```
>>> sc.master
'spark://master:7077'
```

3. YARN 模式

1）运行 Pyspark 程序

```
(base) [root@master /]# pyspark --master yarn --deploy-mode client
Python 3.8.5 (default, Sep 11 2023, 13:40:15)
[GCC 11.2.0] :: Anaconda, Inc. on linux
Type "help", "copyright", "credits" or "license" for more information.
Setting default log level to "WARN".
To adjust logging level use sc.setLogLevel(newLevel). For SparkR, use setLogLevel
(newLevel).
23/12/17 14:03:30 WARN Client: Neither spark.yarn.jars nor spark.yarn.archive is set,
falling back to uploading libraries under SPARK_HOME.
…<省略>…
Using Python version 3.8.5 (default, Sep 11 2023 13:40:15)
Spark context Web UI available at http://master:4040
Spark context available as 'sc' (master = yarn, app id = application_1702821603833_0001).
SparkSession available as 'spark'
```

2）查看运行模式

```
>>> sc.master
'yarn'
```

4.3.3　使用 spark-submit 提交作业

Apache Spark 提供了一个名为 spark-submit 的工具，用于在 Spark 集群上提交应用程序。

1. 基本命令结构

```
spark-submit \
  --master [master-url] \
  --deploy-mode [deploy-mode] \
  [其他选项] \
  your_script.py [应用参数]
```

2. 参数说明

-master [master-url]：指定 Spark 集群的主节点 URL。例如，使用--master yarn 将程序

提交到 YARN,或者使用--master spark://host:port 提交到 Spark Standalone 集群。

--deploy-mode [deploy-mode]:选择部署模式。cluster 表示在集群的节点上运行应用程序的驱动程序(driver),而 client 表示在提交应用程序的机器上运行驱动程序。

[其他选项]:可以包括诸如--executor-memory,--executor-cores,--num-executors,--driver-memory 等资源配置选项,以及--conf 用于设置其他 Spark 配置。

your_script.py:用户的 PySpark 脚本。

[应用参数]:传递给 PySpark 应用程序的参数。

3. 案例

下面以一个计算文本文件中单词的出现次数的 PySpark 程序为例,展示如何在 YARN 集群环境中运行程序。

(1) 创建单词计数程序,命名为 word_count.py。

```
from pyspark.sql import SparkSession

def main():
  # 初始化 SparkSession 时,不需要在代码中指定 .master(),因为 spark-submit 命令的
  # --master 选项会覆盖代码中的设置
  spark = SparkSession.builder.appName("SimpleWordCount").getOrCreate()

  # 创建一些示例文本数据
  sample_data = ["Hello Spark", "Hello World", "Spark is fun"]
  # 创建一个 RDD
  rdd = spark.sparkContext.parallelize(sample_data)
  # 执行 WordCount ;() 不是对函数的调用,而是 Python 语法的一部分,用于表示一行语句延续
  # 到下一行
  word_counts = (rdd.flatMap(lambda line: line.split(" "))
                 .map(lambda word: (word, 1))
                 .reduceByKey(lambda a, b: a + b))
  # 保存结果到文件
  word_counts.repartition(1).saveAsTextFile("file:///tmp/spark/output_path")
  # 停止 SparkSession
  spark.stop()
if __name__ == "__main__":
  main()
```

(2) 运行程序。

首先上传 word_count.py 到能够访问 YARN 集群的机器,并确保文本文件 sanya.txt 已在 HDFS 上。随后,通过 spark-submit 命令在 YARN 集群上执行该程序,确保程序能够有效地使用集群资源进行运算。

接下来,使用下列命令来启动 Spark 应用程序,命令分为两种模式:cluster 模式和 client 模式。

#cluster 模式

```
spark-submit \
--master yarn \
--deploy-mode cluster \
--num-executors 3 \
```

```
-- executor - memory 2G \
-- executor - cores 2 \
file:///tmp/spark/word_count.py
```

client 模式

```
spark - submit \
-- master yarn \
-- deploy - mode client \
-- num - executors 3 \
-- executor - memory 2G \
-- executor - cores 2 \
file:///tmp/spark/word_count.py
```

查看执行结果：

```
(base) [root@master /]# cat /tmp/spark/output_path/part - 00000
('Spark', 2)
('is', 1)
('Hello', 2)
('World', 1)
('fun', 1)
```

4.3.4　可能出现的配置问题

1. Spark 库文件没有正确配置

(1) 警告提示信息：WARN Client：Neither spark. yarn. jars nor spark. yarn. archive is set，falling back to uploading libraries under SPARK_HOME。

(2) 警告原因：可能是由于 Spark 配置文件(如 spark-defaults. conf)中缺少这些参数，或者参数设置不正确。

(3) 解决方法：使用 spark. yarn. archive。首先创建一个包含所有必需 JAR 文件的 zip 或 tar 归档文件，上传到 HDFS，然后在配置文件中设置 spark. yarn. archive 参数。例如：spark. yarn. archive=hdfs://< your-hdfs-path >/jars/spark-jars. zip。

```
cd /opt/spark/spark/jars/
zip -q -r spark_jars.zip *
hadoop fs -mkdir /spark - yarn/zip
hadoop fs -put spark_jars.zip /spark - yarn/zip/

spark.yarn.archive hdfs://master:9000/spark - yarn/zip/ spark_jars.zip # spark - default.conf
                                                                     #文件里面添加
```

2. 默认编译环境没有正确设置

(1) 错误提示信息：INFO ApplicationMaster：Final app status：FAILED，exitCode：13，(reason：User class threw exception：java. io. IOException：Cannot run program "python3"：error=2，No such file or directory。

(2) 出错的原因：默认解释环境不是 Python 3。

(3) 解决方法。

```
#用于指定 PySpark 在执行 Python 代码时使用的 Python 解释器
export PYSPARK_PYTHON = /root/anaconda3/envs/py3.11/bin/python3
export PYSPARK_DRIVER_PYTHON = /root/anaconda3/envs/py3.11/bin/python3
```

本章小结

本章系统地介绍了使用 Docker 技术搭建和使用 Spark 集群的全过程。开始于对 Scala 和 Spark 的下载与安装，本章详尽地指导了如何配置 Spark 集群及安装所需的其他依赖包，并讲解了生成 Spark 集群镜像的方法。接着，详述了集群的运行操作，包括创建容器、启动 Spark 集群及 Spark History Server，以及如何正确关闭集群。此外，本章还探讨了 Spark 部署的分类、常用部署模式，以及如何使用 spark-submit 提交作业，并提示了可能遇到的配置问题及其解决方案。

习题 4

1. 判断题

(1) Spark 集群的 Driver 节点负责分发任务给 Executor 节点。(　　)

(2) Spark 应用程序提交后，Driver 会直接运行在 Master 节点上。(　　)

(3) Scala 是一种纯粹的函数式编程语言。(　　)

(4) Spark 的监控页面可以实时查看应用程序的数据处理过程。(　　)

(5) 环境变量的配置对于正确运行 Spark 非常重要。(　　)

2. 选择题

(1) 在 Spark 集群中，(　　)组件负责资源的分配和管理。

A. Driver　　B. Executor　　C. Master　　D. Worker

(2) 在 Spark 集群中，(　　)端口通常用于访问 HDFS 的 NameNode Web 界面。

A. 8080　　B. 9870　　C. 9000　　D. 18080

(3) 下面哪个工具可以用于在 Spark 应用程序中监控任务的执行情况和资源使用情况？(　　)

A. Spark UI　　B. Jupyter Notebook

C. YARN ResourceManager　　D. Hadoop HDFS

(4) 下面哪个步骤不是搭建 Spark 集群的必要步骤？(　　)

A. Scala 的安装　　B. Spark 应用程序的编写

C. Spark 的配置　　D. 环境变量的配置

(5) 在提交 Spark 应用程序到集群时，通常使用以下哪个命令？(　　)

A. spark-start　　B. spark-submit

C. spark-run　　D. spark-launch

3. 简答题

(1) 请解释 Spark 集群中 Driver 和 Executor 的作用与区别。

(2) 简要描述一下环境变量的作用，为什么在配置 Spark 时需要设置环境变量？

实验 4 基于 Docker 的 Spark 集群搭建

1. 实验目的

(1) 学习 Docker 容器化技术在分布式计算环境中的应用，掌握使用 Docker 搭建和配置 Spark 集群的方法。

(2) 理解 Spark 与 Hadoop 生态系统的集成，以及如何在已有的 Hadoop 集群基础上部署 Spark 集群。

(3) 实践在 Spark 集群上运行简单的数据处理作业，加深对 Spark 分布式计算框架的理解。

2. 实验环境

(1) Docker：已安装最新版本的 Docker 环境，能够运行 Docker 容器。

(2) Hadoop 集群：已搭建好的 Hadoop 集群，包含 HDFS 服务，用于与 Spark 集群集成和存取数据。

(3) Spark 安装包、Scala 安装包。

(4) 计算资源：确保有足够的计算资源(CPU、内存)来运行包含多个节点的 Spark 集群。

3. 实验内容和要求

1) 配置并启动 Spark 集群

内容：使用 Docker 容器部署 Spark 集群，配置必要的网络和存储，以确保集群中的各个节点可以互相通信并访问 Hadoop 集群。

要求：

(1) 至少部署 1 个 Spark Master 节点和 1 个 Spark Worker 节点。

(2) 配置 Spark 集群以访问 Hadoop 集群的 HDFS。

(3) 验证集群的运行状态，确保所有节点正常运行。

2) 运行 Spark 作业

内容：在搭建的 Spark 集群上运行简单的 Spark 作业，例如 WordCount，以处理存储在 HDFS 中的数据。

要求：

(1) 编写简单的 Spark 应用程序或使用示例程序。

(2) 提交作业到 Spark 集群，并监控作业执行过程。

(3) 分析作业运行结果，验证数据处理的正确性。

3) 集群管理与监控

内容：使用 Spark 的 Web UI 监控集群状态和作业执行情况，实践集群管理操作，如调整 Worker 节点的资源配置。

要求：熟悉 Spark Web UI 的使用，包括查看作业、存储、环境等信息。

第 5 章

Spark概述

学习目标

- 了解 Spark 的发展阶段、生态系统和应用场景。
- 掌握 Spark 的架构设计和运行原理。
- 学习如何在 Jupyter Notebook 上搭建 PySpark 开发环境并进行应用开发。
- 理解在 PyCharm 上建立 PySpark 开发平台的步骤及解决可能遇到的问题。

本章将揭开 Spark 的神秘面纱,Spark 是一个极富创新精神且广泛应用于大数据处理的平台。从 Spark 的历史发展到其丰富的应用场景,再深入其生态系统,本章将带领读者全面了解这一强大的工具。我们将探索 Spark 的核心架构和运行原理,包括 RDD 和 DataFrame 的设计理念及其背后的技术原理。更进一步,将指导读者搭建基于 Jupyter Notebook 和 PyCharm 的 PySpark 开发环境,让读者能够亲手实践并深刻感受 Spark 的魅力。

观看视频

5.1 Spark 的定义

Spark 是一个快速、通用、可扩展的集群计算系统,专为大规模数据处理和分析而设计。它提供了高级的抽象和丰富的 API,使开发人员能够轻松地编写分布式数据处理应用程序,并在大规模数据集上进行高效计算。

5.1.1 Spark 的主要发展阶段

Spark 的重要发展历史如图 5-1 所示。随着时间的推移,Spark 在大数据处理和分析领域的影响持续扩大,它不仅在学术界获得了广泛关注,也成为企业和开发者的首选框架之一。其强大的功能、易用性以及不断创新的特性使得 Spark 在不断进化,以适应不断变化的大数据处理需求。

(1) UC Berkeley 的研究项目(2009—2010)。Spark 最初是由加州大学伯克利分校

图 5-1 Spark 的重要发展历史

(UC Berkeley)的 AMPLab(Algorithms，Machines，and People Lab)团队发起的研究项目。该项目旨在解决 Hadoop MapReduce 的性能和功能限制。Spark 首次于 2009 年的一篇研究论文中提出，并在 2010 年开源发布。

(2) Spark 的初期版本(2010—2012)。Spark 最初的版本提供了基本的数据处理能力，引入了一种称为 Resilient Distributed Dataset(RDD)的数据抽象，允许在内存中进行数据操作，从而显著提高了性能。这一特性使得 Spark 在迭代计算和交互式查询方面表现出色。

(3) 扩展和模块化(2012—2013)。随着 Spark 的发展，它开始引入越来越多的模块和库，使得 Spark 能够支持更广泛的数据处理任务，包括图计算(GraphX)、机器学习(MLlib)、流处理(Spark Streaming)等。这些模块的引入使得 Spark 成为一个全面的大数据处理平台。

(4) Spark 的广泛应用(2014 年至今)。从 2014 年开始，Spark 开始在产业界得到广泛应用。许多企业和组织开始采用 Spark 作为其主要的大数据处理框架，从而加速数据分析和业务决策的过程。Spark 的生态系统不断扩展，引入了更多的功能和工具，如 Structured Streaming、Spark SQL、SparkR 等。

(5) Spark 2. x 版本和结构化 API(2016—2017)。Spark 2. x 版本引入了重要的更新，包括 DataFrame 和 Dataset 的引入，这是一种更高级、更结构化的 API，使得数据操作更加方便和优化。这些 API 也使得与其他数据处理工具(如 Pandas、SQL)的集成更加紧密。

(6) Spark 3. x 版本和继续创新(2020 年至今)。Spark 3. x 版本继续带来创新，包括更强大的优化器、改进的查询性能、更好的 ANSI SQL 兼容性、Pandas on Spark 等。Spark 继续在大数据处理、机器学习和人工智能领域发挥着重要作用。

5.1.2 Spark 的生态系统

Spark 的生态系统如图 5-2 所示，以 Spark Core 为核心，包含了多个组件，它们共同为用户提供了一个完整的大数据解决方案。Pandas on Spark 作为 Spark 生态系统的一部分是从 Apache Spark 3.2.0 版本开始的。

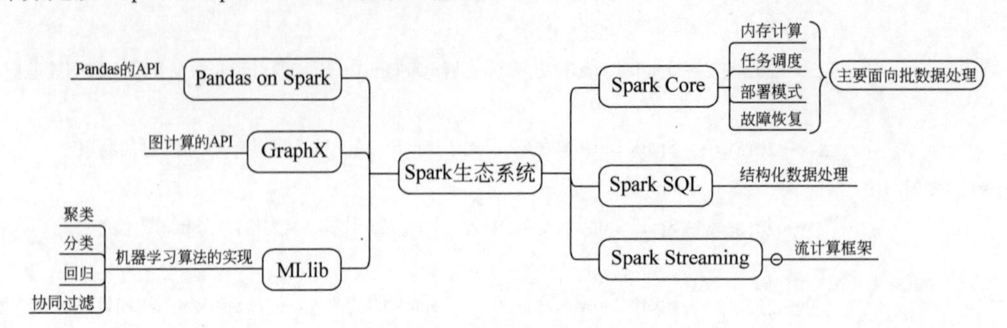

图 5-2 Spark 的生态系统

(1) Spark Core：Spark Core 是 Spark 的基础组件，提供了分布式任务调度、内存管理和容错机制等核心功能。它定义了 Spark 的 RDD 数据结构和基本的数据操作接口，是构建其他 Spark 组件的基础。

(2) Spark SQL：Spark SQL 是 Spark 的结构化数据处理模块，提供了用于处理结构化数据(如 JSON、CSV、Parquet 等)的 API 和 SQL 查询功能。它支持将结构化数据与 RDD 无缝集成，可以通过 SQL 语句或 DataFrame API 进行数据查询、转换和分析。

(3) Spark Streaming：Spark Streaming 是 Spark 的流处理模块，支持实时数据的高吞吐量处理和流式计算。它提供了对实时数据流的处理功能，支持各种数据源(如 Kafka、Flume、HDFS 等)和数据处理操作，可以将实时数据流转换为批处理形式进行处理。

(4) MLlib/ML：MLlib/ML 是 Spark 的机器学习库，提供了一套丰富的机器学习算法和工具，用于在大规模数据上进行机器学习和数据挖掘。它支持常见的分类、回归、聚类、推荐等机器学习任务，并提供了特征提取、模型评估和模型持久化等功能。

(5) GraphX：GraphX 是 Spark 的图计算库，用于处理和分析图数据。它提供了图数据结构和一套高性能的图计算算法，可以进行复杂的图分析、社交网络分析、推荐系统等任务。

(6) Pandas on Spark：Apache Spark 3.0 版本中引入的一个新特性，旨在提高 Python 开发者的生产力。Pandas on Spark 建立在 PySpark 上，允许用户使用 Pandas API 来处理分布式数据集。让开发者可以利用他们熟悉的 Pandas 编程模型来处理大规模数据集，而背后的执行则是由 Spark 引擎在分布式环境中完成的。这个组件的目的是简化从 Pandas 到 Spark 的过渡，并提高处理大规模数据集时的效率和便捷性。

5.1.3 应用场景

Spark 的应用场景非常广泛，以下列举了一些常见的应用场景。

(1) 大数据处理和分析：Spark 适用于大规模数据集的处理和分析任务。它能够高效地处理大量的数据，并提供丰富的数据操作和转换功能，使得用户能够进行复杂的数据清洗、转换和聚合操作。

(2) 实时数据处理和流处理：由于 Spark 具备流处理的能力，它适用于需要低延迟和高吞吐量的实时数据处理场景。例如，实时数据分析、实时推荐系统、实时欺诈检测等。

(3) 批处理和 ETL(Extract, Transform, Load)：Spark 可以处理大规模的批处理任务和数据转换任务。它能够高效地执行数据提取、清洗、转换和加载操作，使得用户能够构建复杂的 ETL 流程。

(4) 机器学习：Spark 的 MLlib/ML 库提供了丰富的机器学习算法和工具，使得用户能够在大规模数据集上进行机器学习任务。它支持常见的机器学习算法，如分类、回归、聚类、推荐等。

(5) 图计算：Spark 的 GraphX 库提供了图计算的能力，使得用户能够进行复杂网络和图数据的分析。这对于社交网络分析、网络图可视化、推荐系统等领域非常有用。

(6) 实时日志分析和监控：Spark 可以用于实时日志分析和监控系统。它能够处理实时生成的日志数据，并提供强大的数据分析和可视化能力，帮助用户实时监控系统的运行状况和性能指标。

(7) 大规模数据集的处理和查询：Spark 可以处理大规模的结构化和半结构化数据集，并支持高效的数据查询和分析。它的分布式计算能力使得用户能够快速执行复杂的数据查询操作。

5.2 Spark 的架构与运行原理

观看视频

5.2.1 基本概念

Spark 架构的一个基本概念是弹性分布式数据集。RDD 是 Spark 的核心抽象，代表一个可分区、可容错的分布式数据集。它可以存储在内存中，并支持并行操作和容错恢复。RDD 可以通过转换操作(如 map、filter、reduce 等)进行数据的转换和处理。

(1) 数据流图：Spark 应用程序通常由一系列 RDD 和转换操作构成的数据流图组成。数据流图描述了 RDD 之间的依赖关系和操作流程，帮助 Spark 进行任务的划分和调度。

(2) 任务(Task)：Spark 将应用程序划分为一系列的任务，每个任务对应一个 RDD 的分区上的操作。任务可以并行执行，并在集群中的多个节点上分布执行。

(3) 驱动程序(Driver)：驱动程序是 Spark 应用程序的主程序，负责定义任务和 RDD 之间的依赖关系，并将任务提交给集群进行执行。驱动程序也负责协调任务的执行和结果的收集。

(4) 执行器(Executor)：执行器是 Spark 集群中的工作节点，负责执行驱动程序发送的任务。每个执行器运行在独立的 JVM 进程中，可以并行执行任务并存储 RDD 的分区数据。

5.2.2 架构设计

如图 5-3 所示，Apache Spark 的运行架构可以描述如下：

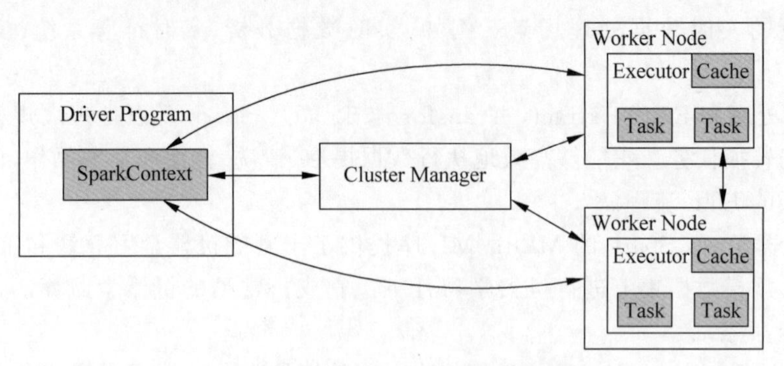

图 5-3 Apache Spark 运行架构

(1) Driver Program：这是运行用户应用程序代码的进程。Driver Program 创建 SparkContext，它是与 Spark 集群的主要连接点。

(2) SparkContext：在 Driver Program 中初始化，它负责建立与 Spark 执行框架的连接。SparkContext 负责创建 RDDs（弹性分布式数据集）、累加器（accumulators）和广播变量（broadcast variables），它将用户程序转换成任务。

(3) Cluster Manager：集群资源管理器，负责为 Spark 作业分配资源。它可以是 Spark 自带的资源调度器，也可以是 YARN、Mesos 等外部资源管理器。

(4) Worker Node：集群中的节点，负责执行任务并存储计算结果的数据。每个 Worker Node 运行一个或多个 Executor 进程。

(5) Executor：在 Worker Node 上为特定 Spark 应用程序运行的进程。它负责运行作业的任务，并通过 SparkContext 与 Driver Program 通信。每个 Executor 都有一定数量的核和内存资源。

(6) Task：执行在 Executor 上的最小的工作单元。它是由 SparkContext 生成的作业的一部分，并由 Executor 执行。

(7) Cache：为了优化性能，Executor 可以将数据缓存到内存中。这允许快速访问重复使用的数据，而不必每次都从磁盘读取。

5.2.3 运行流程

Spark 的运行流程涉及驱动程序的初始化和任务的划分、调度与执行，以及结果的收集与处理，如图 5-4 所示。通过懒加载的方式构建 DAG，Spark 能够在执行行动操作时优化整个计算过程，例如通过管道化（pipelining）来减少 IO 操作，或者通过 shuffle 操作的优化来减少网络传输。

(1) 初始化 SparkContext。

在开始任何计算之前，首先需要创建一个 SparkContext 对象。SparkContext 是与 Spark 集群的连接的主要入口点，用于调度和执行任务。

(2) 创建 RDD 对象。

在 Spark 程序中，计算的起点是创建 RDD。RDD 可以通过读取外部系统的数据集（如 HDFS、Hive 等）或者通过在驱动程序中的集合（例如数组）转换创建。

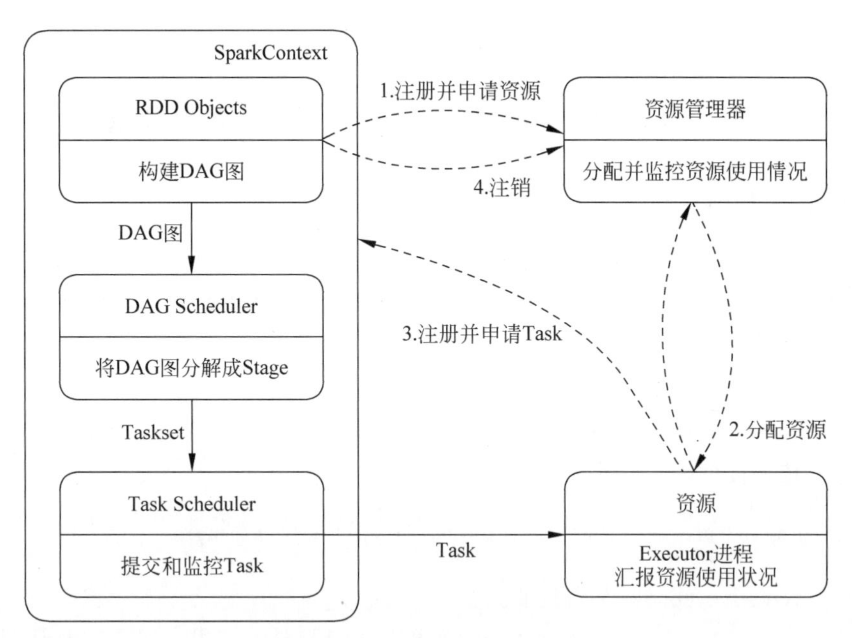

图 5-4 Spark 的基本运行流程

(3) 构建 DAG(有向无环图)。

当对 RDD 执行转换操作(如 map、filter 等)时,Spark 构建了一个 DAG。这个 DAG 记录了所有的转换操作,但这些操作此时并未执行,Spark 使用这个 DAG 来跟踪 RDD 之间的依赖关系。

(4) DAG 分解为 Stage。

DAGScheduler 会分析 DAG,并将其分解为多个阶段(Stages),这些阶段是根据宽依赖(即需要 shuffle 的操作)来划分的。

(5) 将 Stage 分解为 Task。

TaskScheduler 进一步将每个阶段分解为多个任务(Tasks)。每个任务对应于对 RDD 分区的一系列转换操作。

(6) 任务的调度和执行。

TaskScheduler 将任务发送到集群中的 Executor 去执行。Executor 是在工作节点上运行的,负责执行任务、保持数据在内存或磁盘上的存储,并与 Driver 程序进行交互。

(7) 任务执行。

Executor 开始执行任务,并将转换后的 RDD 分区保存在内存或磁盘中,以供后续的行动操作(如 collect、count 等)使用。

(8) 行动操作的触发和结果返回。

当执行一个行动操作(如 collect、count 等)时,Spark 会触发实际的计算。行动操作会触发前面构建的 DAG 的执行。计算结果将返回给 SparkContext,然后可能会被送回到驱动程序,或者存储到外部系统中。

(9) 错误处理和资源调度。

如果在执行任务时出现错误,Spark 会尝试重新执行任务。此外,集群管理器还会负责资源的调度,如分配任务到合适的节点上。

5.3 基于 Jupyter Notebook 的 PySpark 开发平台搭建

5.3.1 配置 Jupyter Notebook 远程访问

Jupyter Notebook 是一个交互式笔记本,支持运行 40 多种编程语言。它本质上是一个 Web 应用程序,可以很方便地创建和共享程序文档,支持实时代码、数学方程、可视化和 markdown。

(1) 安装。

安装 Jupyter Notebook 非常简单,只需一行命令即可。推荐安装 Anaconda 3,可以安装其他的依赖插件。

```
pip3 install Jupyter -i https://pypi.tuna.tsinghua.edu.cn/simple
```

(2) Jupyter Notebook 安全验证。

安装完成后,输入 Jupyter Notebook 便可以在浏览器中使用。但是它默认只能在本地访问,还需要自动生成随机密码,很不方便。为方便远程登录,可手动设置密码。

(3) 生成配置文件。

jupyter notebook --generate-config

```
(base) [root@master cmd]# jupyter notebook --generate-config
Writing default config to: /root/.jupyter/jupyter_notebook_config.py
```

该命令会在 ~/.jupyter 目录下生成配置文件 jupyter_notebook_config.py,如果该配置文件已经存在,则会提示是否替换该文件。

(4) 手动设置密码。

jupyter server password

```
(base) [root@master /]# jupyter notebook password
Enter password:
Verify password:
[NotebookPasswordApp] Wrote hashed password to /root/.jupyter/jupyter_notebook_
config.json
```

在终端输入密码后,会将该密码的哈希值写入配置文件。此后要打开 Jupyter Notebook,需要输入刚刚设定的密码才可以登录。

提示:如果要免密登录,需要在/root/.jupyter/jupyter_server_config.py 找到 c.ServerApp.token 并设置其值为刚刚复制的密钥。

```
c.NotebookApp.password = u'sha:...' # 刚才复制的那个密文'
```

(5) Jupyter Notebook 的启动。

输入命令启动一个 Jupyter Notebook 服务,该服务监听所有网络接口上的 8888 端口,不自动打开浏览器,并允许以 root 用户身份运行。

```
(base) [root@master /]# jupyter-notebook --ip 0.0.0.0 --port 8888 --no-browser --allow-root
…
Jupyter Notebook 6.4.12 is running at:
<省略>
```

--no-browser：不打开浏览器。

--port：监听端口。

--ip "IP 地址" 则会指定 IP,0.0.0.0 则表示所有的 IP 都可以访问。为了避免每次都要启动 Jupyter Notebook ,可以将此行命令写入~/.bashrc 中。

5.3.2 基于 Jupyter Notebook 的 PySpark 环境启动及验证

1. Local 模式的启动与验证

为了在 Jupyter Notebook 环境中运行 PySpark,需进行相应配置以支持用户通过 Web 界面编写和执行 PySpark 代码。设置 PySpark 的执行模式为本地模式,从而允许在本地资源上直接运行 PySpark 作业。此配置的效果如图 5-5 所示。

```
export PYSPARK_DRIVER_PYTHON=jupyter
export PYSPARK_DRIVER_PYTHON_OPTS="notebook --ip 0.0.0.0 --port 8888 --allow-root --no-browser"
pyspark
```

图 5-5 基于 Jupyter Notebook 的 PySpark Local 模式的开发环境

温馨提示：本环境是本书的默认开发环境。如果环境有改变则会特别强调。

2. Standalone 模式的启动与验证

要在 Jupyter Notebook 中运行 PySpark 并连接至特定 Spark 集群(master 节点为 spark://master:7077),进行分布式数据处理,需对 PySpark 进行配置。配置内容包括使 Jupyter Notebook 可从任意 IP 地址访问,禁用自动浏览器启动,并允许以 root 身份执行,适合远程或容器化环境中的大数据分析。配置效果见图 5-6。

```
export PYSPARK_DRIVER_PYTHON=jupyter
export PYSPARK_DRIVER_PYTHON_OPTS="notebook --ip 0.0.0.0 --port 8888 --allow-root --no-browser"
pyspark --master spark://master:7077
```

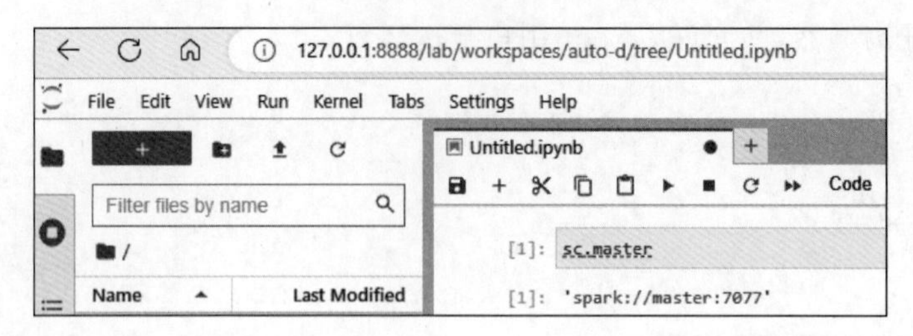

图 5-6 基于 Jupyter Notebook PySpark 的 Standalone 模式的开发环境

3. Yarn 模式的启动与验证

配置 PySpark 在 Jupyter Notebook 中运行,使用 YARN 以客户端模式连接分布式计算资源。这允许 Jupyter Notebook 从任何 IP 地址接受访问,并使得 Spark 驱动程序本地运行,便于作业的直接访问和调试。效果验证如图 5-7 所示。

```
export PYSPARK_DRIVER_PYTHON = jupyter
export PYSPARK_DRIVER_PYTHON_OPTS = "notebook -- ip 0.0.0.0 -- port 8888 -- allow - root
-- no - browser"
pyspark -- master yarn -- deploy - mode client
```

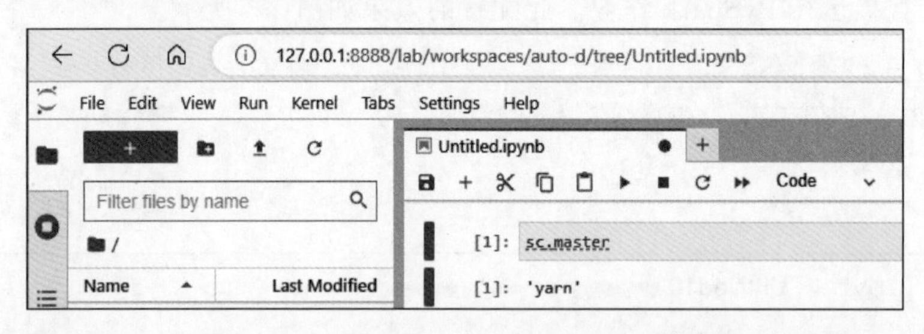

图 5-7 基于 Jupyter Notebook 的 PySpark Yarn 模式的开发环境

5.3.3 基于 Jupyter Notebook 的 PySpark 应用程序的开发

本节通过统计单词个数案例,展示使用 Spark 进行大数据处理的基本流程,包括读取数据、转换处理,以及聚合统计。最后的结果如图 5-8 所示。

```
# 读取文件
textFile = sc.textFile("file:///tmp/spark/data/sanya.txt")
# 切分单词
words = textFile.flatMap(lambda line: line.split(",")).flatMap(lambda line: line.split
(" "))
# 转换成键值对并计数
wordCounts = words.map(lambda word: (word, 1)).reduceByKey(lambda a,b:a + b)
# 输出结果,foreach 函数仅在本地模式上才能输出值
wordCounts.collect()
#输出结果
```

案例中可能出现的问题如下。

(1) 出错信息：没有结果输出。

(2) 错误原因：在分布式环境中使用 foreach(print) 依然无法在驱动程序的控制台

```
[10]: [('Holiday', 1),
       ('in', 2),
       ('holiday', 4),
       ('sun', 3),
       ('sea', 3),
       ('beach', 3),
       ('Beach', 1),
       ('Sanya', 8),
       ('relaxation', 1),
       ('fun', 3),
       ('Sun', 1)]
```

图 5-8 单词计数的代码及运行结果

上看到输出。

(3) 解决方法。

① 使用 collect():使用 collect() 方法可以将数据集合并返回到驱动程序。这适用于小数据集,对于大数据集可能会导致内存溢出。

② 保存到外部存储:对于大型数据集,最好的方法是将结果保存到一个文件或数据库中,然后在必要时检索和分析这些数据。

③ 使用 coalesce(1):如果目的仅仅是减少输出文件的数量,可以使用 coalesce(1)而不是 repartition(1)。coalesce(1)在减少分区数时不会引起全局数据混洗(shuffle),因此通常比 repartition(1)更高效。

5.4 基于 PyCharm 的 PySpark 开发平台搭建

在 PyCharm 连接 PySpark 开发平台之前,一定要保证集群已经可以运行 PySpark 程序和已经安装了 PyCharm 的专业版本。

5.4.1 创建与配置 SFTP 连接

新建项目时,在对话框中输入项目名称(例如 first),然后单击"添加解释器"。这时会弹出一个下拉列表,从中选择 SSH。接着,按照选项依次设置新建目标 SSH 对话框,其中"端口"一栏应填写为容器的 SSH 映射端口。

1. 新建连接

在 PyCharm 界面的底部,有一个"添加解释器"选项卡,如图 5-9 所示。单击 SSH,打开 SFTP 工具窗口。

2. 配置连接信息

在弹出的窗口中,填写 SFTP 连接的信息,如图 5-10 和图 5-11 所示。

(1) Host:远程服务器的主机名或 IP 地址。

(2) Port:SFTP 连接的端口号,默认是 22。

(3) User name:登录远程服务器的用户名。

(4) Auth type:选择身份验证类型,通常选择 Password 或 Key pair。

(5) Password:如果选择密码验证,填写登录密码。

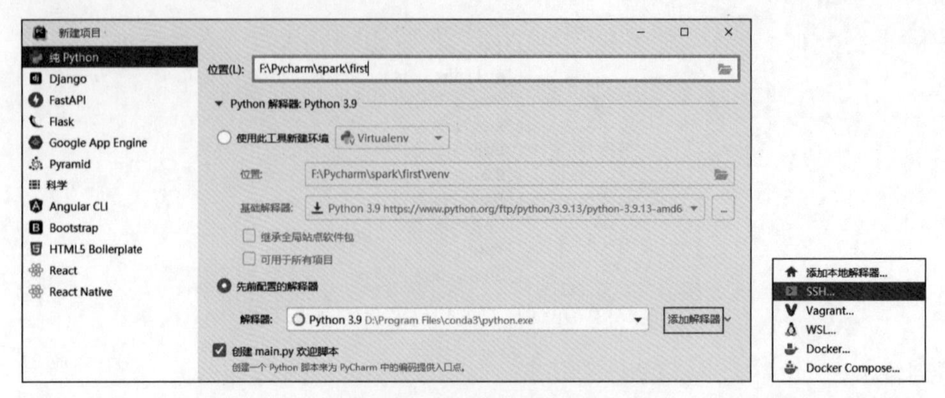

图 5-9　打开连接对话框

(6) Key pair：如果选择密钥对验证，选择或导入私钥文件。

图 5-10　建立 SSH 连接信息

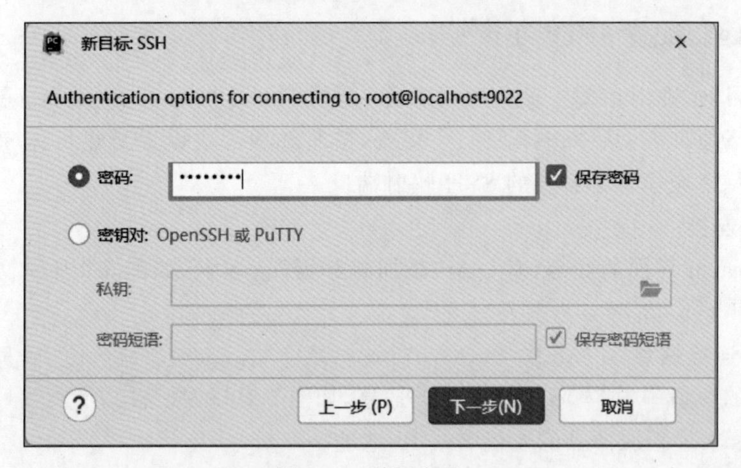

图 5-11　填写密码

3. 测试连接和设置 Python 解释器

填写完连接信息后，单击 Test SFTP Connection 按钮，确保连接能够成功建立。连接成功信息如图 5-12 所示。此外，Python 编译器的设置如图 5-13 所示。

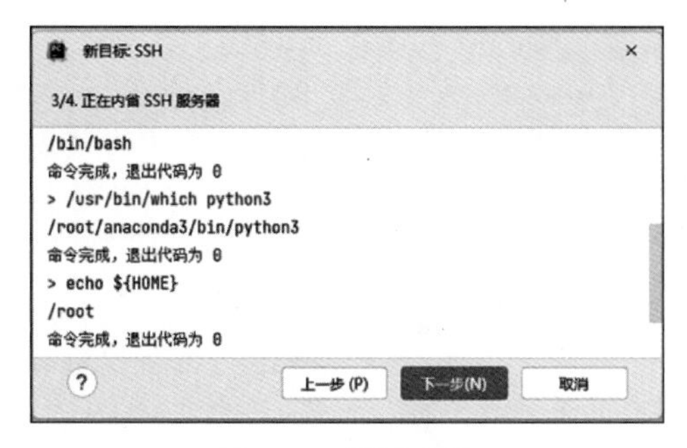

图 5-12 测试连接

图 5-13 Python 编译器的设置

5.4.2 部署应用程序

配置工具是在 PyCharm 中进行的全局设置，这些设置会影响到整个 PyCharm 环境的行为。

1. 连接配置

单击菜单工具栏后，依次选择"部署"→"配置"选项，以打开配置对话框。根路径设置为"/"，无须更改，这有助于之后进行文件夹映射。如果映射到容器中的文件夹不存在，则需要先行创建，具体步骤和效果见图 5-14 和图 5-15。

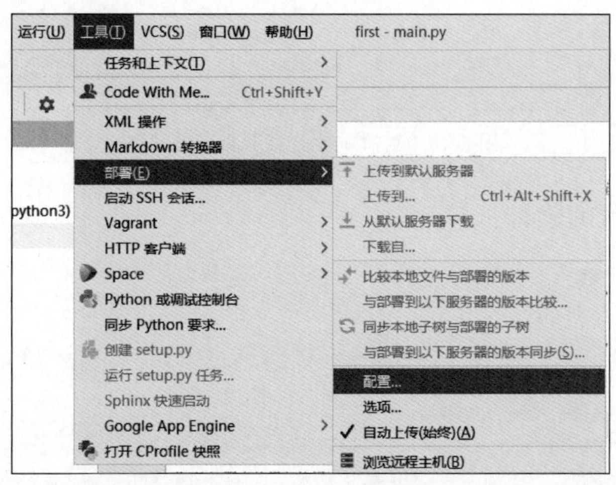

图 5-14 选择配置选项

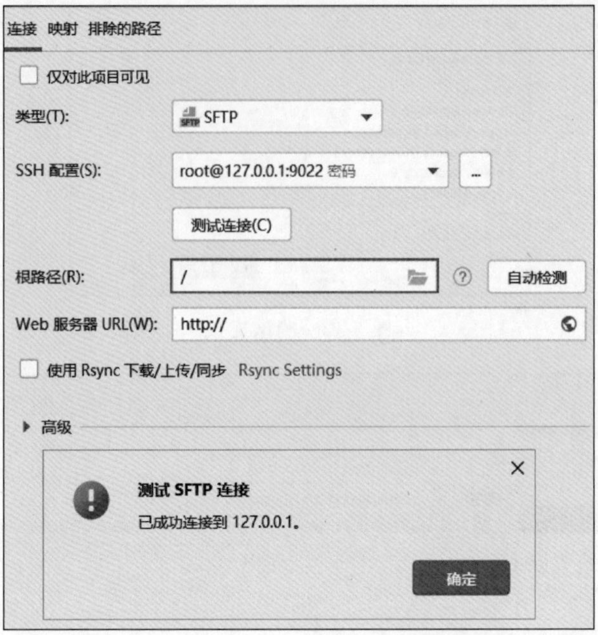

图 5-15 配置并测试与 Spark 集群的连接

2. 映射配置

在 PyCharm 中，配置本地与容器目录的映射，如图 5-16 所示，旨在保持本地代码编辑与容器中运行环境的同步。

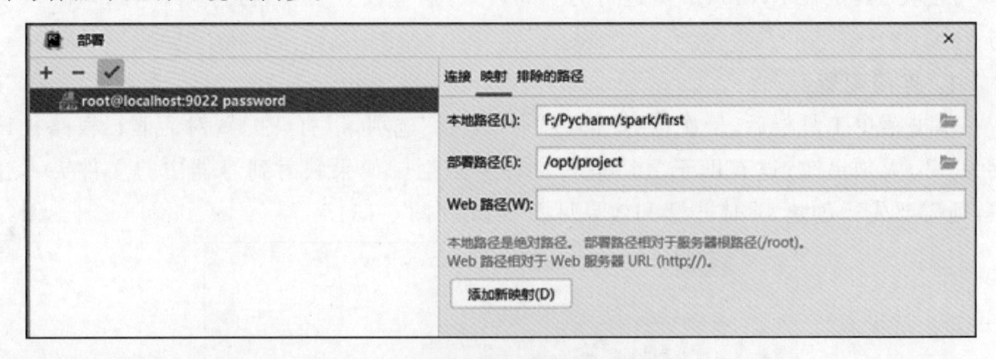

图 5-16 配置本地与容器目录的映射

5.4.3 开发平台的验证

1. 验证案例代码

```
def print_result():
    # 统计单词个数
    from pyspark import SparkContext
    sc = SparkContext("spark://master:7077", "WordCount")
    words = sc.textFile("file:///tmp/spark/data/sanya.txt").flatMap(lambda line: line.
split(" ")).map( \
```

```
    lambda w: (w, 1)).reduceByKey(lambda x, y: x + y).sortBy(lambda x: x[1], False).
collect()
  for word in words:
    print(word)
# 主程序
if __name__ == '__main__':
  print_result()
```

2. 执行后关键信息的显示

```
/root/anaconda3/bin/python3 /opt/project/main.py
Setting default log level to "WARN".
To adjust logging level use sc.setLogLevel(newLevel). For SparkR, use setLogLevel
(newLevel).
('Sanya', 2)
('is', 1)
('like', 1)
('a', 1)
('beautiful', 1)
('city', 1)
('We', 1)
进程已结束,退出代码 0
```

5.4.4 可能出现的问题

1. PySpark 模块不存在

(1) 错误信息：出现异常“No module named ‘pyspark’”,需要把 spark 下面 python 目录下的 pyspak 目录复制到 python 解释器所在路径的 site-packages 中。

(2) 解决方法：将 spark 安装目录 python 目录下面的 pyspark 文件夹复制到 python 的解释器所在的安装目录的 site-packages 包中。提示：如果没有创建虚拟环境,其路径为/root/anaconda3/lib/python3.11/site-packages。

```
cp -r /opt/spark/spark/python/pyspark /root/anaconda3/lib/python3.11/site-packages
```

2. py4j 异常

(1) 错误信息：(< class 'ModuleNotFoundError '>, ModuleNotFoundError("No module named 'py4j'"), < traceback object at 0x7f74603a5180 >)。

(2) 解决方法：安装 py4j。pip3 install py4j -i https://pypi.tuna.tsinghua.edu.cn/simple。

```
(base) [root@1009e4deb446 /]# pip3 install py4j -i https://pypi.tuna.tsinghua.edu.
cn/simple
```

3. pandas_on_spark 执行出错

(1) 错误信息：

```
/opt/spark/spark/python/pyspark/sql/dataframe.py: 5249: FutureWarning: DataFrame.to_
pandas_on_spark is deprecated. Use DataFrame.pandas_api instead.
```

```
  warnings.warn(
/opt/spark/spark/python/pyspark/pandas/__init__.py:50: UserWarning: 'PYARROW_IGNORE_
TIMEZONE' environment variable was not set. It is required to set this environment variable to
'1' in both driver and executor sides if you use pyarrow >= 2.0.0. pandas-on-Spark will set
it for you but it does not work if there is a Spark context already launched.
```

(2) 解决方法：安装 PyArrow。

```
(base) [root@1009e4deb446 /]# pip3 install PyArrow -i https://pypi.tuna.tsinghua.edu.
cn/simple
(base) [root@1009e4deb446 /]# export PYARROW_IGNORE_TIMEZONE=1
```

4. Rsync/which

(1) 出错信息：在本地 PATH 或完整的可执行文件路径中都找不到 rsync/which 命令 。

(2) 解决方法：安装 rsync:yum install rsync/which -y。

本章小结

本章对 Spark 进行了全面概述，从 Spark 的基本概念、主要发展阶段、生态系统到其广泛的应用场景进行了阐述。详细讨论了 Spark 的架构与运行原理，包括基本概念、架构设计以及运行流程，为读者提供了深入理解 Spark 的基础。此外，还介绍了在 Jupyter Notebook 和 PyCharm 这两种主流开发环境中搭建 PySpark 开发平台的方法，包括远程访问配置、环境启动及验证，以及基于这些环境的 PySpark 应用程序的开发。通过具体的步骤和指南，旨在帮助读者有效地搭建和使用 PySpark 开发环境，为进行 Spark 数据处理和分析项目奠定实践基础。

习题 5

1. 判断题

(1) Docker 是一种虚拟化技术，可以实现轻量级、可移植的容器化应用程序的部署和管理。(　　)

(2) Docker 可以快速搭建 Spark 集群，每个节点都可以作为一个独立的 Docker 容器运行。(　　)

(3) 在基于 Docker 的 Spark 集群中，每个节点都需要单独安装和配置 Spark 软件。(　　)

(4) 使用 Docker Compose 可以通过编写一个 YAML 文件来定义和管理多个 Docker 容器。(　　)

(5) 基于 Docker 的 Spark 集群只能运行在单台物理机或虚拟机上，无法跨多台主机部署。(　　)

2. 选择题

（1）基于 Docker 搭建 Spark 集群的第一步是（　　）。

A. 安装 Docker Engine　　B. 下载 Spark 二进制发行版

C. 编写 Dockerfile　　D. 安装 Java Development Kit（JDK）

（2）在 Docker 中运行 Spark 集群时，（　　）组件负责资源管理和作业调度。

A. Spark Driver　　B. Spark Master

C. Spark Worker　　D. Spark Executor

（3）在基于 Docker 的 Spark 集群中，（　　）命令可以启动一个新的 Spark Master 容器。

A. docker run　　B. docker exec

C. docker-compose up　　D. docker-compose exec

（4）在基于 Docker 的 Spark 集群中，（　　）命令可以查看 Spark 集群的运行状态和任务信息。

A. docker ps　　B. docker logs

C. docker exec　　D. docker-compose ps

（5）基于 Docker 的 Spark 集群搭建过程中，（　　）步骤是必需的。

A. 创建 Docker 网络　　B. 下载 Spark 源代码

C. 安装 Anaconda 环境　　D. 配置 Hadoop 集群

3. 简答题

（1）简述 Spark 数据处理的基本流程。

（2）搭建基于 PyCharm 的 PySpark 开发环境的关键步骤是什么？

实验 5　基于 Jupyter Notebook 的 PySpark 开发平台的搭建

1. 实验目的

（1）掌握 Jupyter Notebook 的安装和远程访问配置方法。

（2）学习如何在 Jupyter Notebook 中配置和启动 PySpark 环境。

（3）通过实际的 PySpark 应用程序开发案例，熟悉 PySpark 在大数据处理中的应用。

2. 实验环境

（1）Jupyter Notebook（Anaconda3）。

（2）Apache Spark 集群可以正常运行。

3. 实验内容和要求

1）配置 Jupyter Notebook 连接到 Spark 集群

内容：安装 Jupyter Notebook，并进行远程访问配置，包括生成配置文件、手动设置密码以便远程登录。

要求：

（1）成功安装 Jupyter Notebook。

(2) 生成并修改 Jupyter Notebook 配置文件，设置允许远程访问。

(3) 设置并记录访问密码，确保能够远程访问 Jupyter Notebook 环境。

2) 基于 Jupyter Notebook 的 PySpark 环境的启动及验证

内容：配置 PySpark 以支持在 Jupyter Notebook 中的运行。分别进行 Local、Standalone 和 YARN 模式的启动与验证。

要求：配置环境变量以启动 Jupyter Notebook 作为 PySpark 的驱动程序。在 Local、Standalone、YARN 模式下，配置 PySpark 进行计算，并进行验证。

3) 基于 Jupyter Notebook 的 PySpark 应用程序的开发

内容：通过一个实际的案例(例如：统计单词个数)，展示使用 Spark 进行大数据处理的基本流程。

要求：

(1) 使用 Jupyter Notebook 创建和运行 PySpark 代码。

(2) 完成数据的读取、转换处理以及聚合统计的 PySpark 应用程序的开发。

(3) 分析并记录 PySpark 程序的执行结果。

第 6 章

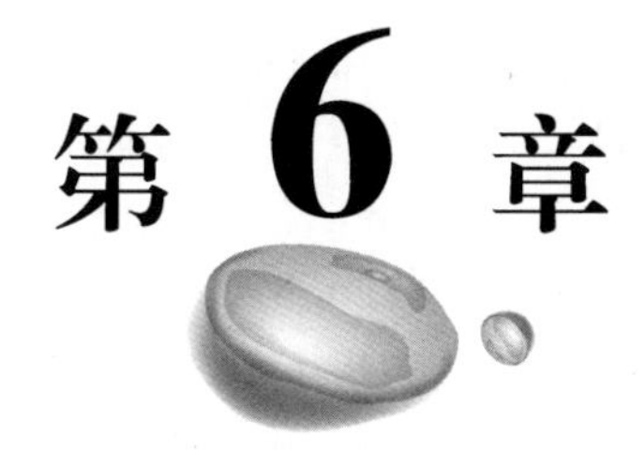

Spark RDD

学习目标

- 了解 RDD 的基本概念、特性及其运作方式。
- 掌握如何创建 RDD,包括并行化和读取外部数据集。
- 熟悉进行 RDD 的转换和动作操作,以及键值对 RDD 的使用。
- 应用所学于文件读写和综合案例分析。

本章将带领读者深入探索 Spark 的心脏——弹性分布式数据集(RDD),一个让 Spark 在大数据处理中脱颖而出的核心概念。通过本章,读者将从理论到实践,全面了解 RDD 的运作方式、创建方法和丰富的操作技巧。我们将一步步解析 RDD 的特性、依赖关系,以及转换和动作操作,让读者能够灵活运用 Spark 进行复杂的数据处理任务。更激动人心的是,通过综合案例和文件读写的实践,读者将有机会亲手实践,将学到的知识应用于解决实际问题。跟随我们一起,探索 RDD 的强大能力,开启大数据处理之旅吧!

6.1 RDD 的运作方式

观看视频

Spark 的核心是建立在统一的抽象 RDD 之上,基于 RDD 的转换和行动操作使得 Spark 的各个组件可以无缝进行集成,从而在同一个应用程序中完成大数据计算任务,如图 6-1 所示。

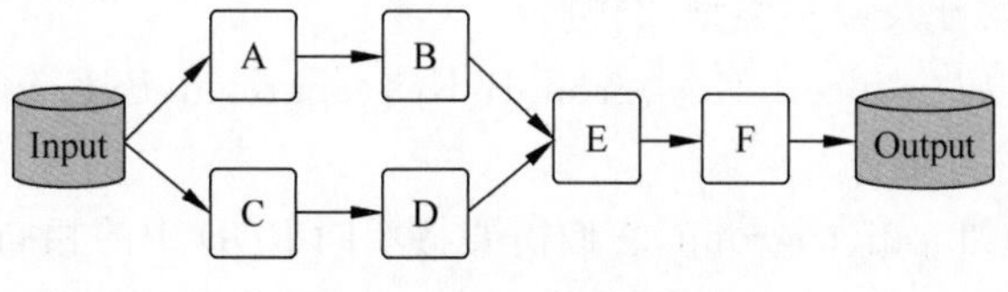

图 6-1　RDD 转换图例

6.1.1 RDD 的概念

一个 RDD 就是一个分布式对象集合,提供了一种高度受限的共享内存模型,其本质是一个只读的分区记录集合，不能直接修改。每个 RDD 可以分成多个分区，每个分区就是一个数据集片段，并且一个 RDD 的不同分区可以保存到集群中不同的节点上，从而可以在集群中的不同节点上进行并行计算。

RDD 提供了一组丰富的操作以支持常见的数据运算，分为“动作”(Action)和“转换”(Transformation)两种类型，前者用于执行计算并指定输出的形式，后者指定 RDD 之间的相互依赖关系。RDD 提供的转换接口都非常简单，都是类似 map、filter、groupBy、join 等粗粒度的数据转换操作，而不是针对某个数据项的细粒度修改。因此，RDD 比较适合对于数据集中元素执行相同操作的批处理式应用，而不适合用于需要异步、细粒度状态的应用，比如 Web 应用系统、增量式的网页爬虫等。

6.1.2 RDD的特性

Spark 采用 RDD 以后能够实现高效计算的主要原因如下。

(1) 高效的容错性。在 RDD 的设计中，只能通过从父 RDD 转换到子 RDD 的方式来修改数据，这也就是说可以直接利用 RDD 之间的依赖关系来重新计算得到丢失的分区，而不需要通过数据冗余的方式。而且也不需要记录具体的数据和各种细粒度操作的日志，这大大降低了数据密集型应用中的容错开销。

(2) 中间结果持久化到内存。数据在内存中的多个 RDD 操作之间进行传递，不需要在磁盘上进行存储和读取，避免了不必要的读写磁盘开销。

(3) 存放的数据可以是 Java 对象，避免了不必要的对象序列化和反序列化开销。

6.1.3 RDD之间的依赖关系

在 Apache Spark 中，RDD 的依赖关系可以分为两种类型：窄依赖(Narrow Dependency)和宽依赖(Wide Dependency)。这两种依赖关系是根据一个 RDD 的分区如何依赖于上游 RDD 的分区来定义的。

1. Shuffle 操作

在 Apache Spark 中，Shuffle 操作指的是数据在集群中跨节点的重新分配过程。当一个操作需要跨多个分区访问数据时，Spark 会执行 Shuffle。Shuffle 是一个复杂且开销较大的过程，因为它通常涉及网络通信以及磁盘读写，尤其是当数据集不能完全放入内存时。此过程是大规模数据处理中的一个关键步骤，对整体性能有显著影响。

1) Shuffle 的操作类型

Shuffle 操作通常涉及以下类型的转换。

(1) 聚合操作：如 reduceByKey、groupByKey、aggregateByKey，它们将具有相同键的数据集中到一起进行聚合。

(2) 连接操作：如 join、cogroup，它们需要将不同 RDD 中的相同键值对齐在一起。

(3) 重新分区操作：如 repartition 和 coalesce，这些操作用于调整 RDD 的分区数，可能会导致数据跨节点移动。

2) Shuffle 的执行过程

Shuffle 操作的执行过程可分为以下几个步骤。

(1) Map 阶段：任务处理输入数据，并根据定义的转换操作产生中间输出。如果需要 Shuffle，这些输出会根据键分组到不同的 buckets 中。

(2) Shuffle Write：中间输出写入本地节点的磁盘中。

(3) Shuffle Read：在接下来的阶段，其他任务从磁盘读取必要的数据进行进一步的处理。

(4) Reduce 阶段：数据被聚集、合并或连接，形成最终结果。

3) Shuffle 的优化

由于 Shuffle 操作的成本很高，优化 Shuffle 成为提高 Spark 作业性能的一个重要方面。优化方法包括以下几种。

(1) 减少数据量：通过 filter、select 等操作减少参与 Shuffle 的数据。

(2) 避免不必要的 Shuffle：选择正确的操作以避免不必要的数据重新组织，如使用 reduceByKey 代替 groupByKey。

(3) 调整分区数量：使用 repartition 或 coalesce 来调整分区的数量，合理分配数据量，减少跨节点的数据传输。

(4) 持久化：在执行多个行动操作之前，对中间 RDD 进行持久化可以减少重复的 Shuffle 操作。

2. 窄依赖

窄依赖表示每个父 RDD 的分区被用于一个子 RDD 的单个分区。这意味着每个子分区只依赖于一个父分区。窄依赖允许更有效的任务调度，因为不需要跨多个分区移动数据。这种依赖关系通常不会导致数据的重新组织，或者所谓的 Shuffle 操作。常见的窄依赖操作包括 map 和 filter。

在图 6-2 中，从 RDD01 到 RDD02 的转换，从 RDD03 到 RDD05 的 map 和 filter 操作，以及从 RDD04 到 RDD05 的 union 操作都是窄依赖。

3. 宽依赖

宽依赖表示一个子 RDD 的分区依赖于上游的多个父 RDD 分区。这种依赖关系通常发生在类似于 groupBy 和 join 这样的操作中，它们需要聚集或重新分布不同分区的数据。宽依赖需要跨多个分区进行数据的 Shuffle，这是一个相对昂贵的操作，因为它涉及跨网络的数据移动，并且可能会导致数据处理的瓶颈。

在图 6-2 中，从 RDD06 和 RDD07 到 RDD08 的 join 操作以及从 RDD09 和 RDD10 到 RDD11 的 groupBy 操作都是宽依赖。

6.1.4 阶段划分

Spark 通过分析各个 RDD 的依赖关系生成了 DAG，再通过分析各个 RDD 中的分区之间的依赖关系来决定如何划分阶段，具体划分方法是：在 DAG 中进行反向解析，遇到宽依赖就断开，遇到窄依赖就把当前的 RDD 加入当前的阶段中；将窄依赖尽量划分在同一个阶段中，可以实现流水线计算。

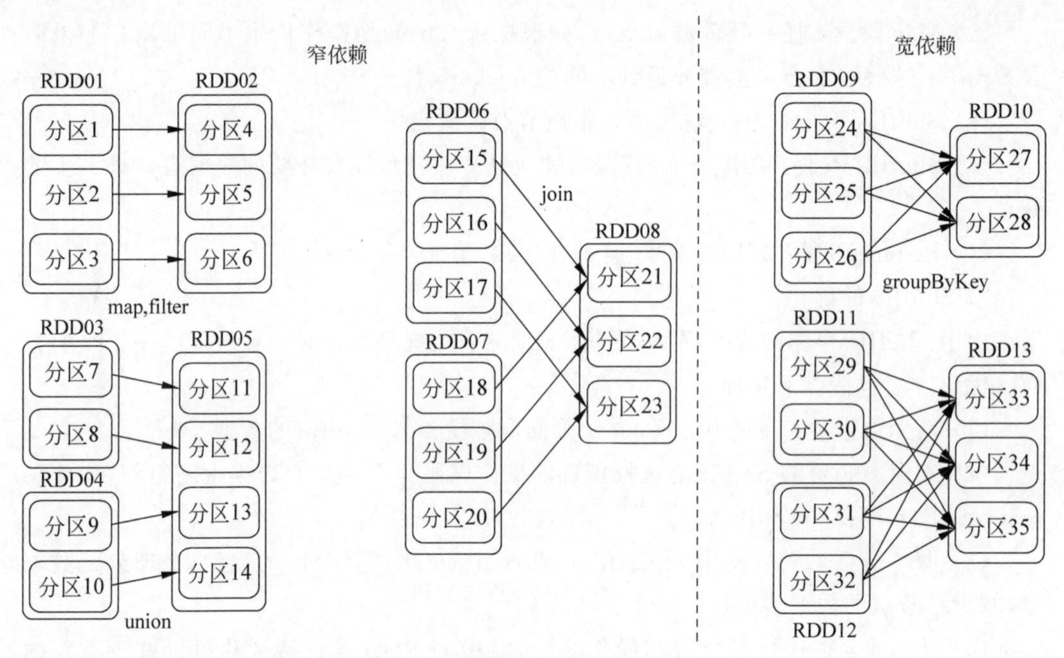

图 6-2　窄依赖与宽依赖的区别

例如，在图 6-3 中展示了阶段划分过程。

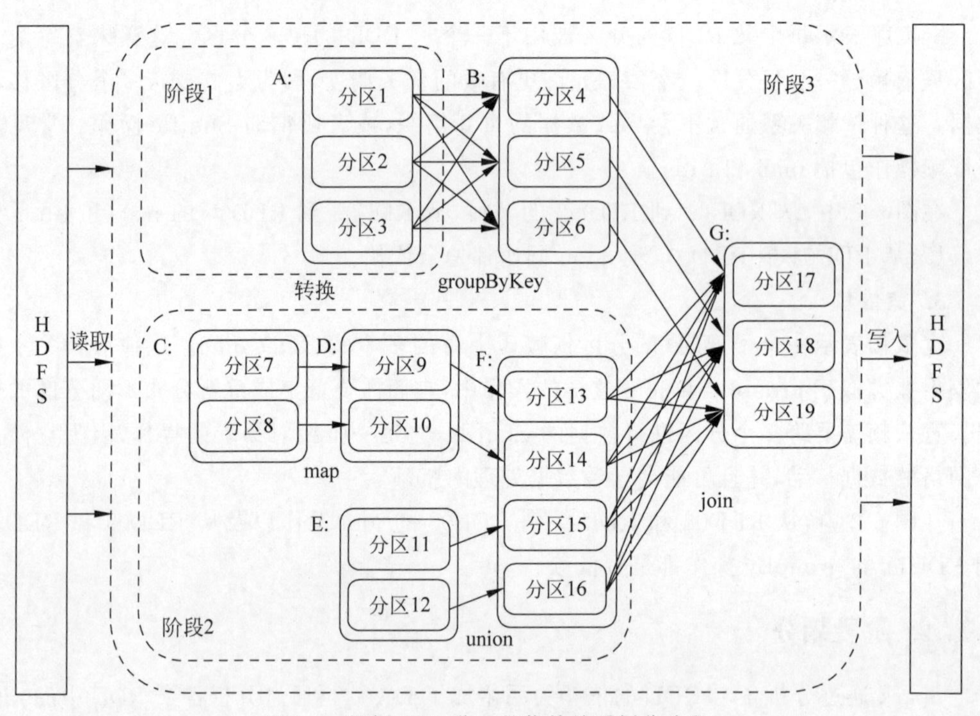

图 6-3　根据 RDD 分区的依赖关系划分阶段

1. 输入数据

数据从 HDFS 加载到不同的 RDD 中，形成初始的数据集合。

2. 阶段 1(Map 阶段)

(1) 对 RDD A 中的分区执行 map 操作(分区 1～3)。

(2) 对 RDD B 中的分区执行 map 操作(分区 4～6)。

(3) 对 RDD C 中的分区执行 map 操作(分区 7、8)。

(4) 这些操作是窄依赖,因为每个 map 操作只影响单个分区。

3. 阶段 2(Shuffle 阶段)

(1) 在 RDD B 上执行 groupBy 操作,这会导致宽依赖,因为 groupBy 需要将数据跨分区重新组合。

(2) 在 RDD D 和 RDD E 上执行 map 操作(分区 9、10 和 11、12),随后将这些结果通过 union 操作合并为 RDD F(分区 13～16)。union 操作通常不引入宽依赖,因为它是将两个 RDD 的分区直接拼接起来。

4. 阶段 3(join/Shuffle 阶段)

RDD F 与之前通过 groupBy 生成的 RDD 的结果进行 join 操作。这是一个宽依赖,因为 join 操作需要对键值进行比较,并可能导致数据在不同分区间的洗牌。

5. 输出数据

最终的结果 RDD G(分区 17～19)被写回 HDFS。

在实际的 Spark 作业执行过程中,DAGScheduler 会负责识别这些阶段,并将它们转换为可以在集群上执行的任务集。每个阶段都会包含一系列任务,这些任务会根据数据的分布在集群的不同节点上并行执行。阶段之间的数据通过网络进行洗牌和传输。

6.1.5 RDD 的运行过程

如图 6-4 所示,在 Apache Spark 中的作业执行过程主要涉及以下几个步骤和组件。

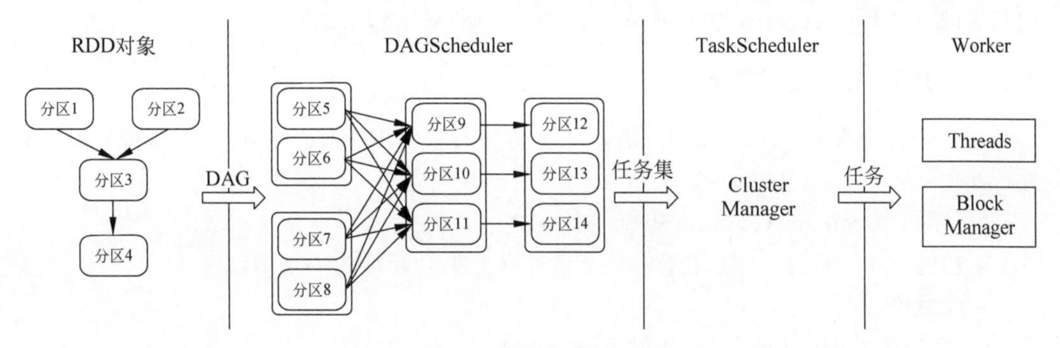

图 6-4　RDD 在 Spark 中的运行过程

1. RDD 的创建

在 Spark 中,所有的数据处理都是以弹性分布式数据集的形式开始的。RDD 是一个分布式的内存数据结构,用户可以通过对它们进行各种转换(如 map、filter、reduce 等)来进行并行处理。

2. DAG 的构建

当用户对 RDD 执行转换操作时,Spark 构建了一个有向无环图(Directed Acyclic

Graph,DAG)。每个RDD转换操作都会产生一个新的RDD,并在DAG中形成一个新的节点。

3. DAGScheduler的调度

DAGScheduler负责将DAG中的节点分解为多个阶段(Stages),这些阶段由一系列可以并行执行的任务组成。DAGScheduler将处理逻辑分解为任务,并考虑分区和缓存优化。

4. TaskScheduler的调度

DAGScheduler将这些阶段分解为任务后,TaskScheduler负责将这些任务调度到集群中的工作节点上去执行。

5. 任务的分发

TaskScheduler将任务以任务集(Task Sets)的形式发送到Cluster Manager,它负责资源管理,如YARN、Mesos或Spark自带的Standalone Scheduler。

6. Worker节点的处理

Cluster Manager将任务分配给Worker节点,Worker节点在内部可能会有多个线程(Threads)来并行处理这些任务。在Worker节点上,Block Manager负责管理数据块的存储和读写,它会在节点之间进行数据的传输以满足任务的数据依赖需求。RDD采用了惰性调用,即在RDD的执行过程中,所有的转换操作都不会执行真正的操作,只会记录依赖关系,而只有遇到了行动操作,才会触发真正的计算,并根据之前的依赖关系得到最终的结果。

观看视频

6.2 RDD的创建

Spark提供parallelize和textFile两种创建方式。对于其他类型的数据源,也可以使用相应的方法(如sequenceFile、wholeTextFiles等)来创建RDD。

6.2.1 并行化创建RDD

对一个集合(list、set等)使用parallelize方法转换为RDD,以便在分布式环境中进行并行处理。

➢ 函数:parallelize(c, numSlices=None)。

➢ 功能:parallelize方法用于将一个已存在的集合转换为一个RDD。

➢ 参数说明

c:要转换为RDD的集合,通常是一个列表。

numSlices:(可选)指定RDD被分成的分区数量。如果不提供该参数,Spark将会自动计算。

➢ 返回值类型:返回一个由输入集合创建的RDD。

举例:

```
# 创建一个列表
data = [1, 2, 3, 4, 5]
# 使用parallelize将列表转换为RDD
```

```
rdd = sc.parallelize(data)
# 查看 RDD 中的内容
print(rdd.collect())
```

在上面的示例中，首先初始化了一个 SparkContext，然后创建了一个包含整数的列表 data。接着，使用 sc.parallelize(data)将列表转换为一个 RDD。最后，通过 rdd.collect()可以查看 RDD 中的内容。输出将是[1, 2, 3, 4, 5]。

6.2.2 读取外部数据集

➢ 函数：textFile(name, minPartitions=None, use_unicode=True)。

➢ 功能：textFile 方法用于从文本文件创建一个 RDD。每一行文本都会成为 RDD 中的一个元素。

➢ 参数说明

name：文件名或者文件路径。可以是本地文件系统的路径(使用 file:// 前缀)，也可以是分布式文件系统(如 HDFS)的路径(使用 hdfs:// 前缀)。

minPartitions：(可选)指定要分割的分区数量。默认情况下，将使用集群的核心数作为分区数量。

use_unicode：(可选)如果设置为 True，则表示以 Unicode 编码打开文件，默认为 True。

➢ 返回值类型：返回一个由文本文件创建的 RDD，其中每一行文本都是一个元素。

举例：

```
# 从本地文件系统读取文本文件
rdd = sc.textFile("file:///tmp/spark/sanya.txt")
# 从 HDFS 读取文本文件，并指定分区数
rdd = sc.textFile("hdfs:///user/sanya.txt", minPartitions = 4)
```

6.3 RDD 操作

RDD 支持两种类型的操作：转换和操作，前者从现有的数据集创建新的数据集，后者在数据集上运行计算后向驱动程序返回一个值。例如，map 是一种转换，它将每个数据集元素通过一个函数，并返回一个代表结果的新 RDD。另一方面，reduce 是一个动作，它使用一些函数聚合 RDD 的所有元素，并将最终结果返回给驱动程序(尽管也有一个并行的 reduceByKey，它返回一个分布式数据集)。

Spark 中的所有转换都是懒惰的，它们不会立即计算其结果。相反，它们只是记住应用于一些基础数据集(例如，一个文件)的转换。只有当一个动作需要将结果返回给驱动程序时，才会计算这些转换。这种设计使 Spark 能够更有效地运行。例如，可以意识到，通过 map 创建的数据集将被用于 reduce，并且只将 reduce 的结果返回给驱动程序，而不是更大的映射数据集。

默认情况下，每次运行一个动作时，每个转换的 RDD 都可能被重新计算。然而，我

们也可以使用持久化(或缓存)方法将 RDD 持久化在内存中,在这种情况下,Spark 将把元素保留在集群上,以便在下次查询时更快地访问。另外,Spark 还支持将 RDD 持久化到磁盘上,或者在多个节点上进行数据复制以增加可靠性。

6.3.1 RDD 的分类

根据 RDD 中元素的类型和可用的操作来分类, RDD(弹性分布式数据集)可以分为三类:普通的 RDD、键值对 RDD(Pair RDD)以及数字型的 RDD。不同类型的 RDD 支持不同的操作。

1. RDD

这种类型的 RDD 包含了一系列的元素,可以应用于通用的转换操作,如 map()和 filter()等。在 PySpark 中,可以直接创建一个 JavaRDD 对象。

2. 键值对 RDD(Pair RDD)

这种类型的 RDD 中,每个元素都是一个键值对(key, value)。键值对 RDD 支持一系列的特定操作,如 reduceByKey(),groupByKey()等。在 PySpark 中,可以创建一个 JavaPairRDD 对象来表示这种类型的 RDD。

3. 数字型的 RDD(Double RDD)

这种类型的 RDD 中,每个元素都是一个数字。数字型 RDD 支持一些特定的操作,如 mean(),sum()等。在 PySpark 中,可以创建一个 JavaDoubleRDD 对象来表示这种类型的 RDD。

观看视频

6.3.2 RDD 的转换

以下是 PySpark 3.0 中一些常用的 RDD 转换操作。

1. map

- 函数: map(f, preservesPartitioning=False)。
- 功能: 对 RDD 中的每个元素应用一个函数,返回一个新的 RDD,新 RDD 的元素个数和原 RDD 相同。
- 参数说明

f: 一个接收一个参数的函数,将被应用于 RDD 中的每个元素。

preservesPartitioning: 指示是否保留原 RDD 的分区方式,默认为 False。

举例:

```
rdd = sc.parallelize([1, 2, 3, 4])
new_rdd = rdd.map(lambda x: x * 2)
# 结果为[2, 4, 6, 8]
```

2. filter

- 函数: filter(f)。
- 功能: 根据一个条件过滤 RDD 中的元素,返回一个新的 RDD,新 RDD 中的元素个数可能少于原 RDD。

➤ 参数说明

f：一个返回布尔值的函数，用于过滤 RDD 中的元素。

举例：

```
rdd = sc.parallelize([1, 2, 3, 4])
new_rdd = rdd.filter(lambda x: x % 2 == 0)
# 结果为 [2, 4]
```

3. flatMap

➤ 函数：flatMap(f, preservesPartitioning=False)。

➤ 功能：与 map 类似，但返回的是一个扁平化的结果，而不是一个元素列表。

➤ 参数说明

f：一个接收一个参数的函数，将被应用于 RDD 中的每个元素。

举例：

```
# 创建一个包含多个列表的 RDD
data = [[1, 2, 3], [4, 5]]
rdd = sc.parallelize(data)

# 使用 flatMap 将二维列表扁平化成一个新的 RDD
new_rdd = rdd.flatMap(lambda x: x)
# 结果为 [1, 2, 3, 4, 5, 6]
```

4. distinct

➤ 函数：distinct(numPartitions=None)。

➤ 功能：去除 RDD 中的重复元素，返回一个新的 RDD。

➤ 参数说明

numPartitions：指定新 RDD 的分区数，默认为 None，表示保持与原 RDD 相同的分区数。

举例：

```
rdd = sc.parallelize([1, 2, 2, 3, 4, 4])
new_rdd = rdd.distinct()
# 结果为 [1, 2, 3, 4]
```

5. sample

➤ 函数：sample(withReplacement, fraction, seed=None)。

➤ 功能：从 RDD 中随机抽样，返回一个新的 RDD。

➤ 参数说明

withReplacement：是否抽样时替换元素。

fraction：抽样比例，取值范围为[0,1]。

seed：随机数种子，用于生成随机数。

举例：

```
rdd = sc.parallelize(range(10))
new_rdd = rdd.sample(False, 0.5, 42)
# 可能的结果 [1, 2, 4, 6, 8]
```

6. randomSplit

➢ 函数：randomSplit(weights，seed＝None)。

➢ 功能：将一个 RDD 按照给定的权重随机划分为多个子集，返回一个由这些子集组成的列表。

➢ 参数说明

weights：划分的权重列表，如[0.6，0.4]表示将 RDD 划分成两部分，第一部分占60％，第二部分占40％。

seed：随机数种子，用于生成随机数。如果不提供，将使用系统时间作为种子。

举例：

```
rdd = sc.parallelize(range(10))
splits = rdd.randomSplit([0.6, 0.4], seed = 42)
# splits[0] 可能的结果 [1, 2, 4, 5, 6]
# splits[1] 可能的结果 [0, 3, 7, 8, 9]
```

7. groupBy

➢ 函数：groupBy(func)。

➢ 功能：对 RDD 中的元素进行分组，返回一个键值对 RDD，其中键是分组的标识，值是相应分组的元素列表。

➢ 参数说明

func：用于将每个元素转换为分组标识的函数。

举例：

```
rdd = sc.parallelize([("cat", 1), ("dog", 1), ("cat", 2), ("dog", 2), ("cat", 3)])
grouped_rdd = rdd.groupBy(lambda x: x[0])
result = grouped_rdd.mapValues(list).collect()
# 可能的结果 [('cat', [(u'cat', 1), (u'cat', 2), (u'cat', 3)]), ('dog', [(u'dog', 1), (u'dog', 2)])]
```

这段代码首先创建了一个包含键值对的 RDD，然后按键(即第一个元素，如"cat"或"dog")对这些键值对进行分组，最后将每个键对应的所有值转换为列表，并收集结果以返回。

观看视频

6.3.3 RDD 的动作

动作操作是对数据集进行实际计算并返回结果，它们会触发 Spark 作业的执行。与转换操作不同，动作操作将返回一个非惰性(non-lazy)的结果，并将结果从集群返回给驱动程序或将其写入外部存储。下面列出了 Spark 支持的一些常见动作。

1. collect()

➢ 函数：collect(self)。

➢ 功能：将 RDD 中的所有元素以一个数组的形式返回到驱动程序中，适用于小规模数据。

➢ 返回值类型：list。

举例：

```
rdd = sc.parallelize([1, 2, 3, 4])
result = rdd.collect()
# 结果为 [1, 2, 3, 4]
```

2. count()

➢ 函数：count(self)。

➢ 功能：返回 RDD 中的元素数量。

➢ 返回值类型：int。

举例：

```
rdd = sc.parallelize([1, 2, 3, 4])
count = rdd.count()
# 结果为 4
```

3. first()

➢ 函数：first(self)。

➢ 功能：返回 RDD 中的第一个元素。

➢ 返回值类型：与 RDD 中的元素类型相同。

举例：

```
rdd = sc.parallelize([1, 2, 3, 4])
first_element = rdd.first()
# 结果为 1
```

4. take(n)

➢ 函数：take(num)。

➢ 功能：返回 RDD 中的前 n 个元素，以一个数组的形式返回。

➢ 返回值类型：list。

举例：

```
rdd = sc.parallelize([1, 2, 3, 4])
first_2_elements = rdd.take(2)
# 结果为 [1, 2]
```

5. takeSample(withReplacement, num, seed=None)

➢ 函数：def takeSample(withReplacement, num, seed=None)。

➢ 功能：从 RDD 中随机抽样，返回一个包含 num 个元素的数组。

➢ 参数说明

withReplacement：是否抽样时替换元素。

num：抽样数量，整数。如果抽样是小数，表示抽样占全部的百分比，则使用 sample 方法。

seed：随机数种子，用于生成随机数。

➢ 返回值类型：list。

举例：

```
rdd = sc.parallelize(range(10))
sampled_elements = rdd.takeSample(False, 3, 42)
# 可能的结果 [1, 2, 5]
```

6. reduce(func)

➢ 函数：reduce(f)。

➢ 功能：对 RDD 中的元素进行聚合操作。func 是一个二元函数，接收两个参数，用于对 RDD 中的元素进行聚合。

➢ 返回值类型：与 RDD 中的元素类型相同。

举例：

```
rdd = sc.parallelize([1, 2, 3, 4])
total_sum = rdd.reduce(lambda x, y: x + y)
# 结果为 10
```

7. aggregate(zeroValue, seqOp, combOp)

➢ 函数：def aggregate(zeroValue, seqOp, combOp)。

➢ 功能：对 RDD 中的元素进行聚合操作，可以同时进行分区内聚合和分区间聚合。

➢ 参数说明

zeroValue：初始值，也是最终聚合结果的初始值。

seqOp：分区内聚合操作，接收两个参数。

combOp：分区间聚合操作，接收两个参数。

➢ 返回值类型：与 zeroValue 的类型相同。

举例：

```
rdd = sc.parallelize([1, 2, 3, 4])
sum_result = rdd.aggregate(0, lambda acc, x: acc + x, lambda acc1, acc2: acc1 + acc2)
# 结果为 10
```

观看视频

6.3.4 键值对 RDD

键值对 RDD 是一种特殊的 RDD，其中每个元素都是一个键值对(key, value)。以下是一些常用的键值对 RDD 转换操作。对于 Spark 2.4 中新增的一些键值对 RDD 转换操作，主要的变化是在原有的方法基础上新增了对分区数的控制参数。这使得在处理大规模数据时，可以更灵活地控制 RDD 的分区数，以提高性能和并行度。

1. 键值对 RDD 的特点

1) 元素类型

Pair RDD 的每个元素都是一个二元组(tuple)，其中第一个元素是键，第二个元素是对应的值。

2）分区和分布

Pair RDD 的分区方式决定了数据在集群中的分布情况，它可以影响到程序的性能。在某些情况下，可以通过 partitionBy 方法来自定义分区方式。

3）聚合和转换

Pair RDD 可以轻松地进行聚合操作，例如对具有相同键的值进行求和、计数等操作。同时，它也可以通过 mapValues 等方法进行转换。

4）适用场景

Pair RDD 特别适用于需要对数据进行聚合、分组或连接的场景，例如处理日志文件、关联用户和产品数据等。

2. 常见的操作

1）mapValues(func)

➢ 函数：mapValues(f)。

➢ 功能：对键值对 RDD 中的每个值应用一个函数，而不改变键。

➢ 参数说明

f：一个接收一个参数的函数，将被应用于 RDD 中的每个值。

➢ 返回值类型：新的键值对 RDD。

举例：

```
rdd = sc.parallelize([(1, 'apple'), (2, 'banana'), (3, 'cherry')])
new_rdd = rdd.mapValues(lambda x: len(x))
# 结果为 [(1, 5), (2, 6), (3, 6)]
```

2）flatMapValues(func)

➢ 函数：flatMapValues(f)。

➢ 功能：对键值对 RDD 中的每个值应用一个函数，返回一个扁平化的结果。

➢ 参数说明

f：一个接收一个参数的函数，将被应用于 RDD 中的每个值。

➢ 返回值类型：新的键值对 RDD。

举例：

```
rdd = sc.parallelize([(1, 'apple orange'), (2, 'banana'), (3, 'cherry')])
new_rdd = rdd.flatMapValues(lambda x: x.split())
# 结果为 [(1, 'apple'), (1, 'orange'), (2, 'banana'), (3, 'cherry')]
```

3）countByKey()

➢ 函数：countByKey(self)。

➢ 功能：对键值对 RDD 中的每个键进行计数，返回一个字典，键是原 RDD 中的键，值是相应的计数。

➢ 返回值类型：dict。

举例：

```
rdd = sc.parallelize([(1, 'a'), (2, 'b'), (1, 'c')])
count_dict = rdd.countByKey()
# 结果为 {1: 2, 2: 1}
```

4）groupByKey(numPartitions＝None)

➢ 函数：groupByKey(numPartitions＝None)。

➢ 功能：将具有相同键的元素分组在一起，返回一个新的键值对 RDD，每个键关联一个可迭代的值列表。

➢ 参数说明

numPartitions：指定新 RDD 的分区数，默认为 None，表示保持与原 RDD 相同的分区数。

➢ 返回值类型：新的键值对 RDD。

举例：

```
rdd = sc.parallelize([(1, 'apple'), (2, 'banana'), (1, 'cherry')])
new_rdd = rdd.groupByKey()
# 结果为 [(1, ['apple', 'cherry']), (2, ['banana'])]
```

5）reduceByKey(func，numPartitions＝None)

➢ 函数：reduceByKey(f，numPartitions＝None)。

➢ 功能：对具有相同键的元素执行一个聚合操作。

➢ 参数说明

f：一个二元函数，用于对具有相同键的元素进行聚合。

numPartitions：指定新 RDD 的分区数，默认为 None，表示保持与原 RDD 相同的分区数。

➢ 返回值类型：新的键值对 RDD。

举例：

```
rdd = sc.parallelize([(1, 2), (2, 3), (1, 4), (2, 1)])
new_rdd = rdd.reduceByKey(lambda x, y: x + y)
# 结果为 [(1, 6), (2, 4)]
```

6）sortByKey()

➢ 函数：sortByKey(ascending＝True，numPartitions＝None，keyfunc)。

➢ 功能：根据键对 RDD 中的元素进行排序。

➢ 参数说明

ascending：是否升序，默认为 True。

numPartitions：指定新 RDD 的分区数，默认为 None，表示保持与原 RDD 相同的分区数。

keyfunc：用于提取键的函数，默认为 defaultSortKey。

➢ 返回值类型：新的键值对 RDD。

举例：

```
rdd = sc.parallelize([(2, 'banana'), (1, 'apple'), (3, 'cherry')])
new_rdd = rdd.sortByKey()
# 结果为 [(1, 'apple'), (2, 'banana'), (3, 'cherry')]
```

这些是在 PySpark 3.0 中常用的一些键值对 RDD 转换操作，包括函数定义、功能、参数含义、返回值类型以及相应的示例。可以根据实际需要选择合适的转换操作来进行数据处理和分析。

6.3.5 综合案例

1. 案例描述

有一个包含学生信息的数据集，每行数据包括学生姓名、年龄和成绩，用逗号分隔，例如：Alice,18,(90,95,85)。需要进行一系列的操作：

(1) 读取数据并将其转换为 RDD。

(2) 对学生的成绩进行加权平均，权重分别为 0.3、0.4 和 0.3。

(3) 过滤出成绩大于或等于 92 分的学生。

(4) 将符合条件的学生信息映射为（姓名，成绩）对。

(5) 统计符合条件的学生人数。

(6) 计算所有学生的平均成绩。

(7) 输出结果。

2. 代码实现

```
# 基于 jupyter spark local 模式
#解析每行数据函数
def parse_line_with_tuple(line):
  try:
    # 分隔姓名、年龄和成绩字符串
    name,age,scores_str = line.split(",",2)
    age = int(age)
    # 去除成绩字符串两侧的圆括号并分隔
    scores = tuple(map(int, scores_str.strip("()").split(",")))
    return (name, age, scores)
  except ValueError as e:
    print(f"Error parsing line '{line}': {e}")
    return None

# 从文件读取数据并创建 RDD
data_rdd = sc.textFile("file:///tmp/spark/data/students_score.txt")
# 使用 parse_line_with_tuple 函数解析每行数据
students_rdd = data_rdd.map(lambda line: parse_line_with_tuple(line)).filter(lambda x: x
is not None)
# 对学生的成绩进行加权平均
weighted_avg_rdd = students_rdd.map(lambda x: (x[0],round(sum([x[2][i] * w for i,w in
enumerate([0.3,0.4,0.3])]),2)))
# 过滤出成绩大于或等于 92 分的学生
high_score_rdd = weighted_avg_rdd.filter(lambda x: x[1] >= 92)
```

```
# 将符合条件的学生信息映射为(姓名, 成绩)对
name_score_rdd = high_score_rdd.map(lambda x: (x[0], x[1]))
# 统计符合条件的学生人数
count = name_score_rdd.count()
# 计算所有学生的平均成绩
average_score = weighted_avg_rdd.map(lambda x: x[1]).mean()
# 输出结果
print("平均成绩:", average_score)
print("符合条件的学生人数:", count)
print("符合条件的学生信息:", name_score_rdd.collect()[0])
```

输出结果如下：

```
平均成绩: 78.31923076923077
符合条件的学生人数: 1
符合条件的学生信息: ('Ivan', 92.3)
```

观看视频

6.4 文件读写

PySpark可以从Hadoop支持的任何存储源创建分布式数据集。Spark的数据读取及数据保存可以从两个维度来作区分：文件格式以及文件系统。按照文件格式分为text文件、csv文件、sequence文件以及Object文件。按照文件系统分为本地文件系统、HDFS、HBASE以及其他数据库。

1. 读本地/HDFS文件

文本文件RDD可以使用SparkContext的textFile方法(具体内容见6.2.2节)。也可以使用wholeTextFiles方法。

➢ 函数：wholeTextFiles(path: str, minPartitions: Optional[int] = None, use_unicode: bool=True)。

➢ 功能：该函数读取指定路径(path)下的所有文件。路径可以是单个文件的路径、一个目录，或者符合特定模式的一组文件。

➢ 返回值：返回值是一个RDD[Tuple[str, str]]，其中每个元组的第一个元素是文件的路径(字符串类型)，第二个元素是文件的内容(字符串类型)。

➢ 参数说明

path：字符串类型，指定要读取文件的路径。可以是一个具体的文件路径、一个目录路径，或者一个通配符路径。

minPartitions：可选的整数类型。这个参数可以用来指定返回的RDD的最小分区数。如果不指定，Spark会根据集群的情况和文件的大小自动决定分区数。

use_unicode：布尔类型，指定是否使用Unicode编码来读取文件。默认值为True，表示使用Unicode。

举例：读取存放在同一个文件夹下的5个英文文本文件，然后统计每个文件中的单词数。假设文本文件放在本地目录/tmp/spark/data/news/20_news中。

```
import re
# 读取目录下的所有文本文件
text_files_rdd = sc.wholeTextFiles("file:///tmp/spark/data/news/20news/*")
# 计算每个文件的单词数
def count_words_in_file(content):
  # 使用正则表达式移除非字母字符,并以空格分词
  words = re.findall(r'\b\w+\b', content.lower())
  return len(words)
# 映射每个文件到其单词数
file_word_counts = text_files_rdd.map(lambda file_content: (file_content[0], count_words_in_
file(file_content[1])))
# 收集并打印结果
for file, count in file_word_counts.collect():
  print(f"File: {file}, Word Count: {count}")
```

输出结果：

```
File: file:/tmp/spark/data/news/20news/51119, Word Count: 815
File: file:/tmp/spark/data/news/20news/51120, Word Count: 336
File: file:/tmp/spark/data/news/20news/51121, Word Count: 224
File: file:/tmp/spark/data/news/20news/51122, Word Count: 962
File: file:/tmp/spark/data/news/20news/51123, Word Count: 180
```

2. 写本地/HDFS 文件

saveAsTextFile 用于将 RDD 以文本文件的格式存储到指定路径,会按照执行 task 的多少生成多少个文件,比如 part-00000 一直到 part-0000n,n 自然就是 task 的个数,亦即最后的 stage 的分区数。saveAsTextFile 要求保存的目录之前是没有的,否则会出现覆盖现象。

➢ 函数：saveAsTextFile(path, compressionCodecClass=None)。

➢ 功能：将 RDD 中的数据保存到文本文件中。每个元素都会被转化为字符串,并以文本形式写入文件。

➢ 参数说明

path：要保存的目标路径。

compressionCodecClass：(可选)压缩算法的类名,用于对输出进行压缩。常见格式有'org.apache.hadoop.io.compress.GzipCodec'等。

➢ 返回值类型：None。

举例：

```
# 创建一个包含数据的 RDD
data = ["Hello", "World", "Spark", "is", "awesome"]
rdd = sc.parallelize(data)
# 将 RDD 中的数据保存为文本文件
rdd.saveAsTextFile("output")
```

3. 案例

1) 案例描述

数据集包含 50 条电子商务平台上的用户购买记录,例如：2,3,101,5,2023-01-19

02:00:00。每条记录由以下字段组成：id：记录号，唯一标识每条购买记录。userId：用户ID，标识购买商品的用户。productId：商品ID，标识被购买的商品。quantity：购买数量，表示用户购买该商品的数量。timestamp：购买时间戳，表示购买发生的具体时间。

2）题目要求

（1）用户购买频率分析：分析并找出购买次数最多的前3位用户。

（2）热门商品分析：识别并列出销量最高的前3种商品。

（3）用户复购行为分析：找出有复购（购买同一商品超过一次）行为的用户，以及他们复购的商品ID。

3）代码实现

```
# 创建一个 RDD
data = sc.textFile("file:///tmp/spark/data/goods_deal.txt")
# 获取标题行.假设文件的第一行是标题行
header = data.first()
# 使用 filter 转换去除标题行
data_noheader = data.filter(lambda line: line != header)
# 解析每行数据,忽略 id 列
data_parsed = data_noheader.map(lambda line: line.split(",")[1:])

# 用户购买频率分析
user_purchase_freq = data_parsed.map(lambda x: (x[0], 1)).reduceByKey(lambda a, b: a + b)
top_3_users = user_purchase_freq.takeOrdered(3, key = lambda x: - x[1])
#热门商品分析
product_sales = data_parsed.map(lambda x: (x[1], int(x[2]))).reduceByKey(lambda a,b: a + b)
top_3_products = product_sales.takeOrdered(3, key = lambda x: - x[1])
# 用户复购行为分析
# 创建用户 - 商品对,并计数
user_product_pairs = data_parsed.map(lambda x: ((x[0], x[1]), 1))
user_product_purchase_counts = user_product_pairs.reduceByKey(lambda a, b: a + b)
# 过滤出复购的记录
repurchased_items = user_product_purchase_counts.filter(lambda x: x[1] > 1)
# 提取用户和复购商品 ID
repurchase_users_products = repurchased_items.map(lambda x: (x[0][0], x[0][1])).
groupByKey().mapValues(list)

# 打印结果
print("购买次数最多的前 3 位用户:", top_3_users)
print("销量最高的前 3 种商品:", top_3_products)
print("复购的用户及商品 ID:")
for user, products in repurchase_users_products.collect():
  print(f"用户{user}和复购商品的 ID: {list(products)}")
```

输出结果：

```
购买次数最多的前 3 位用户: [('6', 8), ('10', 7), ('7', 6)]
销量最高的前 3 种商品: [('101', 34), ('108', 30), ('107', 18)]
复购的用户及商品 ID:
用户 4 和复购商品的 ID: ['108']
用户 7 和复购商品的 ID: ['109', '105']
```

```
用户 3 和复购商品的 ID: ['108']
用户 6 和复购商品的 ID: ['107', '101']
用户 5 和复购商品的 ID: ['101']
用户 2 和复购商品的 ID: ['100']
用户 1 和复购商品的 ID: ['101']
```

本章小结

本章详细介绍了 Spark 中的弹性分布式数据集的概念、特性、依赖关系、阶段划分和运行过程。还介绍了 RDD 的创建方法，包括并行化创建和从外部数据集读取。进一步，讨论了 RDD 的操作类型，包括转换、动作和键值对 RDD 处理，并通过案例展示了这些操作的应用。最后，简述了 RDD 在文件读写方面的功能。

习题 6

1. 判断题

(1) RDD 是 Spark 的核心数据结构，它代表一个不可变、可分区、可并行操作的数据集合。(　　)

(2) RDD 的创建方式只包括从文件系统读取数据和通过并行方式创建。(　　)

(3) 转换算子是 RDD 的一种操作，用于从一个 RDD 生成一个新的 RDD。(　　)

(4) 行动算子是 RDD 的一种操作，用于触发实际计算并返回结果。(　　)

(5) 分区是 RDD 的运行机制之一，用于将数据划分为不同的块以进行并行处理。(　　)

2. 选择题

(1) RDD 的特点包括(　　)。

A. 可变性　　B. 不可分区

C. 可并行操作　　D. 只能应用于数值型数据

(2) RDD 的创建方式包括(　　)。

A. 从文件系统读取数据　　B. 通过并行方式创建

C. 通过数据库查询创建　　D. 通过网络流创建

(3) 转换算子用于(　　)。

A. 触发实际计算并返回结果　　B. 生成一个新的 RDD

C. 从文件系统读取数据　　D. 对 RDD 进行持久化

(4) 行动算子用于(　　)。

A. 生成一个新的 RDD　　B. 触发实际计算并返回结果

C. 对 RDD 进行持久化　　D. 从文件系统读取数据

(5) 分区是 RDD 的运行机制之一，它的作用是(　　)。

A. 将数据划分为不同的块以进行并行处理

B. 转换 RDD 的元素类型

C. 对 RDD 进行持久化

D. 触发实际计算并返回结果

3. 简答题

(1) RDD 的持久化机制是什么？请简要解释。

(2) RDD 的依赖关系是什么？请简要解释。

实验 6 Spark RDD 编程实践

1. 实验目的

(1) 理解 RDD 的核心概念和操作，掌握 RDD 的基本编程模型。

(2) 掌握在 PySpark 环境下进行 RDD 编程和数据处理的技能。

(3) 应用 RDD 操作处理实际数据集(如 Netflix 数据集)，提炼有价值的信息。

2. 实验环境

(1) Jupyter Notebook 搭建的 PySpark 开发环境。

(2) Apache Spark 环境配置完成，支持 RDD 操作。

(3) Netflix 数据集，包括评分数据和电影信息。

3. 实验内容和要求

(1) 评分数据读取。

内容：初始化并创建评分数据的 RDD。

要求：使用 textFile 方法读取文件，并将数据转换成(电影 ID,(用户 ID,评分，评分日期))格式的 RDD。

(2) 电影信息读取。

内容：使用 textFile 方法提取并解析数据，转换成(电影 ID,(发行年份，电影标题)格式的 RDD。

要求：

① 读取数据集文件，创建初始 RDD。

② 将评分数据和电影信息数据进行合适的 RDD 转换，以便可以通过电影 ID 快速关联两者信息。

(3) 电影评分数量统计。

内容：统计每部电影的评分数量。

要求：使用 flatMap 和 map 操作解析电影 ID 和评分记录，然后应用 reduceByKey 操作进行计数。

(4) 用户评分偏好分析。

内容：探索 Netflix 数据集以识别用户的评分偏好，特别是分析用户倾向于给出哪种评分(1 星到 5 星)的倾向性。

要求：利用 map 函数将原始评分数据转换为(用户 ID, (评分, 1))格式的键值对，以便对每个用户的评分行为进行统计。使用 reduceByKey 函数对每个用户的所有评分进行聚合，计算出每个用户总的评分次数以及各评分级别的次数。通过计算每个用户对各评分级别的评分占其总评分次数的比例，分析用户的评分偏好。

(5) 高评分电影发现。

内容：找出平均评分超过 4 星(包括 4 星)的电影。

要求：计算每部电影的平均评分，并筛选出平均评分达到 4 星及以上的电影，考虑使用 aggregateByKey 进行聚合计算。

(6) 评分随时间变化的趋势。

内容：分析电影评分随时间变化的趋势。

要求：对电影评分按年份进行分组统计，计算每年的平均评分，使用 sortByKey 按年份排序。

(7) 评分分布分析。

内容：分析整个数据集中评分的分布情况，即每种评分的数量。

要求：统计 1 至 5 星每个评分的数量，应用 map 和 countByKey 操作进行计数。

第 7 章

Spark SQL

学习目标

- 了解 Spark SQL 的基本概念和应用场景。
- 认识如何创建和保存 DataFrames,包括使用 createDataFrame 函数和处理外部文件及数据库。
- 掌握 DataFrame 的常用操作,涵盖基础到复杂操作,以及自定义函数(UDF)的使用。
- 理解 DataFrame 与 RDD 之间的相互转换方法。

在数据的海洋中航行,掌握 Spark SQL 是驾驭结构化数据的利器。本章将揭开 Spark SQL 的神秘面纱,深入探索它的强大功能。从 DataFrame 的创建和常用操作,到与数据库的交互和 RDD 的转换,读者将掌握数据处理的新境界。让我们一起点燃数据的火花,释放无限的洞察力!

观看视频

7.1 Spark SQL 概述

Spark SQL 是一个用于结构化数据处理的 Spark 模块。与基本的 Spark RDD API 不同,Spark SQL 提供的接口为 Spark 提供了有关数据结构和正在执行的计算的更多信息。在内部,Spark SQL 使用这些额外的信息来执行额外的优化。有几种方法可以与 Spark SQL 交互,包括 SQL 和数据集 API。计算结果时,将使用相同的执行引擎,与用于表示计算的 API/语言无关。这种统一意味着开发人员可以很容易地在不同的 API 之间来回切换,基于这些 API 可以提供最自然的方式来表达给定的转换。

1. SQL 语言

Spark SQL 的一个用途是执行 SQL 查询。Spark SQL 还可以用于从现有配置单元安装中读取数据。当从另一种编程语言中运行 SQL 时,结果将作为数据集/DataFrame 返回。我们还可以使用命令行或通过 JDBC/ODBC 与 SQL 接口进行交互。

2. Dataset 和 DataFrame

Dataset 是一个分布式的数据集合。Dataset 是 Spark 1.6 中添加的一个新接口，它提供了 RDD(强类型、使用强大 lambda 函数的能力)的优势和 Spark SQL 优化执行引擎的优势。可以从 JVM 对象构造数据集，然后使用函数转换(map、flatMap、filter 等)进行操作。数据集 API 在 Scala 和 Java 中可用。Python 不支持数据集 API。但由于 Python 的动态特性，数据集 API 的许多优点已经可用(即可以按名称自然地访问行的字段 row.columnName)。R 的情况类似。

DataFrame 是组织成命名列的数据集，如图 7-1 所示。在概念上，它相当于关系数据库中的表或 R/Python 中的数据框架，但背后有更丰富的优化。DataFrames 可以从多种来源构建，例如结构化数据文件、配置单元中的表、外部数据库或现有 RDD。DataFrame API 在 Scala、Java、Python 和 R 中可用。在 Scala 和 Java 中，DataFrame 由行数据集表示。在 Scala API 中，DataFrame 只是 Dataset[Row]的类型别名。而在 Java API 中，用户需要使用 Dataset < Row >来表示 DataFrame。

RDD(Person)
Person
Person
Person
Person
Person
Person

Name	Age	Height
String	Int	Double
String	Int	Double
String	Int	Double
String	Int	Double
String	Int	Double
String	Int	Double

RDD(Person)　　DataFrame

图 7-1　DataFrame 与 RDD 的区别

同样，DataFrame 也是懒执行的，但是它在查询时通过 Spark catalyst optimiser 进行了优化，查询性能比 RDD 更高。DataFrame 也支持嵌套数据类型(struct、array 和 map)。

7.2　DataFrames 的创建与保存

在 Spark SQL 中 SparkSession 是创建 DataFrame 和执行 SQL 的入口，创建 DataFrame 有两种方式：利用 createDataFrame 方法创建；通过 Spark.read/write 读取外部数据源进行创建/保存数据。该方法特别适用于需要快速构建小规模数据集进行测试和示例的情况。对于大规模数据集，更常见的方式是通过读取外部数据源(如文件、数据库)或使用转换操作从其他数据集创建 DataFrame。

7.2.1　createDataFrame 函数

观看视频

➢ 函数：createDataFrame(data，schema=None，samplingRatio=None，verifySchema=True)。

➢ 功能：创建 DataFrame。

➢ 返回值：Spark DataFrame。

➤ 参数说明

data：要加载到 DataFrame 中的数据。可以是 RDD、可迭代对象、类似 Pandas 的 DataFrame 对象，或类似数组的对象。

schema：定义 DataFrame 列名和数据类型的架构。可以是 StructType、字符串或原子类型。如果为 None，Spark 会尝试自动推断数据的架构。

samplingRatio：仅当 schema 为 None 且 data 为 RDD 或可迭代对象时有效。如果为 None，Spark 会扫描所有的记录以确定架构。

verifySchema：指示是否应该验证数据中的每一行是否都符合给定的架构。

1. 行(Row)

通过 Row 构建 DataFrame 是一种常见的方法，它可以用于创建具有明确模式的 DataFrame。在 PySpark 中，可以使用 Row 对象和模式(StructType)来构建 DataFrame。

举例：

```
from pyspark.sql import Row
from pyspark.sql.types import StructType, StructField, StringType, IntegerType

# 定义 DataFrame 的模式
schema = StructType([
  StructField('name', StringType(), nullable = False),
  StructField('age', IntegerType(), nullable = False)
])
# 创建 Row 对象
row1 = Row(name = 'Alice', age = 25)
row2 = Row(name = 'Bob', age = 30)
row3 = Row(name = 'Charlie', age = 35)
# 构建一个 Row 对象列表
rows = [row1, row2, row3]
# 使用模式和行对象列表创建 DataFrame,schema 可以简化为"name: string, age: int"
df = spark.createDataFrame(rows, schema)
# 显示 DataFrame
df.show()
```

输出结果：

```
+-------+---+
|   name|age|
+-------+---+
|  Alice| 25|
|    Bob| 30|
|Charlie| 35|
+-------+---+
```

在上述示例中，首先导入了 Row、StructType、StructField、StringType 和 IntegerType。然后，定义了 DataFrame 的模式 schema，其中包含了两个列，分别是 name 和 age，数据类型分别为字符串和整数。接下来，使用 Row 对象分别创建了三个行数据 row1、row2 和 row3，每个行数据都有 name 和 age 两个字段。然后，将这些行数据放入一个列表 rows 中。最后，使用 createDataFrame 方法将 rows 列表和模式 schema 一起传入，创建 DataFrame df。

2. 元组列表

每行数据用一个元组形式表示，同时用一个列表表示每一列的列名，如果不指定列名，则使用默认列名_1，_2，…。

举例：

```
value = [('Alice', 25), ('Bob', 30)]
df = spark.createDataFrame(value, ['name', 'age'])
df.show()
```

输出结果：

```
+-----+---+
| name  |age |
+-----+---+
| Alice | 25 |
|  Bob  | 30 |
+-----+---+
```

3. 字典

键就是列名，列名必须用引号，值是对应的值，表示具体某一列下某一行的值。

```
# 创建一个字典
data = [{"name": "Alice", "age": 25}, {"name": "Bob", "age": 30}, {"name": "Charlie",
"age": 35}]
# 将字典转换为 DataFrame
df = spark.createDataFrame(data)
# 显示 DataFrame
df.show()
```

输出结果：

```
+---+-------+
|age | name   |
+---+-------+
| 25 | Alice  |
| 30 | Bob    |
| 35 |Charlie |
+---+-------+
```

温馨提示：数据的类型如果没有指定时系统自己会推测出来，如果要自己指定也行。

4. Pandas. DataFrame

首先创建一个 Pandas DataFrame pandas_df，然后使用 createDataFrame 方法将 Pandas DataFrame 转换为 Spark DataFrame spark_df。

举例：

```
import pandas as pd
data = {'Name': ['Alice', 'Bob', 'Charlie'], 'Age': [25, 30, 35]}
```

```
pandas_df = pd.DataFrame(data)
# 将 Pandas DataFrame 转换为 Spark DataFrame
spark_df = spark.createDataFrame(pandas_df)
# 打印 df 的行数据
spark_df.show()
```

输出结果：

```
+-------+----+
| Name   |Age  |
+-------+----+
| Alice  | 25  |
| Bob    | 30  |
|Charlie | 35  |
+-------+----+
```

在转换过程中，Spark 会自动将 Pandas DataFrame 中的数据分布到不同的分区，并为每一列推断数据类型。但请注意，如果 Pandas DataFrame 中的数据量非常大，转换过程可能会耗费较多的内存和计算资源。

另外，还可以使用 toPandas 方法将 Spark DataFrame 转换回 Pandas DataFrame，以便在本地进行进一步的分析或可视化。

观看视频

7.2.2 读写外部文件

在 PySpark 中读取的外部文件主要涵盖了文本、CSV 和 JSON 文件。掌握这些技能，可以更灵活地获取和处理外部数据，为后续的分析和建模打下坚实的基础。读写文本方式，适用于处理一些非结构化的文本数据，比如日志、原始记录等。读写 CSV 方式，可以设定分隔符、自定义 Schema 等，适用于处理表格型数据，比如用户信息、商品清单等。读写 JSON 文件方式对于处理半结构化的数据非常便捷，比如处理 API 返回结果或者配置文件。其读写方法主要有两种。

1. 文件格式固定的读方法

该方法包括 spark.read.text()，spark.read.json()，spark.read.csv()等方法。

1) DataFrameReader.text()

➢ 功能：读取一个或多个文本文件，并将每一行作为一个记录，返回一个 DataFrame。

➢ 主要参数说明

paths：要读取的文件路径。可以是单个文件的路径字符串，也可以是包含多个文件路径的列表。

wholetext：一个布尔值，控制是否将整个文本文件作为一个字符串返回。如果为 True，则整个文本文件将作为一个字符串放在一个名为 value 的列中；如果为 False，则每一行将作为一个记录。

lineSep：一个可选的字符串，用于指定文本文件的行分隔符。如果不提供，将使用默认的行分隔符。

pathGlobFilter：一个可选的字符串或布尔值。如果提供了字符串，则它将用作匹配文件路径的通配符。如果为布尔值 True，则将匹配所有文件；如果为布尔值 False，则不匹配任何文件。

举例：

```
# 读取单个文本文件
df_single = spark.read.text("file:///path/to/your/file.txt")
# 读取多个文本文件
df_multiple = spark.read.text(["file:///path/to/your/file1.txt", "file:///path/to/your/file2.txt"])
# 指定行分隔符读取文本文件
df_custom_sep = spark.read.option("lineSep", ";").text("file:///path/to/your/file.txt")
# 将整个文本文件作为一个字符串返回
df_whole_text = spark.read.option("wholetext", "true").text("file:///path/to/your/file.txt")
# 使用通配符过滤文件
df_filtered = spark.read.option("pathGlobFilter", "*.txt").text("file:///path/to/your/directory/")
```

2）DataFrameReader.csv()

➢ 功能：读取一个或多个 CSV 文件，并将其解析成 DataFrame。

➢ 参数

path：要读取的文件路径。可以是单个文件的路径字符串，也可以是包含多个文件路径的列表。

schema：用于指定数据结构的参数。可以是一个 pyspark.sql.types.StructType 对象，也可以是一个字符串，表示结构的路径（例如：/path/to/schema.json）。

sep：一个可选的字符串，用于指定列之间的分隔符。

encoding：一个可选的字符串，用于指定文件的字符编码。

header：一个可选的参数，用于指定是否将第一行作为表头。可以是布尔值或者字符串。

inferSchema：一个可选的参数，用于指定是否自动推断数据类型。可以是布尔值或者字符串。

其他一系列参数用于控制 CSV 文件的读取行为，如处理空值、日期格式、时间戳格式、最大列数等。

3）DataFrameReader.json()

➢ 功能：读取一个或多个 JSON 文件，并将其解析成 DataFrame。

➢ 主要参数

path：要读取的文件路径。可以是单个文件的路径字符串，也可以是包含多个文件路径的列表，或者是一个 RDD of strings。

schema：用于指定数据结构的参数。可以是一个 pyspark.sql.types.StructType 对象，也可以是一个字符串，表示结构的路径（例如：/path/to/schema.json）。

primitivesAsString：一个可选的参数，指定是否将基本类型解析为字符串。

prefersDecimal：一个可选的参数，指定是否偏向于使用 Decimal 类型来表示数字。

其他一系列参数用于控制 JSON 文件的读取行为，如处理日期格式、时间戳格式、行分隔符等。

2. 可选文件格式读方法

调用格式：Spark. read. format(). option(). schema(). load()。

1) DataFrameReader. option(key, value) → DataFrameReader

➢ 功能：option 方法用于设置读取数据时的选项，可以影响数据的读取行为，如是否包含表头、数据类型推断等。

➢ 参数

key：选项的名称，通常是一个字符串，表示要设置的选项。

value：选项的值，可以是一个基本数据类型(如整数、字符串等)或者 None。

举例：

```
from pyspark.sql import SparkSession
spark = SparkSession.builder.appName("example").getOrCreate()

# 创建一个 DataFrameReader
df_reader = spark.read

# 设置选项
df_reader.option("header", "true")
df_reader.option("inferSchema", "true")

# 使用链式调用设置选项
df_reader.option("delimiter", ",").csv("file:///path/to/your/csv_file.csv")

# 也可以一次性设置多个选项
df_reader.options(header = "true", inferSchema = "true").csv("file:///path/to/your/csv_
file.csv")
```

在上面的示例中，首先创建了一个 DataFrameReader 对象 df_reader，然后使用 option 方法设置了一些读取选项，如是否包含标题行 (header) 和是否自动推断数据类型 (inferSchema)。可以通过链式调用设置多个选项，也可以使用 options 方法一次性设置多个选项。

2) DataFrameReader. format(source) → pyspark. sql. readwriter. DataFrameReader

➢ 功能：format 方法用于指定要读取的数据源的格式，可以是文件格式(如 parquet、json、csv 等)。

➢ 参数

source：一个字符串，表示要读取的数据源格式或类型。常见的格式包括 "parquet" "json""csv" 等。也可以是其他支持的格式或数据源类型。

举例：

```
from pyspark.sql import SparkSession
spark = SparkSession.builder.appName("example").getOrCreate()

# 创建一个 DataFrameReader
df_reader = spark.read
```

```
# 使用 format 方法指定要读取的数据源格式
df_reader.format("parquet")
# 使用链式调用
df_reader.format("json").option("inferSchema", "true").load("file:///path/to/your/json_
file.json")
# 也可以在一行中同时指定格式和加载路径
df_reader.format("csv").option("header", "true").load("file:///path/to/your/csv_file.csv")
```

在上面的示例中，首先创建了一个 DataFrameReader 对象 df_reader，然后使用 format 方法指定要读取的数据源格式，如 "parquet""json""csv" 等。可以使用链式调用来进一步设置选项或加载数据。

3）DataFrameReader. schema(schema) → pyspark. sql. readwriter. DataFrameReader

➢ 功能：schema 方法用于指定要应用于加载的数据的结构。这可以是一个 pyspark. sql. types. StructType 对象，也可以是一个字符串，表示结构的路径（例如：/path/to/schema. json）。

➢ 主要参数

schema：用于指定数据结构的参数。可以是一个 pyspark. sql. types. StructType 对象，也可以是一个字符串，表示结构的路径（例如：/path/to/schema. json）。

举例：

```
from pyspark.sql.types import StructType, StructField, StringType, IntegerType
# 创建一个 DataFrameReader
df_reader = spark.read
# 使用 StructType 对象指定数据结构
schema = StructType([
  StructField("name", StringType(), True),
  StructField("age", IntegerType(), True)
])
df_reader.schema(schema).csv("file:///path/to/your/csv_file.csv")
# 使用结构文件指定数据结构
df_reader.schema("path/to/schema.json").csv("file:///path/to/your/csv_file.csv")
```

4）DataFrameReader. load(path= None, format= None, schema= None, ** options)

➢ 功能：load 方法用于从指定的数据源加载数据，并将其解析成 DataFrame。

➢ 主要参数

path：要读取的文件路径或数据源路径。可以是单个文件的路径字符串，还可以是包含多个文件路径的列表，还可以是一个数据源路径。

format：一个可选的字符串，用于指定要读取的数据源格式。如果指定了 format，将会覆盖之前通过 format()方法设置的格式。

schema：一个可选的参数，用于指定数据结构的参数。可以是一个 pyspark. sql. types. StructType 对象，也可以是一个字符串，表示结构的路径（例如：/path/to/schema. json）。

options：一系列其他的选项参数，用于控制数据的读取行为，如是否包含表头、数据类型推断等。

举例：

```
# 创建一个 DataFrameReader
df_reader = spark.read
# 加载单个文件
df_reader.load("file:///path/to/your/file")
# 加载多个文件
df_reader.load(["file:///path/to/your/file1", "file:///path/to/your/file2"])
# 指定数据源格式
df_reader.format("json").load("file:///path/to/your/json_file.json")
# 指定数据结构
df_reader.option("header", "true").schema("path/to/schema.json").load("file:///path/to/your/csv_file.csv")
# 一次性设置多个选项
df_reader.options(header = "true", inferSchema = "true").csv("file:///path/to/your/csv_file.csv")
```

在上面的示例中，首先创建了一个 DataFrameReader 对象 df_reader，然后使用 load 方法加载数据。可以通过传递不同的参数来实现从单个或多个文件中加载数据，或者从不同格式的数据源中加载数据。

3. DataFrame 的保存

通过使用 writer.format().save() 格式，可以将 PySpark DataFrame 保存为不同的文件格式或数据库表，以便将数据持久化并用于后续的处理和分析。

- 函数：DataFrameWriter.save(path = None, format = None, mode = None, partitionBy = None, ** options:)。
- 功能：将 DataFrame 中的数据保存到指定的位置。
- 主要参数

path：要保存的文件路径或数据源路径。可以是单个文件的路径字符串，也可以是包含多个文件路径的列表，还可以是一个数据源路径。

format：一个可选的字符串，用于指定要保存的数据源格式。如果指定了 format，将会覆盖之前通过 format()方法设置的格式。

mode：一个可选的字符串，用于指定保存模式。可以是"append""overwrite""ignore"或"error"中的一个。

partitionBy：一个可选的参数，用于指定分区列。可以是一个列名的字符串，也可以是包含多个列名的列表。

options：一系列其他的选项参数，用于控制数据的保存行为，如是否包含表头、数据类型推断等。

举例：

```
# 创建一个 DataFrame
data = [("Alice", 34), ("Bob", 45), ("Catherine", 29)]
columns = ["name", "age"]
```

```
df = spark.createDataFrame(data, columns)

# 将 DataFrame 保存为 JSON 文件 df.write.format("json").save("file:///path/to/save/json")
# 将 DataFrame 保存为 CSV 文件
df.write.option("header", "true").csv("file:///path/to/save/csv")
# 将 DataFrame 保存为 Parquet 文件
df.write.format("parquet").save("file:///path/to/save/parquet")
# 保存模式设置为追加
df.write.mode("append").parquet("file:///path/to/save/parquet")
# 按照指定列分区保存
df.write.partitionBy("age").parquet("file:///path/to/save/parquet")
# 一次性设置多个选项
df.write.options(header = "true", inferSchema = "true").csv("file:///path/to/save/csv")
```

4. textFile 和 read 用法区分

(1) 如果加载的数据结构化程度不高，则用 textFile 返回 RDD 再处理。

```
# 读取文件生成 RDD
rdd1 = sc.textFile('file:///root/1.txt')
```

(2) 如果加载的数据结构化程度很高，比如 MySQL 或半结构化数据 JSON、CSV，则用 read 返回 DataFrame 再处理。

```
# 读取文件生成 DataFrame(特殊 RDD)
df1 = spark.read.text('file:///root/1.txt')
```

7.2.3 读写数据库

要连接 MySQL 数据库，首先必须确保已经安装了 mysql-connector-java 驱动程序。可以通过两种方法实现：一种是在启动 PySpark 时，通过--jars 参数指定驱动程序的 JAR 文件路径；另一种是直接将 JAR 文件放入 SPARK_HOME/jars 目录中。完成这一步骤后，就可以使用 pyspark.sql 模块提供的 read 方法来读取数据库中的数据，同时需要指定适当的连接选项。

1. MySQL 数据库

1) 读取 MySQL 数据

(1) 下载 MySQL 的 Docker 镜像。

docker pull mysql:5.7.44

```
C:\Users\zzx09 > docker pull mysql:5.7.44
5.7.44: Pulling from library/mysql
20e4dcae4c69: Downloading 2.54MB/50.5MB
…
docker.io/library/mysql:5.7.44
```

(2) 创建、启动 MySQL

docker run --name mysql5.7 --network cluster --ip=192.168.10.105 -e MYSQL_ROOT_PASSWORD=root -d 5107333e08a8

docker exec -it mysql5.7 bash

```
C:\Users\zzx09 > docker run -- name mysql5.7 -- network cluster -- ip = 192.168.10.105 - e
MYSQL_ROOT_PASSWORD = root - d 5107333e08a8
9e9a6e7908d78055618bcb5d46ce232b64b7880573b72943cbdc20d252d462bd
C:\Users\zzx09 > docker run -- name mysql5.7 - e MYSQL_ROOT_PASSWORD = root - d 5107333e08a8
dfdebb19593d747793abd54dd5fef6f22a337cc78063c0b72d0b672a89f3dfdd
C:\Users\zzx09 > docker exec - it mysql5.7 bash
bash - 4.2# mysql - u root - p
Enter password:
Welcome to the MySQL monitor. Commands end with ; or \g.
…
Type 'help;' or '\h' for help. Type '\c' to clear the current input statement.

mysql >
```

(3) 数据准备。

创建数据库、表以及插入初始数据。

```
CREATE DATABASE IF NOT EXISTS digital_econ;
USE digital_econ;
CREATE TABLE IF NOT EXISTS indicators (
  year int PRIMARY KEY,
  growth_rate DOUBLE,
  investment DOUBLE
);
INSERT INTO indicators (year, growth_rate, investment) VALUES
(2020, 5.5, 2000000),
(2021, 6.0, 2200000),
(2022, 6.5, 2400000);
```

(4) 读取数据。

使用 Spark 的 DataFrame API 读取数据:

```
df = spark.read.format("jdbc") \        # 指定数据源类型为 JDBC,用于连接关系数据库
    .options(                           # 使用.options 方法批量设置连接数据库的相关选项
      driver = "com.mysql.jdbc.Driver", # 指定 JDBC 驱动的全类名,这里是 MySQL 的 JDBC 驱动
      url = "jdbc:mysql://192.168.10.105:3306/digital_econ?useSSL = false", # 数据库的 JDBC
                                                                            # 连接 URL
      # 其中 useSSL = false 表示连接时不使用 SSL 加密,适用于内网或信任环境
      dbtable = "indicators",           # 指定要查询的数据库表名
      user = "root",                    # 数据库的用户名
      password = "root"                 # 数据库的密码
    ).load()        # 执行加载操作,将查询结果加载为一个 DataFrame 查看数据
```

(5) 输出结果。

```
df.show()
+----+---------+--------+
|year |growth_rate |investment |
+----+---------+--------+
|2020 |     5.5     | 2000000.0 |
|2021 |     6.0     | 2200000.0 |
|2022 |     6.5     | 2400000.0 |
```

温馨提示：当启动 PySpark 时，需要加载 MySQL 插件。可以通过以下命令来实现：pyspark --jars file:///tmp/spark/conf/spark/jars/mysql-connector-java-5.1.49.jar。

2) 写入 MySQL 数据

(1) 创建 DataFrame。

```
data = [
  (2023, 5.8, 2500000.0),
  (2024, 6.2, 2700000.0),
  (2025, 6.5, 2900000.0)
]
append_df = spark.createDataFrame(data,"year:int,growth_rate:double,investment:double")
append_df.show()
```

(2) 输出结果。

```
append_df.show()
+----+---------+--------+
|year |growth_rate |inventment |
+----+---------+--------+
|2023 |     5.8     | 2500000.0 |
|2024 |     6.2     | 2700000.0 |
|2025 |     6.5     | 2900000.0 |
+----+---------+--------+
```

(3) 写入数据。

```
# 使用.options方法批量设置连接选项,使用"append"模式,意味着新数据会被添加到表中,不会
# 覆盖现有数据
append_df.write.format("jdbc") \
  .options(
    url = "jdbc:mysql://192.168.10.105:3306/digital_econ?useSSL = false",
    driver = "com.mysql.jdbc.Driver",
    dbtable = "indicators",
    user = "root",
    password = "root"
  ) \
  .mode("append") \
  .save()
```

(4) 查看写入数据。

```
mysql > select * from indicators;
+----+----------+---------+
| year | growth_rate | investment |
+----+----------+---------+
| 2020 |    5.5    | 2000000    |
| 2021 |     6     | 2200000    |
| 2022 |    6.5    | 2400000    |
| 2023 |    5.8    | 2500000    |
| 2024 |    6.2    | 2700000    |
| 2025 |    6.5    | 2900000    |
+----+----------+---------+
6 rows in set (0.00 sec)
```

温馨提示:在运行写入操作之前,请确保 MySQL 中的目标表已经存在,并且其结构与打算写入的数据相匹配。如果表不存在或结构不匹配,写入操作可能会失败。此外,根据 MySQL 服务器设置,可能需要调整连接参数(例如端口号、是否使用 SSL 等)。

2. MongoDB 数据库

1) 安装包及版本要求

Spark 3.1 及以上;Java 8 及以上;下载 MongoDB Spark Connector 的选项包,如 mongo-spark-connector_2.13-10.2.2.jar。

2) 读取 MongoDB

(1) 下载镜像:docker pull mongo:latest。

```
C:\Users\zzx09 > docker pull mongo:latest
latest: Pulling from library/mongo
…
docker.io/library/mongo:latest
```

(2) 创建并进入 mongodb 容器 。

docker run -d --network cluster --ip 192.168.10.104 -p 27017:27017 -v d:\spark:/tmp/spark --name mongodb mongo:latest

docker exec -it mongodb /bin/bash

```
C:\Users\zzx09 > docker run - d -- network cluster -- ip 192.168.10.104 - p 27017:27017 -
v d:\spark:/tmp/spark -- name mongodb mongo:latest
cb66580dcdb307285a3c4f0f2c9a4722eaf96ba7aa19cb9136c393e3f17543dd
C:\Users\zzx09 > docker exec - it mongodb /bin/bash
root@cb66580dcdb3:/#
```

(3) 创建验证数据库 first、集合 test 和 test1、文档。

```
> use first
> db.createCollection('test')
{ "ok" : 1 }
> db.createCollection('test1')
{ "ok" : 1 }
```

```
#插入文档
db.test.insertMany([{ "_id" : 1, "type" : "apple", "qty" : 5 },{ "_id" : 2, "type" : "
orange", "qty" : 10 },{ "_id" : 3, "type" : "banana", "qty" : 15 }])
{ "acknowledged" : true, "insertedIds" : [ 1, 2, 3 ] }
```

(4) 启动 PySpark 交换模式。

```
(base) [root@master spark]# pyspark --conf "spark.mongodb.read.connection.uri =
mongodb://192.168.10.104:27017/first.test" \
> --conf "spark.mongodb.write.connection.uri = mongodb://192.168.10.104:27017/first.
test1" \
> --packages org.mongodb.spark:mongo-spark-connector_2.13:10.2.2
…
    confs: [default]
    found org.mongodb.spark#mongo-spark-connector_2.13;10.2.2 in central
    found org.mongodb#mongodb-driver-sync;4.8.2 in central
  …
  Spark context Web UI available at http://master:4040
Spark context available as 'sc' (master = local[*], app id = local-1675647433446).
SparkSession available as 'spark'.
```

(5) 显示读取数据和 DataFrame 的模式。

```
>>> spark.read.format("mongodb").load().show()
+---+----+------+
|_id | qty |  type |
+---+----+------+
|1.0 | 5.0 | apple  |
|2.0 |10.0 |orange |
|3.0 |15.0 |banana |
+---+----+------+
>>> df.printSchema()
root
 |-- _id: double (nullable = true)
 |-- qty: double (nullable = true)
 |-- type: string (nullable = true)
```

(6) 写入数据。

首先,使用 createDataFrame 函数创建 DataFrame。

```
>>> people = spark.createDataFrame([("Bilbo Baggins",50),("Gandalf",1000),("Thorin",
195),("Balin",178),("Kili",77),("Dwalin",169),("Oin",167),("Gloin",158),("Fili",82),
("Bombur",None)],["name","age"])
```

其次,使用 Write 方法将 people DataFrame 写入 spark.MongoDB.Write.connection.uri 选项中指定的 MongoDB 数据库和集合中。

```
>>> people.write.format("mongodb").mode("append").save()
```

温馨提示:出现 SyntaxError: 'utf-8' codec can't decode byte 0xe3 in position 52: invalid continuation byte 是编码解码的问题,错误就是'utf-8'不能解码位置 52 的那个字节

(0xce),也就是这个字节超出了 utf-8 的表示范围了。解决方法:去掉空格或非标准字符。

最后,在 MongoDB 数据库中查看保存的数据。

```
> use first
switched to db first
> db.test1.find()
{ "_id" : ObjectId("63e0be5d2c11aa79e7a1ffff"), "name" : "Bilbo Baggins", "age" :
NumberLong(50) }
{ "_id" : ObjectId("63e0be5d2c11aa79e7a20005"), "name" : "Balin", "age" : NumberLong(178) }
{ "_id" : ObjectId("63e0be5d2c11aa79e7a20006"), "name" : "Kili", "age" : NumberLong(77) }
…
```

3. 第三方库的添加方法

在使用 Apache Spark 进行应用程序开发和部署时,经常需要依赖第三方库。Apache Spark 提供了多种方法来添加这些依赖库到运行时的类路径中。

添加 JARs 到类路径的方法如下。

(1) 使用--jars 选项:适用于通过 spark-submit 命令提交应用时。这个选项允许指定一个或多个 JAR 文件的本地文件系统路径,或者是通过 hdfs、http、https、ftp 等协议可访问的路径。这些 JAR 文件将被添加到 Spark 作业的类路径中。

(2) 使用--packages 选项:当通过 spark-submit、spark-shell 或 pyspark 提交应用时,这个选项允许 Spark 从 Maven 仓库自动下载并添加指定的依赖包及其传递性依赖。这适用于需要从远程 Maven 仓库下载的场景。

(3) 通过 spark-defaults. conf 配置文件:可以在 $SPARK_HOME/conf/spark-defaults. conf 文件中指定额外的 JAR 文件,但这种方式的优先级较低,并且不建议用于指定库依赖,因为它会影响到所有 Spark 作业。

(4) 使用 SparkConf 属性:在 Spark 应用程序代码中,可以通过 SparkSession 的 . config 方法直接设置属性来添加 JAR 文件,优先级最高。这是最具灵活性的方式,因为它允许针对特定作业进行配置。

7.3 DataFrame 的常用操作

DataFrame 是 PySpark 中最常用的数据结构之一,提供了许多常用的操作命令,用于数据的筛选、转换、聚合、自定义函数等。

7.3.1 基本操作

DataFrame 基本操作包括显示内容、查看列名和数据类型、获取统计摘要信息、选择特定列、添加新列、过滤行数据以及对 DataFrame 进行排序。这些操作为数据处理和分析提供了丰富的功能和便利。

```
from pyspark.sql.functions import col
# 示例数据
data = [("Alice", 25, "female", 160),
    ("Bob", 30, "male", 175),
    ("Charlie", 35, "male", 180),
```

```
    ("Diana", 28, "female", 155),
    ("Eva", 32, "female", 170)]
# 创建 DataFrame
df = spark.createDataFrame(data, ["name", "age", "gender", "height"])
```

（1）显示 DataFrame 的内容。

```
df.show()
+-------+---+------+-------+
|  name |age |gender |height  |
+-------+---+------+-------+
| Alice  | 25 |female | 160    |
| Bob    | 30 | male  | 175    |
|Charlie | 35 | male  | 180    |
| Diana  | 28 |female | 155    |
| Eva    | 32 |female | 170    |
+-------+---+------+-------+
```

（2）查看 DataFrame 的列名。

```
print(df.columns)
['name', 'age', 'gender', 'height']
```

（3）查看 DataFrame 的数据类型。

```
print(df.dtypes)
['name', 'age', 'gender', 'height']
```

（4）查看 DataFrame 的统计摘要信息。

```
df.describe().show()
+-------+-----+----------------+------+--------------+
|summary | name |       age       |gender |     height     |
+-------+-----+----------------+------+--------------+
| count  | 5    |      5          | 5     |      5         |
| mean   | NULL |     30.0        | NULL  |    168.0       |
| stddev | NULL |3.807886552931954 | NULL  |10.36822067666  |
| min    |Alice |      25         |female |     155        |
| max    | Eva  |      35         | male  |     180        |
+-------+-----+----------------+------+--------------+
```

（5）选择特定的列。

```
selected_df = df.select("name", "age", "gender")
selected_df.show()
+--------+---+------+
|  name   |age |gender |
+--------+---+------+
|  Alice  | 25 |female |
|  Bob    | 30 | male  |
|Charlie  | 35 | male  |
|  Diana  | 28 |female |
|  Eva    | 32 |female |
+--------+---+------+
```

（6）添加新的列。

```
new_df = df.withColumn("is_adult", col("age") >= 18)
new_df.show()
+-------+---+------+-----+--------+
|  name  |age |gender  |height |is_adult |
+-------+---+------+-----+--------+
| Alice  | 25 |female | 160  | true    |
| Bob    | 30 | male  | 175  | true    |
|Charlie | 35 | male  | 180  | true    |
| Diana  | 28 |female | 155  | true    |
| Eva    | 32 |female | 170  | true    |
+-------+---+------+-----+--------+
```

（7）过滤行数据。

```
filtered_df = df.filter(col("age") > 30)
filtered_df.show()
+-------+---+------+-------+
|  name  |age |gender  |height  |
+-------+---+------+-------+
|Charlie | 35 | male  | 180    |
| Eva    | 32 |female | 170    |
+-------+---+------+-------+
```

（8）排序 DataFrame。

```
sorted_df = df.orderBy("age")
sorted_df.show()
+-------+---+------+-------+
|  name  |age |gender  |height  |
+-------+---+------+-------+
| Alice  | 25 |female | 160    |
| Diana  | 28 |female | 155    |
| Bob    | 30 | male  | 175    |
| Eva    | 32 |female | 170    |
|Charlie | 35 | male  | 180    |
+-------+---+------+-------+
```

（9）列的访问方法。

在 PySpark 中，有多种方式可以访问和操作 DataFrame 的列。

① 使用点操作符(.)。

```
# 使用点操作符访问列
df.ID,df.Name
```

② 使用索引操作符([])。

```
# 使用索引操作符访问列
df["ID"],df["Name"]
```

③ 使用 col()函数。

```
# 使用 col()函数访问列
df.select(col("ID")),df.select(col("Name"))
```

温馨提示：上述访问方式返回的是一个 Column 对象，而不是实际的列值。要对列进行计算或操作，通常需要使用 DataFrame API 中的其他函数或方法。

7.3.2 复杂操作

1. 聚合操作

```
# 计算每个性别的平均年龄和身高
df.groupBy("gender").agg({"age": "avg", "height": "avg"}).show()
# 计算每个性别的人数
df.groupBy("gender").count().show()
```

2. 连接操作

```
# 创建第二个 DataFrame
data2 = [("Alice", "New York"),
    ("Bob", "San Francisco"),
    ("Charlie", "Chicago")]
df2 = spark.createDataFrame(data2, ["name", "city"])
# 内连接两个 DataFrame
joined_df = df.join(df2, "name", "inner")
joined_df.show()
```

在上述示例中，创建了第二个 DataFrame，并使用 join 方法将两个 DataFrame 内连接起来，基于共享的"name"列。这将产生一个包含共同名字和城市的新 DataFrame。

3. 窗口函数

窗口函数是一种用于对 DataFrame 中的数据进行分组、排序和计算的特殊函数。它允许在数据集的特定窗口或分区上执行聚合、排序和其他操作，而无须将整个数据集聚合到单个值。

1）案例

假设有一个电影评分的数据集，包含以下几列：用户 ID、电影 ID、评分和评分时间。分析的目标是：

（1）为每部电影创建一个评分排名，按评分高低排序，以便快速找到每部电影的最高评分者。

（2）计算每个用户的累计评分总和，以便了解哪些用户最活跃。

（3）为每部电影计算平均评分，以此来识别最受欢迎的电影。

（4）计算每个用户的最新评分的累计评分，理解用户的最近活动。

2）数据准备

```
# 创建 DataFrame
data = [
```

```
    (1, 101, 5, '2023-01-01'),
    (1, 102, 3, '2023-01-02'),
    (2, 101, 4, '2023-01-01'),
    (2, 103, 5, '2023-01-03'),
    (3, 102, 2, '2023-01-02'),
    (3, 103, 4, '2023-01-03'),
]
columns = ["userId", "movieId", "rating", "timestamp"]
df = spark.createDataFrame(data, schema = columns)
```

3）为每个电影创建一个评分排名

首先定义一个窗口规格，指定如何分组数据和如何在每个分组内排序数据。然后，它使用这个窗口规格来计算每个电影内部基于评分的排名，并将这个排名作为新列添加到原始 DataFrame 中。

```
# 导入必要的模块
from pyspark.sql.window import Window
from pyspark.sql.functions import col, row_number

# 定义窗口规格:按电影 ID 分组,并在每个分组内按评分降序排序
# partitionBy("movieId") 确保每部电影的评分被单独考虑
# orderBy(col("rating").desc()) 确保在每个电影分组内,评分高的排在前面
window_movie_rank = Window.partitionBy("movieId").orderBy(col("rating").desc())
# 应用窗口函数:添加一个名为 "rank" 的新列,其中包含每个分组内的排名
# row_number().over(window_movie_rank) 在上面定义的窗口规格上执行,
# 为每部电影内的评分按降序赋予唯一的行号,即排名
df_movie_rank = df.withColumn("rank", row_number().over(window_movie_rank))
```

4）计算每个用户的累计评分总和

通过按用户 ID 分组，Window. partitionBy("userId")创建了一个窗口规格，用于确定如何聚合数据。然后，使用 sum("rating"). over(window_user_sum)在该窗口规格上对每个用户的评分进行求和，生成每个用户的评分总和。

```
# 导入必要的模块
from pyspark.sql import Window
from pyspark.sql.functions import sum

# 定义窗口规格:按用户 ID 分组
# partitionBy("userId") 确保对于每个用户,其所有评分都被聚合在一起
window_user_sum = Window.partitionBy("userId")

# 应用窗口函数:添加一个名为 "user_total_rating" 的新列,包含每个用户的评分总和
# sum("rating").over(window_user_sum) 在上面定义的窗口规格上执行,
# 计算每个用户的所有评分的总和
df_user_sum = df.withColumn("user_total_rating", sum("rating").over(window_user_sum))
```

5）为每部电影计算平均评分

```
# 导入必要的模块
from pyspark.sql import Window
```

```
from pyspark.sql.functions import avg

# 定义窗口规格:按电影 ID 分组
# partitionBy("movieId") 确保每部电影的所有评分都被一起考虑,为每部电影计算一个独立的
平均评分
window_movie_avg = Window.partitionBy("movieId")
# 应用窗口函数:添加一个名为 "movie_avg_rating" 的新列,包含每部电影的平均评分
# avg("rating").over(window_movie_avg) 在上面定义的窗口规格上执行,
# 计算每部电影的所有评分的平均值
df_movie_avg = df.withColumn("movie_avg_rating", avg("rating").over(window_movie_avg))
```

6）计算每个用户的最新评分的累计评分

```
# 导入必要的模块
from pyspark.sql import Window
from pyspark.sql.functions import col, sum

# 定义窗口规格:按用户 ID 分组并按评分时间降序排序
# partitionBy("userId") 确保对每个用户的评分分别处理
# orderBy(col("timestamp").desc()) 保证最新的评分排在前面
window_user_latest = Window.partitionBy("userId").orderBy(col("timestamp").desc())
# 应用窗口函数:添加一个名为 "latest_cumulative_rating" 的新列,包含从最新评分到当前行
# 的评分累计总和
# sum("rating").over(window_user_latest.rowsBetween(Window.unboundedPreceding, Window.
# currentRow)) 在上述窗口规格基础上执行
# 从最开始的评分累计到当前行,即计算到当前评分为止的累计评分总和
df_user_latest_sum = df.withColumn("latest_cumulative_rating", sum("rating").over
(window_user_latest.rowsBetween(Window.unboundedPreceding, Window.currentRow)))
```

7.3.3　自定义函数

在 PySpark 中,UDF(User-Defined Function,用户自定义函数)是一种强大的机制,允许自定义函数并将其应用于 DataFrame 的列或列之间的操作。UDF 可以让我们执行一些自定义的数据转换或处理,以满足特定的需求。

1. UDF 的介绍

PySpark 中的 UDF 代表用户定义的函数(User Defined Function)。它允许用户自定义处理 DataFrame 中的数据的逻辑,以便执行定制化的操作。UDF 是一种强大的工具,可以用来扩展 PySpark 的功能,使其能够满足特定业务需求。

UDF 的主要优势在于可以在 DataFrame 中应用用户自定义的函数,以对数据进行个性化的转换、计算或处理。这种自定义函数可以用于单独的列,也可以用于整个 DataFrame。UDF 使得用户可以根据特定的业务需求,灵活地定制数据处理流程。

PySpark 的 UDF(用户定义函数)和 pandas UDF(用户定义函数)是两种不同的函数类型。如表 7-1 所示,它们在数据处理和分析中有着不同的应用场景和特点。

表 7-1 PySpark UDF 和 pandas UDF 的一些主要特点和适用场景对比

特　点	PySpark UDF	pandas UDF
运行环境	分布式计算环境，可以在整个集群中处理大规模数据	单机环境，适用于中等规模的数据
支持语言	Python、Java、Scala 等多种语言	仅支持 Python 语言
数据规模	适用于大规模数据集	适用于单机或小规模数据集
数据处理速度	处理大规模数据时性能较高	在单机环境下能够快速高效处理中等规模的数据
应用场景	适用于需要分布式处理大量数据的任务	适用于需要在单机环境下高效处理中等规模数据的任务
灵活性和性能	灵活性较高，但受分布式计算环境的限制	提供了高性能和高灵活性的数据处理功能
依赖项	依赖于分布式计算框架和相应的语言环境	依赖于 pandas 库

2. UDF 的使用

(1) 导入必要的模块。

导入必要的 PySpark 模块，包括 pyspark.sql.functions 和 pyspark.sql.types。

(2) 定义自定义函数。

使用 Python 编写自定义函数，该函数将被应用于 DataFrame 中的一列或多列。

(3) 注册 UDF。

使用 pyspark.sql.functions.udf()函数注册自己的自定义函数。在注册过程中，需要指定函数的输入参数和返回类型。

(4) 应用 UDF。

将注册后的 UDF 应用于 DataFrame 中的列，使用 withColumn 方法或 select 方法等。

3. 案例

以下是一个简单的示例，演示如何创建和应用 UDF 来将姓名的首字母大写化。

```
#导入包
from pyspark.sql.functions import udf
from pyspark.sql.types import StringType

# 创建一个包含姓名的 DataFrame
data = [("alice",), ("bob",), ("charlie",)]
df = spark.createDataFrame(data, ["name"])
# 定义一个 UDF 来将姓名的首字母大写化
def capitalize_first_letter(name):
  return name.capitalize()
# 注册 UDF 并指定输入参数和返回类型
capitalize_udf = udf(capitalize_first_letter, StringType())
# 应用 UDF,创建一个新列
df_with_capitalized_name = df.withColumn("capitalized_name", capitalize_udf(df
["name"]))
# 展示包含新列的 DataFrame
df_with_capitalized_name.show()
```

输出结果：

```
+-------+--------------+
|  name  |capitalized_name |
+-------+--------------+
| alice  |    Alice       |
| bob    |    Bob         |
|charlie |    Charlie     |
+-------+--------------+
```

在上面的示例中，首先创建了一个 DataFrame 包含了姓名列，然后定义了一个 UDF capitalize_first_letter，它将姓名的首字母大写化。接下来，使用 udf 函数注册了这个 UDF，并指定了输入参数和返回类型。最后，应用了这个 UDF，创建了一个新列"capitalized_name"来存储大写化后的姓名，并展示了包含新列的 DataFrame。

如果要传递一个常量值作为 UDF 的参数，需要使用 lit()函数将它包装成列，然后将这个列传递给 UDF。

```
from pyspark.sql.functions import lit
# 使用 lit()函数将年龄增加 1
df_with_capitalized_and_age = df_with_capitalized_name.withColumn("age", lit(20))
# 展示包含新列的 DataFrame
df_with_capitalized_and_age.show()
```

输出结果：

```
+------+--------------+---+
|  name  |capitalized_name |age |
+------+--------------+---+
| alice  |    Alice        | 20 |
| bob    |    Bob          | 20 |
|charlie |    Charlie      | 20 |
+------+--------------+---+
```

7.4　DataFrame 与 RDD 的相互转换

7.4.1　DataFrame 转 RDD

RDD(弹性分布式数据集)是 Spark 中的核心数据结构之一，它提供了一些 DataFrame 不直接支持的特定功能。包括 RDD 的低级别操作(map、filter、reduce 等，可以对 RDD 进行更细粒度的控制和处理)、分区控制(repartition 和 partitionBy 等操作来重新分区或按键进行分区)、持久化控制(persist 方法将 RDD 缓存到内存或磁盘上，或者使用 unpersist 方法取消持久化)、迭代计算()、数据分区和数据共享(partitionBy 操作按键进行数据分区，也可以使用 groupByKey 和 reduceByKey 等操作进行数据共享和聚合)、非结构化数据。

DataFrame 可以直接利用. rdd 方法获取对应的 RDD 对象，此 RDD 对象的每个元素使用 Row 对象来表示，每列值会成为 Row 对象的一个域 => 值映射。下面是将 DataFrame 转换为 RDD 的示例代码：

```
# 创建 DataFrame
data = [("Alice", 25), ("Bob", 30), ("Charlie", 35)]
df = spark.createDataFrame(data, ["Name", "Age"])
# 将 DataFrame 转换为 RDD
rdd = df.rdd
```

在上述示例中，首先使用 SparkSession 创建了一个 DataFrame 对象。然后，通过调用 rdd 属性将 DataFrame 转换为 RDD。此时，每个 RDD 元素将变为 Row 对象。

请注意，将 DataFrame 转换为 RDD 时，会失去 DataFrame 的结构化信息，包括列名和数据类型。RDD 中的每个元素都是一个 Row 对象，需要使用 Row 对象的方法来访问和处理数据。

```
# 对 RDD 应用转换操作
mapped_rdd = rdd.map(lambda row: (row[0], row[1] * 2))
# 过滤 RDD 中的元素
filtered_rdd = rdd.filter(lambda row: row[1] > 30)
```

7.4.2 RDD 转 DataFrame

RDD 灵活性很大，并不是所有 RDD 都能转换为 DataFrame，只有每个元素具有一定相似格式时才可以。转换为 DataFrame 书写更简单，并且执行效率高。以下是将 RDD 转换为 DataFrame 的示例代码：

```
# 创建 RDD
data = [("Alice", 25), ("Bob", 30), ("Charlie", 35)]
rdd = spark.sparkContext.parallelize(data)
# 定义 Schema
from pyspark.sql.types import StructType, StructField, StringType, IntegerType
schema = StructType([
  StructField("Name", StringType(), nullable=True),
  StructField("Age", IntegerType(), nullable=True)
])
# 将 RDD 转换为 DataFrame
df = spark.createDataFrame(rdd, schema)
# 显示 DataFrame 内容
df.show()
```

在上述示例中，首先使用 SparkSession 创建了一个 RDD 对象。然后，定义了 DataFrame 的 Schema，即列名和数据类型。接下来使用 createDataFrame()方法将 RDD 和 Schema 作为参数创建 DataFrame 对象。此外，还可以使用隐式转换将 RDD 转换为 DataFrame。在创建 SparkSession 时，可以启用隐式转换功能，然后直接调用 RDD 的 toDF()方法。

```
# 创建 RDD
data = [("Alice", 25), ("Bob", 30), ("Charlie", 35)]
```

```
rdd = spark.sparkContext.parallelize(data)

# 将 RDD 转换为 DataFrame
df = rdd.toDF(["Name", "Age"])
# 显示 DataFrame 内容
df.show()
```

本章小结

本章全面介绍了 Spark SQL 的核心组成，从创建和保存 DataFrames 开始，详细说明了如何利用 createDataFrame 函数，以及如何读写外部文件和数据库。接着深入到 DataFrame 的各种操作，包括基本和复杂操作，强调了自定义函数应用的重要性。此外，探讨了 DataFrame 与 RDD 相互转换的技术，展示了 Spark SQL 在数据处理和分析中的灵活性与强大功能。

习题 7

1. 判断题

(1) Spark SQL 是用于处理非结构化数据的组件。( )

(2) DataFrame 是 Spark SQL 中用于表示数据的抽象概念。( )

(3) Spark SQL 的执行原理包括逻辑计划、物理计划和执行计划。( )

(4) 数据去重是 DataFrame 常用的操作之一。( )

(5) RDD 可以直接转换为 DataFrame，而不需要任何额外的操作。( )

2. 选择题

(1) Spark SQL 的主要优势是( )。

A. 支持实时流处理　　B. 高效处理非结构化数据

C. 统一处理结构化和半结构化数据　　D. 并行处理大规模数据

(2) DataFrame 的创建方式包括( )。

A. 从 RDD 转换而来　　B. 从关系数据库读取数据

C. 从文件系统读取数据　　D. 通过 SQL 查询生成

(3) DataFrame 的常用操作中，以下哪个用于对数据进行排序？( )

A. select　　B. filter　　C. orderBy　　D. groupBy

(4) 下列哪个是用于读取 MySQL 数据的方法？( )

A. readJSON　　B. readCSV　　C. readMySQL　　D. readParquet

(5) 将 DataFrame 转换为 RDD 的方法有( )。

A. toRDD()　　B. asRDD()

C. convertToRDD()　　D. rdd()

3. 简答题

(1) 简述 Spark SQL 的执行原理。

(2) 如何将 RDD 转换为 DataFrame？如何将 DataFrame 转换为 RDD？

实验 7　Spark SQL 编程实践

1. 实验目的

(1) 熟悉 Spark SQL 在 PySpark 环境下的应用，掌握使用 DataFrame 进行数据查询和分析的方法。

(2) 通过对 Netflix 数据集的处理和分析，提升解决实际大数据问题的能力。

2. 实验环境

(1) PySpark 开发平台：已搭建好的基于 Jupyter Notebook 的 PySpark 开发环境。

(2) Spark 集群：配置好的 Spark 集群，可通过 PySpark 进行访问和操作。

(3) Netflix 数据集：准备好的 Netflix 数据集文件，已上传至合适的存储位置以供读取。

3. 实验内容和要求

1) 数据加载与 DataFrame 创建

内容：加载 Netflix 评分数据(20%)和电影信息数据，使用 Spark SQL 的 DataFrame 进行数据组织。

要求：

(1) 将评分数据和电影信息数据分别加载为 DataFrame，并为数据集中的列命名。

(2) 使用适当的数据类型定义每个字段，确保数据质量。

2) 数据查询与分析任务

基于创建的 DataFrame，设计并实施以下数据查询与分析任务。

(1) 热门电影分析。

内容：分析哪些电影获得了最多的评分数量，识别出 Top 3 热门电影。

要求：使用 Spark SQL 的聚合函数对电影评分数量进行统计，并按照评分数量降序排列。

(2) 电影评级分析。

内容：分析电影平均评分，找出评分最高的 Top 3 电影。

要求：计算每部电影的平均评分，并进行排序。

(3) 用户评分活跃度分析。

内容：识别出评分次数最多的 Top 3 用户，分析最活跃的用户。

要求：基于用户的评分行为进行聚合统计，找出评分次数最多的用户。

(4) 评分随时间变化的分析。

内容：分析评分活动随时间的变化趋势。

要求：将评分日期作为分析维度，探索评分数量随时间的变化情况。

(5) 高评分电影类别的分析。

内容：根据电影的发行年份，分析哪个时期的电影平均评分最高。

要求：基于电影的发行年份进行分组，计算每个年份电影的平均评分，并识别评分最高的时期。

第 8 章

Pandas API on Spark编程

学习目标

- 了解 Pandas on Spark 的背景及其与 Pandas 的关系。
- 认识 Pandas on Spark 的数据类型和结构。
- 掌握使用 Pandas API on Spark 进行数据读取、保存和处理的方法。
- 理解如何在 Pandas on Spark 和 Spark DataFrame 间进行转换。
- 运用所学知识于酒店预订需求分析案例。

本章将带领读者进入 Pandas 和 Spark 的交汇点，让读者体验数据处理的魅力。通过本章，读者将掌握 Pandas API on Spark 的关键函数，理解 Pandas、Pandas-On-Spark 和 Spark 之间的切换技巧。让我们一起开启这个充满激情和浪漫的章节，享受数据处理的奇妙之旅吧！

8.1 Pandas on Spark 基础

在大数据＋AI 的时代，最耀眼的编程语言是 Python，比如 scikit-learn、XGBoost 和 Tensorflow/PyTorch 都是 Python 的一部分，这些与机器学习相关的包的背后则是 Numpy 和 Pandas。Spark 3.2 开始支持的 Pandas API 和背后的 Project Zen，旨在提高 Spark 在 Python 方面的可用性，Spark 社区希望通过 Zen 项目让 Spark 中 Python 的使用和 Python 生态圈的其他 API 一样易用。

8.1.1 Pandas on Spark 产生的背景

Pandas on Spark 是在 Pandas 处理能力受限于单机资源和 Apache Spark 的学习曲线相对较高的背景下产生的。它旨在通过提供一个与 Pandas 相似的 API，使数据科学家和分析师能够利用 Spark 的分布式计算能力来处理大规模数据集，而无须重新学习新的编程模型。这个项目最初以 Koalas 的名字开始，由 Databricks 推动，目的是打造一个桥梁，结合 Pandas 的易用性和 Spark 的强大处理能力，从而简化大数据处理的复杂性。

Pandas API on Upcoming Apache Spark 3.2 就是 Zen 项目的一部分。通过使用 Pandas API on Spark,开发者可以利用 Pandas 熟悉的语法和操作,实现在大规模数据集上的数据处理和分析任务。它提供了一种高效、可扩展的编程接口,将 Pandas 的易用性和 Spark 的分布式计算能力相结合,适用于大规模数据处理和分析的场景。Spark 与 Pandas 中的 DataFrame 的区别如表 8-1 所示。

表 8-1 Spark 与 Pandas 中的 DataFrame 的区别

对 比 项	Pandas	Spark
工作方式	单机,无法处理大量数据	分布式,能处理大量数据
存储方式	单机缓存	可以调用 persist/cache 分布式缓存
是否可变	是	否
index 索引	自动创建	无索引
行结构	Pandas. Series	Pyspark. sql. Row
列结构	Pandas. Series	Pyspark. sql. Column
允许列重名	否	是

Apache Spark 包括以 pandas 函数 API 的形式对 Python 逻辑进行 Arrow 优化的执行,这使得用户可以直接将 pandas 转换应用到 PySpark 数据框中。Apache Spark 还支持 pandas UDFs,它对 Python 中定义的任意用户函数使用类似的 Arrow 优化。

Apache Spark 以 pandas 函数 API 的形式包含 Arrow 优化的 Python 逻辑执行,使用户能够将 pandas 转换直接应用于 PySpark DataFrame。Apache Spark 还支持 pandas UDF。UDF 对 Python 中定义的任意用户函数使用类似的 Arrow 优化。在 PySpark DataFrame 的顶层提供用户熟悉的 pandas 命令,还可以在 pandas 与 PySpark 之间转换 DataFrame。

8.1.2 Pandas on Spark 的数据类型

数据类型本质上是编程语言用来理解如何存储和操作数据的内部结构。对 Pandas 而言,在大部分情况下它能够正确地进行数据类型推断。在进行数据分析时,将数据从一种类型显式转换为另一种类型,确保使用正确的数据类型非常重要,否则可能会得到意想不到的结果或错误。Pandas、Python、Pandas on Spark 的数据类型对比如表 8-2 所示。

表 8-2 Pandas、Python、Pandas on Spark 的数据类型对比

用 途	Pandas 类型	Python 类型	Pandas on Spark 类型
文本	Object	str	StringType
整数	int64	int	LongType
浮点数	float64	float	DoubleType
布尔值	bool	bool	BooleanType
日期时间	datetime64(date\time\decimal)	NA	DateType、TimestampType、DecimalType(38, 18)
时间差	timedelta[ns]	NA	timedelta[ns]*
有限长度的文本值列表	category	NA	category*

* 表示该数据类型目前在 Spark 上的 API 中不受支持,但后面的版本计划予以支持。

1. 默认值

在 Pandas on Spark 中，当数据缺失或字段为空时，每种数据类型都有其默认值。这些默认值通常与 Pandas 保持一致。例如：

(1) 数值类型的默认值通常为 NaN(Not a Number)，表示缺失或不可用的数据；

(2) 字符串类型的默认值可能是 None 或空字符串；

(3) 布尔类型的默认值为 None，表示该值既不是 True 也不是 False；

(4) 日期时间类型的默认值可能是 NaT(Not a Time)，表示缺失的日期时间数据。

2. 向上转型

向上转型(Upcasting)是指在数据类型转换中自动选择更通用或更宽泛的数据类型的过程。在 Pandas on Spark 中，这主要发生在执行操作时，涉及不同数据类型的列，以确保结果的数据类型可以容纳操作的输出，而不丢失信息。例如：

(1) 当整数类型和浮点类型的列进行运算时，结果通常会被向上转型为浮点类型；

(2) 如果操作涉及整数和字符串类型的列，结果可能会被向上转型为字符串类型；

(3) 在处理具有不同数值精度的列(如 Int64 和 Float32)时，结果会向上转型到精度更高的类型。

8.1.3 Pandas on Spark 的数据结构

在新的 Spark 3.2 版本中，与 Pandas 类似，Pandas on Spark(本文中简称 ps)的主要数据结构有 Series、DataFrame 两种。

1. Series

- 函数：pyspark.pandas.Series(data=None, index=None, dtype=None, name=None, copy=False, fastpath=False)。
- 功能：创建 pyspark.pandas.Series。
- 返回值：pyspark.pandas.Series。
- 参数说明

data：数组、字典或标量值，pandas Series。如果数据是 Pandas Series，则不应使用其他参数。

index：数组或索引(1 维)，值必须是可哈希的，并且与数据具有相同的长度。允许非唯一索引值。如果未提供，则默认为 RangeIndex(0,1,2,…,n)。如果同时使用字典和索引序列，则索引将覆盖字典中的键。

dtype：NumPy 的 dtype 类型或 None。如果为 None，则将推断数据类型。

copy：布尔值，默认为 False。表示是否复制数据。

举例：

```
import pyspark.pandas as ps
# 示例股票价格数据
stock_prices = [150.50, 152.20, 153.80, 151.40, 149.90]
# 创建 Pandas Series
stock_price_series = ps.Series(stock_prices)
print(stock_price_series)
```

在这个示例中,创建了一个名为 stock_prices 的列表,其中包含了一些股票价格数据。然后,使用 pyspark. pandas 的 ps. Series()函数将这些数据转换为一个 Pandas Series,这个 Series 就包含了股票价格数据。

2. DataFrame

- 函数:pyspark. pandas. DataFrame(data=None, index=None, columns=None, dtype=None, copy=False)。
- 功能:创建 pyspark. pandas. DataFrame。
- 返回值:pyspark. pandas. DataFrame。
- 参数说明

data:数组、字典或标量值,pandas Series。如果数据是 Pandas Series,则不应使用其他参数。

index:数组或索引(1 维),值必须是可哈希的,并且与数据具有相同的长度。允许非唯一索引值。如果未提供,则默认为 RangeIndex(0, 1, 2, …, n)。如果同时使用字典和索引序列,则索引将覆盖字典中的键。

columns:索引或类似于数组的结构。用于生成结果 DataFrame 的列标签。如果未提供列标签,将默认为 RangeIndex(0, 1, 2, …, n)dtype,NumPy 的 dtype 类型或 None。如果为 None,则将推断数据类型。

copy:布尔值,默认为 False。表示是否复制数据。

温馨提示:自 3.4.0 版本起,它以以下方式处理数据和索引。

(1) 当数据是分布式数据集(内部 DataFrame/Spark DataFrame/pandas-on-Spark DataFrame/pandas-on-Spark Series)时,如果需要,它将首先并行化索引,然后尝试组合数据和索引;如果数据和索引没有相同的锚点,则应该打开 compute. ops_on_diff_frames。

(2) 当数据是本地数据集(Pandas DataFrame/numpy ndarray/list 等)时,如果需要,它将首先将索引收集到驱动程序,然后在内部应用 Pandas. DataFrame 创建。

举例:

```
import pyspark.pandas as ps
# 示例股票数据
Data_dict = {
  'Date': ['2023-08-01', '2023-08-02', '2023-08-03', '2023-08-04', '2023-08-05'],
  'Price': [150.50, 152.20, 153.80, 151.40, 149.90],
  'Volume': [100000, 120000, 95000, 110000, 80000]
}
# 创建 DataFrame
stock_df = ps.DataFrame(data_dict)
print(stock_df)
```

在这个示例中,首先创建了一个包含日期、股票价格和交易量的字典,然后将这个字典转换为 Pandas 的 DataFrame。最后,输出这个 DataFrame。

8.2 Pandas API on Spark

Pandas 是一种数据科学家常用的 Python 包，可为 Python 编程语言提供易于使用的数据结构和数据分析工具。但是，Pandas 不会横向扩展到大数据。Spark 上的 Pandas API 可提供在 Apache Spark 上运行的、与 Pandas 等效的 API，从而填补这一空白。Spark 上的 Pandas API 不仅对 Pandas 用户很有用，而且对 PySpark 用户也很有用，因为 Spark 上的 Pandas API 支持许多难以使用 PySpark 执行的任务，例如直接从 PySpark DataFrame 绘制数据。

8.2.1 读取/保存函数

输入输出通常可以划分为几个大类：读取文本文件和其他更高效的磁盘存储格式，加载数据库中的数据，利用 Web API 操作网络资源。

1. to_spark_io

- 函数：DataFrame. to_spark_io(path=None, format=None, mode='overwrite', partition_cols=None, index_col=None, ** options)。
- 功能：将 PySpark Pandas DataFrame 写入各种支持的文件格式和文件系统中，如 CSV、JSON、Parquet 文件等，支持的文件系统包括本地文件系统、HDFS、Amazon S3 等。
- 返回值：None。
- 参数说明

path：字符型，可选项，表示要写入数据的文件路径。这可以是本地路径或存储在分布式文件系统如 HDFS、S3 等的路径。

format：字符型，可选项，输出数据源的格式。常见格式有'delta''parquet''orc''json''csv'等。

mode：取值为'append''overwrite''ignore''error'，'默认值为'overwrite'。'append'表示将新的数据追加到现有的数据上。'overwrite'表示覆盖现有数据。'忽略'表示如果数据已经存在，默默地忽略这个操作。'error'或'errorifexists'表示如果数据已经存在，将抛出一个异常。

partition_cols (Union[str, List[str], None])：用于数据分区的列名。如果指定，输出数据将按指定的列进行分区。

index_col：字符型或字符型列表，可选项，默认值为 None。表示 Spark 中表的索引列。

** options：字典类型，表示其他选项直接传递到 Spark 的数据源。

举例：假设现有一个 DataFrame df，包含有关员工的数据，现在想将这个 DataFrame 以 Parquet 格式保存到 HDFS 上的路径 'hdfs:///data/employees. parquet'，并按'department'列进行分区。

```
from pyspark.pandas import DataFrame
# 假设 df 是一个已经存在的 DataFrame
data = {
  'employee_id': [1, 2, 3, 4, 5],
  'name': ['Alice', 'Bob', 'Charlie', 'David', 'Eva'],
  'age': [25, 30, 35, 40, 45],
  'department': ['HR', 'IT', 'Finance', 'Marketing', 'IT']
}
df = spark.createDataFrame(data)
# 将 DataFrame 保存为 Parquet 文件,并按 'department' 列进行分区
df.to_spark_io(path = "hdfs:///data/employees.parquet", format = "parquet", partition_
cols = "department")
```

在这个例子中,df.to_spark_io 函数将 df DataFrame 以 Parquet 格式写入指定的 HDFS 路径,并按'department'列进行数据分区。如果'department'列有不同的值,如'HR''IT'等,每个部门的数据将被写入不同的分区目录中。

2. read_spark_io

➢ 函数:pyspark.pandas.read_spark_io(path=None, format=None, schema=None, index_col=None, ** options: Any)。

➢ 功能:从各种数据源读取数据,并将其转换为 PySpark Pandas 风格的 DataFrame。

➢ 返回值:pyspark.pandas.frame.DataFrame。

➢ 参数说明

path:字符型,可选项,表示数据源的路径。

format:字符型,可选项,表示输出数据源的格式。常见格式有'delta''parquet''orc''json''csv'等。

schema:字符型,StructType,可选项。如果没有输入模式,Spark 会尝试自动推断模式。该模式可以是 Spark StructType。

index_col:字符型或字符型列表,可选项,默认值为 None。表示 Spark 中表的索引列。

** options:字典类型,其他选项直接传递到 Spark 的数据源。

举例:假设有一个存储在 HDFS 上的 CSV 文件,名为 'hdfs:///data/sample.csv',包含三列:id(整型)、name(字符串)和 age(整型)。

```
from pyspark.pandas import read_spark_io
from pyspark.sql.types import StructType, StructField, IntegerType, StringType
# 定义 schema
schema = StructType([
   StructField("id", IntegerType()),
   StructField("name", StringType()),
   StructField("age", IntegerType())
])
# 读取 CSV 文件,并指定 schema
df = read_spark_io(path = "hdfs:///data/sample.csv", format = "csv", schema = schema)
# 显示数据帧的前几行
print(df.head())
```

在这个例子中，使用 StructType 和 StructField 来定义数据的 schema，确保 id 和 age 被解释为整数，name 被解释为字符串。这样做的好处是可以显式地控制数据读取过程中的数据类型转换，避免了自动类型推断可能导致的错误。这在处理具有复杂或不规则数据结构的大型数据集时尤其重要。

3. read_sql

- 函数：pyspark. pandas. read_sql(sql, con, index_col=None, columns=None, ** options)。
- 功能：该函数执行 SQL 查询，并将结果作为 PySpark Pandas DataFrame 返回。它允许用户使用 SQL 查询直接从数据库中检索数据，这对于进行复杂数据分析和处理尤其有用。
- 返回值：pyspark. pandas. frame. DataFrame。

参数含义如表 8-3 所示。

表 8-3 参数含义

参数名称	参数含义	参数名称	参数含义
sql	查询语句，也可以是表名，表示查询该表的所有数据	con	JDBC 的链接地址，类似 jdbc:mysql://IP:port//db
index_col	字符串或字符串列表，可选，默认值为 None。表示要设置为索引的列(MultiIndex)	columns	列表类型，默认值为 None。表示从 SQL 表中选择的列名列表
options	字典类型，表示其他选项直接传入 Spark 的 JDBC 数据源		

举例：假设想要从 MySQL 数据库中查询员工数据。以下是如何使用 read_sql 函数实现这一点的示例代码：

```
from pyspark.pandas import read_sql
# SQL 查询
sql_query = "SELECT * FROM employees"
# 数据库连接字符串，格式为：'dialect + driver://username:password@host:port/database'
connection_str = "mysql + pymysql://user:password@localhost:3306/mydatabase"
# 使用 read_sql 读取数据
df = read_sql(sql = sql_query, con = connection_str)
# 显示数据帧的前几行
print(df.head())
```

在这个示例中，它提供了一个 SQL 查询字符串和一个数据库连接字符串来连接 MySQL 数据库。read_sql 函数执行 SQL 查询并将结果作为 PySpark Pandas DataFrame 返回，我们可以像处理普通 Pandas DataFrame 那样处理这个 DataFrame。

请注意，在实际应用中，需要确保提供的连接字符串与我们的数据库配置相匹配，并且安装了必要的数据库驱动(例如 pymysql 对于 MySQL)。同时，我们的 Spark 环境需要正确配置以支持这种操作。

4. 读 CSV 文件

➢ 函数：read_csv(path，sep=','，header='infer'，names=None，index_col=None，usecols=None，squeeze=False，dtype=None，nrows=None，parse_dates=False，encoding=None，** options)。

➢ 功能：该函数读取 CSV 文件,并将其内容转换为 PySpark Pandas DataFrame 或 Series。

➢ 返回值：根据 squeeze 参数的设置,函数返回一个 pyspark. pandas. frame. DataFrame 或 Series 对象。

参数含义如表 8-4 所示。

表 8-4 参数含义

参数名称	参数含义	参数名称	参数含义
path	需要读取的 CSV 文件的路径	sep	用作字段分隔符的字符,默认为","
header	如果文件中有列名行,'infer'会自动检测,也可指定行号或 None	names	结果 DataFrame 的列名列表,若文件中不包含列名则需指定
index_col	用作行索引的列编号或列名,默认为 None	usecols	指定返回的列的子集,由列名或列号组成的列表指定
squeeze	如果解析的数据只包含一列,则返回一个 Series,默认为 False	dtype	指定每列的数据类型,默认为 None
nrows	指定需要读取的行数,默认为 None	parse_dates	尝试将数据解析为日期类型,默认为 False
encoding	用于解码文件的编码,默认为 None	** options	允许传递其他 pandas. read_csv 支持的参数

举例：有一个名为 'car_2023_2019. csv '文件,其中包含了车辆销售基本信息,将其读取为 DataFrame。

```
import pyspark.pandas as ps
ps_df = ps.read_csv("file:///tmp/spark/data/car_2023_2019.csv", header = "infer", encoding =
"utf-8")
ps_df.head(2)
```

输出结果：

```
        厂商        时间        销量(辆)      在售厂商份额      在售厂商排名
   0    比亚迪   2023-12-01   281556        11.93%    1
   1    比亚迪   2023-11-01   250115        12.04%    1
```

在这个示例中,通过指定文件路径、分隔符、头行位置等参数,从 'data. csv' 文件中读取数据。返回的 df 是一个 PySpark Pandas DataFrame,可以像处理普通 Pandas DataFrame 那样处理它。

5. 读写 json 文件

➢ 函数：pyspark. pandas. read_json(path：str，lines：bool=True，index_col：

Union[str, List[str], None] = None, ** options: Any) → pyspark. pandas. frame. DataFrame。

➢ 功能：pandas DataFrame 转换成 pandas-on-Spark DataFrame。只有在产生的 pandas DataFrame 预计较小的情况下才可以使用这个方法，因为所有的数据都被加载到驱动的内存中。

➢ 返回值：pyspark. pandas. frame. DataFrame。

➢ 参数说明

path (str)：要读取的 JSON 文件的路径。

lines (bool，默认为 True)：如果设置为 True，则每一行文件被视为一个 JSON 对象；如果设置为 False，则整个文件被视为一个 JSON 对象。

index_col (Union[str, List[str], None]，可选)：用于指定 DataFrame 的索引列。可以是列名的字符串或字符串列表，如果不设置，则不使用索引列。

options (Any，可选)：提供额外的选项来定制读取操作。这些选项依赖于 PySpark 的版本和具体实现。

举例：

```
import pyspark.pandas as ps

# 读取 JSON 文件
df = ps.read_json("example.json", lines = True)
# 显示 DataFrame
print(df)
```

输出结果：

```
age  name
0  30  Alice
1  25  Bob
```

8.2.2 常用属性

Pandas on Spark DataFrame 对象具有许多属性，用于描述和访问数据的特征和结构。这些属性提供了有关 DataFrame、Series 的信息，如列标签、行索引、数据类型等。通用的属性及功能如表 8-5 所示。

表 8-5 通用的属性及功能描述

属　性	功能描述
index	DataFrame 的索引(行标签)列
columns	DataFrame 的列标签
empty	如果当前 DataFrame 为空，则返回 True
dtypes	返回 DataFrame 每列的数据类型
shape	返回一个表示 DataFrame 维度的元组
ndim	返回一个表示数组维数的数值

续表

属　性	功 能 描 述
size	元素数
values	返回 DataFrame 中的所有值(不包括索引和列标签),以二维数组的形式表示

举例:

```
import pyspark.pandas as ps
# 创建一个示例 DataFrame
data = {'Name': ['Alice', 'Bob', 'Charlie'],
    'Age': [25, 30, 35],
    'City': ['New York', 'London', 'Paris']}
df = ps.DataFrame(data)
# 示例属性的使用
print("列标签:", df.columns)
print("行索引:", df.index)
print("数据类型:", df.dtypes)
# 示例底层数据的使用
array_data = df.values
print("底层数据:", array_data)
# 修改底层数据
array_data[0][0] = 'Dave'
print("修改后的底层数据:", array_data)
# 查看 DataFrame
print("修改后的 DataFrame:")
print(df)
```

8.2.3　索引

索引是用于唯一标识和访问 Pandas on Spark DataFrame 中的数据的方法。索引可以是整数、标签或时间戳,它们用于标识行和列。索引在 Pandas 中非常重要,通过它可以实现按需访问数据、进行数据切片和过滤操作。此外,还可以通过 loc、iloc 方法操作索引。

1. 索引的使用

(1) 列索引:可以使用列名称来选择特定的列或一组列。

```
import pyspark pandas as ps
data = {'姓名': ['张三', '李四', '王五'],
    '年龄': [25, 30, 35],
    '城市': ['北京', '上海', '广州']}
df = ps.DataFrame(data)

# 选择单列
column = df['姓名']
print(column)

# 选择多列
subset = df[['姓名', '年龄']]
print(subset)
```

(2) 行索引。使用.loc[]和.iloc[]来按照标签或位置索引选择特定的行。

```
df = pd.DataFrame(data, index=['A', 'B', 'C'])

# 按标签索引选择单行
row = df.loc['B']
print(row)
# 按位置索引选择多行
subset = df.iloc[1:3]
print(subset)
```

(3) 元素索引:可以使用.loc[]或.at[]来按照行和列的标签索引选择单个元素。

```
df = pd.DataFrame(data, index=['A', 'B', 'C'])
# 按标签索引选择单个元素
value = df.loc['B', '年龄']
print(value)

# 按标签索引选择单个元素(更快的方式)
value = df.at['B', '年龄']
print(value)
```

(4) 切片索引:可以使用.loc[]和.iloc[]进行切片索引,选择特定范围的行和列。

```
df = pd.DataFrame(data, index=['A', 'B', 'C'])
# 按位置索引切片选择多行
subset = df.iloc[1:3, :]
print(subset)

# 按标签索引切片选择多列
subset = df.loc[:, '年龄':'城市']
print(subset)
```

2. 索引的修改

1) set_index

➢ 函数:DataFrame.set_index(keys, drop=True, append=False, inplace=False)。

➢ 功能:使用一个或多个现有数据设置数据帧索引(行标签)列或数组(长度正确)。索引可以替换现有索引或对其进行扩展。

➢ 参数说明

keys:要设置为索引的列。可以是列的名称、列的序列或列的组合。

drop:布尔值,默认为True。如果为True,则在设置列为索引后从DataFrame中删除该列。如果为False,则保留列。

append:布尔值,默认为False。如果为True,则将新索引添加到现有索引上,而不是替换它。

inplace:布尔值,默认为False。如果为True,则在原地修改DataFrame(不创建新的对象)。

举例：

```
import pyspark.pandas as ps

index = ['Firefox', 'Chrome', 'Safari', 'IE10', 'Konqueror']
df = pd.DataFrame({
    'http_status': [200, 200, 404, 404, 301],
    'response_time': [0.04, 0.02, 0.07, 0.08, 1.0],
    'browser_years': [2002, 2008, 2003, 1995, 2000]},
    index = index,
    columns = ['http_status', 'response_time', 'browser_years'])
print("原始 DataFrame:")
print(df)
# 使用 'browser_years' 列设置为索引
set_df = df.set_index('browser_years')
print("\n 重置索引后的 DataFrame:")
print(set_df)
```

输出结果：
原始 DataFrame：

```
             http_status  response_time  Browser_Year
  Firefox        200          0.04          2002
  Chrome         200          0.02          2008
  Safari         404          0.07          2003
  IE10           404          0.08          1995
  Konqueror      301          1.00          2000
```

重置索引后的 DataFrame：

```
             http_status    response_time
browser_years
2002             200            0.04
2008             200            0.02
2003             404            0.07
1995             404            0.08
2000             301            1.00
```

在上述示例中，通过使用 set_index()方法，并指定将'browser_years'列作为索引列，创建了一个新的 DataFrame set_df。新的 DataFrame 的索引现在是'browser_years'列的值，而原始 DataFrame 的其他列保留在新 DataFrame 中。

此外，set_index()方法还可以接收多个列标签作为参数，以将多个列设置为索引。

```
# 将 "姓名" 和 "城市" 列设置为索引
setindexs_df = df.set_index(['browser_years', 'http_status'])
print(setindexs_df)
```

输出结果：

```
                  response_time
browser_years  http_status
```

```
2002        200        0.04
2008        200        0.02
2003        404        0.07
1995        404        0.08
2000        301        1.0
```

通过使用 set_index()方法，并传递包含'browser_years'和'http_status'列名的列表，创建了一个新的 DataFrame new_df。新 DataFrame 的索引由这两列的值组成，而原始 DataFrame 的其他列则保留在新 DataFrame 中。

2）reset_index

- 函数：reset_index(level=None, drop=False, name=None, inplace=False)。
- 功能：重置 pyspark. pandas DataFrame 或 Series 的索引。如果 DataFrame 或 Series 有多重索引(MultiIndex)，可以选择重置特定层级的索引。重置索引会将索引转换为普通的列(除非指定 drop=True 来删除它们)，并为 DataFrame 或 Series 创建一个默认的整数索引。
- 返回值：如果 inplace=False(默认)，此函数返回一个新的 DataFrame 或 Series，其中索引已经被重置。原始对象不会被修改。如果 inplace=True，则原地修改对象，不返回任何内容(None)。
- 参数说明

level (默认 None)：指定要重置的索引层级。可以是层级的标签名、层级的位置编号或它们的序列。如果为 None，则重置所有层级的索引。

drop (bool, 默认 False)：如果为 True，则在重置索引时不将旧索引添加为列；如果为 False，则将旧索引作为列添加到 DataFrame 或 Series 中。

name (默认 None)：用于结果索引的名称。这个参数通常用于 Series，如果重置 Series 的索引并希望给新的索引指定一个名字。对于 DataFrame，此参数不常用。

inplace (bool, 默认 False)：如果为 True，则原地修改 DataFrame 或 Series，不返回新的对象；如果为 False，则返回一个新的对象，原始对象不变。

举例：

```
# 将索引重置为默认的整数索引
resetindex_df = df.reset_index()
print("\n重置索引后的 DataFrame:")
```

输出结果：

```
重置索引后的 DataFrame:
   index      http_status  response_time  browser_years
0  Firefox        200          0.04          2002
1  Chrome         200          0.02          2008
2  Safari         404          0.07          2003
3  IE10           404          0.08          1995
4  Konqueror      301          1.00          2000
```

在上述示例中，通过使用 reset_index()方法，重置了 DataFrame 的索引，并创建了一个新的 DataFrame resetindex_df。新的 DataFrame 中包含一个名为"index"的列，其中存储了原始 DataFrame 中的索引值。

3）reindex

- 函数：DataFrame.reindex(labels=None，index=None，columns=None，axis=None，copy=True，fill_value=None)。
- 功能：调整 Spark DataFrame 的行索引和列索引。
- 返回值：ps DataFrame。
- 参数说明

labels：用于重新索引的新标签列表。如果指定，这些标签将用于指定的轴。

index：新的行标签。与 labels 参数的作用相同，但仅适用于行。

columns：新的列标签。与 labels 参数的作用相同，但仅适用于列。

axis：指定应用重新索引的轴。可以是轴的编号或名称(0 或'index'表示行，1 或'columns'表示列)。

copy：是否复制数据。默认为 True，表示总是复制数据。如果为 False，则在新索引与旧索引相同时不进行复制。

fill_value：用于填充在重新索引过程中出现的缺失数据的值。

举例：

在金融领域，例如处理大量股票交易数据时，可能需要将不同来源的数据对齐到统一的时间索引上。假设有两个大型股票价格数据集，每个数据集由不同的交易所提供，因此时间索引可能不完全匹配。使用 Pandas on Spark 的 reindex 方法，可以将一个数据集的时间索引对齐到另一个数据集的时间索引，从而在相同的时间点上进行数据分析和比较。

```
import pyspark.pandas as ps

# 假设 spark_df_a 和 spark_df_b 为两个含有股票价格的 Spark DataFrame,且具有不同的时间索引
spark_df_a = ps.DataFrame({'Price': [100, 101, 102, 103, 104]},
                  index = pd.date_range('2023 - 01 - 01', periods = 5, freq = 'D'))
spark_df_b = ps.DataFrame({'Price': [110, 111, 112, 113, 114]},
                  index = pd.date_range('2023 - 01 - 02', periods = 5, freq = 'D'))
# 使用 reindex 将 spark_df_b 的索引对齐到 spark_df_a 的索引
spark_df_b_aligned = spark_df_b.reindex(spark_df_a.index, fill_value = 0)
# 显示结果
spark_df_b_aligned.head()
```

输出结果：

```
同时重新索引行和列后的 DataFrame:
        http_status  browser_years  response_time
Chrome      200          2008           0.02
Firefox     200          2002           0.04
Safari      404          2003           0.07
IE10        404          1995           0.08
Opera       NaN          NaN            NaN
```

在这个例子中，如果 spark_df_b 在某一天没有数据，则使用 fill_value=0 来填充这一天的价格。这种方法在金融数据分析中尤其有用，因为它允许分析师在相同的时间框架内比较不同数据集。

请注意，reindex()方法用于重新索引 DataFrame 的行和列，而 set_index()方法用于设置 DataFrame 的索引。两者的区别如表 8-6 所示。

表 8-6 reindex 与 set_index 方法的区别

不同点	reindex()	set_index()
功能	重新索引(重新排序)DataFrame 的行和/或列，返回一个新的 DataFrame	将指定的列设置为索引，返回一个新的 DataFrame
返回结果	索引值和列标签都会根据指定的索引值进行重新排列，而原始 DataFrame 不会被修改	会将指定的列设置为索引，并将该列从原始 DataFrame 中移除
参数	包括索引、列标签、填充缺失值的方法等。它可以用于只重新索引行、只重新索引列或同时重新索引行和列	设置为索引的列名或列名的列表

3. 条件筛选

针对具有多重索引的 DataFrame 进行数据筛选时，首先通过 reset_index 将索引转换为一个普通列，这样就可以使用普通的条件表达式进行筛选了。筛选完成后，如果需要，可以通过 set_index 将列再次转换为索引。

举例：

```
import pyspark.pandas as ps

# 创建一个具有多重索引的 pyspark.pandas DataFrame
df = ps.DataFrame({
    'A': [1, 2, 3, 4],
    'B': [10, 20, 30, 40],
    'C': [100, 200, 300, 400]
}).set_index(['A', 'B']) # 将 'A' 和 'B' 设置为多重索引
# 将多重索引中的索引 'A' 转换为列(这里我们保留 'B' 作为索引)
df = df.reset_index(level = 'A')
# 基于转换后的列 'A' 进行筛选
filtered_df = df[df['A'] > 2]
# 如果需要,可以再将 'A' 添加回索引(假设想保留多重索引结构)
filtered_df = filtered_df.set_index('A', append = True)
# 显示筛选后的数据
print(filtered_df)
```

输出结果：

```
      C
B  A
30 3  300
40 4  400
```

8.2.4 常用方法

Series 和 DataFrame 是两种常用的数据结构。它们都有一些共同的常用方法。

1. 基本信息和概览

head()：查看前几行数据，默认显示前 5 行。

tail()：查看后几行数据，默认显示后 5 行。

info()：显示数据的基本信息，包括列名、数据类型、非空值数量等。

describe()：显示数据的统计摘要，包括计数、均值、标准差等统计信息。

2. 缺失值处理

数据缺失值处理是数据预处理的一个重要步骤，它涉及识别和处理数据中的缺失值。缺失值是指数据集中某些观测或变量的值缺失或未记录的情况。处理数据缺失值的目标是提高数据的完整性和准确性，以确保后续分析和建模的可靠性。在 PySpark 环境下，处理缺失值常用的方法包括 DataFrame. dropna、DataFrame. replace、DataFrame. fillna，interpolate 方法。

1）isnull

➢ 函数：DataFrame. isnull()。
➢ 功能：检查 DataFrame 中的列值是否为 null。
➢ 返回值：pyspark. pandas. frame. DataFrame，其元素为布尔值，对应于原 DataFrame 中的值是否为 null。
➢ 参数说明：无。

2）fillna

➢ 函数：DataFrame. fillna(value=None，method=None，axis=None，inplace=False，limit=None)。
➢ 功能：用于将 DataFrame 中的 null 值替换为指定值。
➢ 参数说明

value：用于填充缺失值的标量值或字典。字典可以指定列名到填充值的映射。

method：填充方法，可以是'ffill'或'bfill'。'ffill'表示使用前一个非缺失值来填充，'bfill'表示使用后一个非缺失值来填充。如果提供了 value，则忽略此参数。

axis：指定填充的轴方向。在 pyspark. pandas 中，默认为 None，通常填充操作是按列进行的。

inplace：布尔值，指定是否在原地修改 DataFrame。如果为 True，则原 DataFrame 会被直接修改，而不返回新的 DataFrame。

limit：限制填充的数量。

➢ 返回值：如果 inplace=True，则不返回任何内容(None)。否则，返回一个新的 DataFrame，其中已经填充了缺失值。

3）replace

➢ 函数：DataFrame. replace(to_replace=None，value=None，inplace=False，limit=None，regex=False，method='pad')。

➢ 功能：替换 DataFrame 中的值。

➢ 参数说明

to_replace：要替换的值，可以是单个值、列表、元组、字典或 None。

value：新的值或一组新的值。当 to_replace 是字典时，value 应该为 None。

inplace：布尔值，默认为 False。如果为 True，直接在原 DataFrame 上修改而不创建新的 DataFrame。

limit：可选的整数，指定要替换的最大数量。

regex：布尔值，默认为 False。指定 to_replace 是否应该被解释为正则表达式。

method：替换方法，默认为'pad'，在 pyspark. pandas 中可能不适用，此参数主要在 Pandas 中使用，用于指定插值方法。

➢ 返回值：如果 inplace=True，则返回 None；否则返回一个新的 DataFrame，其中指定的值已被替换。

4）dropna

➢ 函数：DataFrame. dropna(axis=0, how='any', thresh=None, subset=None, inplace=False)。

➢ 功能：此方法用于删除由于含有缺失值(NA/null)而需要被排除的行或列。

➢ 参数说明

axis：指定操作的轴。默认为 0，意味着删除含有缺失值的行。如果设置为 1 或 'columns'，则删除含有缺失值的列。

how：指定行或列被删除的条件。默认为'any'，意味着只要行或列中有任何 NA 值就删除。如果设置为'all'，则只有当行或列中所有值都是 NA 时才删除。

thresh：需要有多少非 NA 值才不被删除。例如，thresh=3 意味着行或列中至少需要有 3 个非 NA 值才会被保留。

subset：对于 axis=0 的情况，可以通过 subset 指定只考虑某些列的缺失值。对于 axis=1 的情况，可以指定只考虑某些行的缺失值。

inplace：布尔值，默认为 False。指定是否在原地修改 DataFrame。如果为 True，原 DataFrame 会被修改，且方法不返回任何值。

➢ 返回值：如果 inplace=True，则不返回任何内容(None)。否则，返回一个新的 DataFrame，其中已经删除了指定的含有缺失值的行或列。

举例：假设有以下 DataFrame df，如表 8-7 所示，它包含一些缺失值。

表 8-7 成绩表

id	name	age	score
1	Alice	30	85.0
2	Bob	null	90.0
3	null	22	null
4	Daniel	28	92.0
5	Eve	null	88.0

id：唯一标识符，代表每条记录的 ID。

name：人名，字符串类型。

age：人的年龄，整数类型。在这个示例中，某些记录的年龄是缺失的(表示为 None)。

score：分数，浮点类型。这可以代表某种评分或成绩，同样，某些记录可能缺失。

```
import pyspark.pandas as ps

# 示例数据
data = {
  'id': [1, 2, 3, 4, 5],
  'name': ['Alice', 'Bob', None, 'Daniel', 'Eve'],
  'age': [30, None, 22, 28, None],
  'score': [85.0, 90.0, None, 92.0, 88.0]
}

# 创建 DataFrame
df = ps.DataFrame(data)
# 检查缺失值
df_isnull = df.isnull()
# 计算 score 列的平均值,忽略 None
mean_score = df['score'].dropna().mean()

# 替换操作:为 name 列中的 None 填充'Unknown',score 列中的 None 填充为平均分数
# 使用 fillna 替代 replace 进行替换操作
df['name'] = df['name'].fillna('Unknown')
df['score'] = df['score'].fillna(mean_score)

# 删除操作:删除包含任何 None 的行,但要求至少有 2 个非缺失值
df_dropped = df.dropna(thresh=2, subset=['name', 'age', 'score'])

# 填充缺失值:填充 age 列的缺失值为 25,score 列的缺失值为平均分数
df_filled = df.fillna(value={'age': 25, 'score': mean_score})

# 打印结果以验证操作
print("Is Null DataFrame:")
print(df_isnull)
print("\nReplaced DataFrame:")
print(df)
print("\nDropped DataFrame:")
print(df_dropped)
print("\nFilled DataFrame:")
print(df_filled)
```

输出结果：

```
Is Null DataFrame:
   id     name   age    score
0  False  False  False  False
1  False  False  True   False
2  False  True   False  True
3  False  False  False  False
4  False  False  True   False
```

```
Replaced DataFrame:
   id    name     age    score
0  1     Alice    30.0   85.00
1  2     Bob      NaN    90.00
2  3     Unknown  22.0   88.75
3  4     Daniel   28.0   92.00
4  5     Eve      NaN    88.00

Dropped DataFrame:
   id    name     age    score
0  1     Alice    30.0   85.00
1  2     Bob      NaN    90.00
2  3     Unknown  22.0   88.75
3  4     Daniel   28.0   92.00
4  5     Eve      NaN    88.00

Filled DataFrame:
   id    name     age    score
0  1     Alice    30.0   85.00
1  2     Bob      25.0   90.00
2  3     Unknown  22.0   88.75
3  4     Daniel   28.0   92.00
4  5     Eve      25.0   88.00
```

3. 异常值处理

对于在PySpark中使用统计原理进行异常值检测的需求，常常考虑两种常用的方法：Z-score和IQR(四分位距)。

1）使用Z-score进行异常值检测

Z-score(标准分数)是衡量一个数值相对于平均数的标准差数量。数值的Z-score表示该数值离开平均数多少个标准差。一般来说，如果一个数值的Z-score绝对值大于2或3(取决于应用)，则可以认为该数值是一个异常值。

举例：20个数据点的简化空气质量数据集，其中包括2个异常值。这些数据代表了PM2.5、PM10和SO_2的浓度值，用于空气质量异常检测。

```
import pyspark.pandas as ps
outliers_df = ps.read_csv("file:///tmp/spark/data/outliers.txt",header = "infer",sep = "\t")
# 计算均值和标准差
mean_value = df['value'].mean()
stddev_value = df['value'].std()
# 计算每个值的 Z - score 并添加为新列
df['z_score'] = (df['value'] - mean_value) / stddev_value
# 标记绝对值大于 3 的 Z - score 为异常值
outliers = df[df['z_score'].abs() > 3]
```

输出结果：

```
      PM2.5      PM10        SO2         z_score
0   64.65551   82.855873   17.655423   3.088095
```

2）使用 IQR 进行异常值检测

IQR(Interquartile Range,四分位距)是第三四分位数(Q3)与第一四分位数(Q1)的差值。IQR 用于构建异常值的检测边界,一般来说,低于 Q1－1.5＊IQR 或高于 Q3＋1.5＊IQR 的值被认为是异常值。

举例：

```
# 计算 Q1 和 Q3
q1 = df['value'].quantile(0.25)
q3 = df['value'].quantile(0.75)
# 计算 IQR 以及异常值边界
iqr = q3 - q1
lower_bound = q1 - 1.5 * iqr
upper_bound = q3 + 1.5 * iqr
# 标记低于下界或高于上界的值为异常值
outliers_iqr = df[(df['value'] < lower_bound) | (df['value'] > upper_bound)]
```

输出结果：

```
   PM2.5       PM10        SO2         z_score
0  64.655510   82.855873   17.655423   3.088095
2  58.955529   85.866232   17.516950   2.533485
```

4. 重复值处理

1）duplicated

- 函数：DataFrame.duplicated(subset＝None，keep＝'first')。
- 功能：该方法检测 DataFrame 中的重复行。
- 返回值：返回一个布尔型的 Series,其长度与 DataFrame 的行数相同。对于每一行,如果该行被标记为重复,则对应的值为 True；否则为 False。
- 参数说明

subset：可选参数,接收列名的单个标签或列名的列表/元组。只有指定的列会被用来判断重复。如果未指定,则使用所有列来判断重复。

keep：指定如何标记重复项。可接收的值有'first'(默认)：标记除第一次出现之外的所有重复为 True；'last'标记除最后一次出现之外的所有重复为 True；False 标记所有重复项为 True,不管它们出现的位置。

举例：

```
import pyspark.pandas as ps
# 创建 Pandas API on Spark DataFrame
data = {'Name': ['Alice', 'Bob', 'Alice', 'Carol', 'Bob'],
    'ID': [1, 2, 1, 3, 2]}
df = ps.DataFrame(data)
# 使用默认参数
duplicates = df.duplicated()
print(duplicates)
```

输出结果：

```
0    False
2    True
1    False
4    True
3    False
dtype: bool
```

2) drop_duplicates

➢ 函数：DataFrame.drop_duplicates(subset=None, keep='first', inplace=False, ignore_index=False)。

➢ 功能：该方法删除 DataFrame 中的重复行。

➢ 返回值：默认情况下，返回一个新的 DataFrame，其中删除了重复的行。如果 inplace=True，则直接在原 DataFrame 上删除重复行，返回 None。

➢ 参数说明

subset：可选，列名的列表或元组。如果指定，仅考虑这些列来判断重复。如果未指定，使用所有列来判断重复。

keep：指定在发现重复项时如何处理。'first'(默认)：保留第一次出现的行，删除其他重复的行。'last'：保留最后一次出现的行，删除其他重复的行。False：删除所有重复的行。

inplace：布尔值，默认为 False。如果为 True，则在原地修改 DataFrame，不返回任何值。

ignore_index：布尔值，默认为 False。如果为 True，则在返回的 DataFrame 中重置索引。

举例：

```
# 删除重复行,保留第一次出现的行
df_cleaned = df.drop_duplicates()
print(df_cleaned)
```

输出结果：

```
Name  ID
0  Alice  1
1  Bob   2
3  Carol  3
```

调用 drop_duplicates()后的 df_cleaned 将不再包含重复的行。例如，如果'Alice'和'1'的组合以及'Bob'和'2'的组合出现了两次，那么只有第一次出现的行会被保留。

5. 数据类型转换

1) astype

➢ 函数：astype(dtype)。

➢ 功能：转换列的数据类型，如将字符串转换为数值类型。

➢ 参数说明

dtype：指定要转换为的数据类型。可以是 Python 内置类型（如 int、float、str 等）、NumPy 数据类型，或者是字典。如果是字典，则键为列名，值为相应的目标数据类型。

举例：

假设有一个 DataFrame，其中包含数值和字符串类型的列，现在将字符串类型的列转换为浮点数类型：

```
# 示例数据
data = {
    'A': [1, 2, 3],
    'B': ['4', '5', '6']
}
df = ps.DataFrame(data)
# 将所有列转换为浮点数类型
df = df.astype(float)
# 展示转换后的 DataFrame
print(df)
```

输出结果：

```
A  B
0  1.0  4.0
1  2.0  5.0
2  3.0  6.0
```

2）to_datetime

➢ 函数：pyspark. pandas. to_datetime(arg，errors = 'raise'，format= None，unit= None，infer_datetime_format = False，origin = 'unix')。

➢ 功能：将输入参数（可以是单个日期时间字符串、列表、序列、DataFrame 或 Series）转换为标准的 datetime 类型。

➢ 参数说明

arg：要转换的数据。可以是单个日期时间字符串、日期时间字符串的列表、序列、DataFrame 或 Series。

errors：错误处理策略。默认值为 'raise'，意味着如果有任何错误就抛出异常。其他选项包括'ignore'（忽略错误，返回原数据）和 'coerce'（将错误视为 NaT）。

format：用于解析日期的特定格式字符串。如果没有指定，则尝试自动推断格式。

unit：时间戳的单位。这个参数通常与数值型的时间戳数据一起使用。

infer_datetime_format：如果设置为 True，则会尝试自动推断字符串格式。这可以加快转换速度，但在格式不规范时可能会导致错误的解析。

举例：假设有一个 DataFrame df，其中包含以下列。

年：日期的年份。

月：日期的月份。

日：日期的日子。

要求创建一个新列日期，将这些单独的列组合成一个 datetime 对象。

```
# 示例数据
data = {
    'year': [2020, 2021],
    'month': [1, 5],
    'day': [15, 25]
}
# 创建 DataFrame
df = ps.DataFrame(data)
# 将年、月、日列合并成日期列
df['日期'] = ps.to_datetime(df[['year', 'month', 'day']])
# 展示 DataFrame
print(df)
```

输出结果：

```
   year  month  day       日期
0  2020  1      15     2020-01-15
1  2021  5      25     2021-05-25
```

代码中首先创建了一个包含 year、month 和 day 列的示例 DataFrame df。接着，使用 ps.to_datetime 函数，并以包含这些列的 DataFrame 作为参数，创建了一个新的 datetime 类型列日期。最后，打印出 DataFrame 来查看结果。

3）to_numiric

➢ 函数：to_numeric(arg，errors='raise')。

➢ 功能：尝试将字符串或数字的列表、序列、DataFrame 或 Series 中的元素转换为数值型数据(如整数或浮点数)。

➢ 参数说明

arg：要转换的数据。可以是列表、序列、DataFrame 或 Series 中的元素。

errors：错误处理策略。默认值为'raise'，意味着如果有任何转换错误就抛出异常。其他选项包括 'ignore'(忽略错误并返回原数据)和 'coerce'(无法转换的值会被设置为 NaN)。

举例：

假设现有一个包含数字和非数字字符串的 Pandas on Spark Series，将其转换为数值类型：

```
# 示例数据
data = ["1", "2", "three", "4.5", "5"]
# 创建 Series
series = ps.Series(data)
# 将 Series 转换为数值类型
numeric_series = ps.to_numeric(series, errors = 'coerce')
# 展示结果
print(numeric_series)
```

输出结果：

```
0  1.0
1  2.0
2  NaN
3  4.5
4  5.0
dtype: float32
```

4）频率编码

频率编码是一种处理分类变量的技术，它通过将每个类别值替换为该类别在数据集中出现的频率来实现。这种方法可以帮助机器学习模型更好地理解和利用类别数据的分布特征，尤其是当某些类别值出现得非常频繁，而另一些则相对稀少时。

举例：

```
import pyspark.pandas as ps
# 示例数据
data = { 'Category': ['A', 'B', 'A', 'C', 'B', 'A', 'D', 'D']}
psd = ps.DataFrame(data)
# 计算每个类别的出现频率
freq_encoding = psd['Category'].value_counts(normalize = True)
# 映射频率到原始 DataFrame
#psd['Freq_Encoding'] = psd['Category'].map(freq_encoding)
# 映射频率到原始 DataFrame
psd['Freq_Encoding'] = psd['Category'].replace(freq_encoding.to_dict())
print(psd)
```

输出结果：

```
  Category  Freq_Encoding
0    A       0.375
1    B       0.25
2    A       0.375
3    C       0.125
4    B       0.25
5    A       0.375
6    D       0.25
7    D       0.25
```

5）独热编码(One-Hot Encoding)

➢ 函数：pyspark.pandas.get_dummies(data, prefix= None, prefix_sep='_', dummy_na=False, columns=None, sparse=False, drop_first=False, dtype=None)。

➢ 功能：将分类数据(通常是字符串类型或分类类型的列)转换为数值型的虚拟变量，但会增加数据集的维度。

➢ 重要参数说明

data：要转换的 DataFrame 或 Series。

prefix：要添加到虚拟变量列名前的字符串或字符串列表。如果是字典，则为每列指定不同的前缀。

prefix_sep：前缀与列名之间的分隔符，默认为 '_'。

dummy_na：布尔值，表示是否为 NaN 值添加一列。如果为 True，则 NaN 也会被视为一个类别。

columns：指定要转换的列名。如果为 None，则转换所有对象类型和分类类型的列。

sparse：布尔值，表示虚拟变量是否应该是稀疏的。在 Pandas on Spark 中，这可能不会影响实际的存储方式，因为它依赖于 Spark 的实现。

drop_first：布尔值，表示是否删除每个类别的第一个级别，以避免多重共线性。

dtype：虚拟变量的数据类型。

➢ 返回值：返回一个新的 DataFrame，其中包含转换后的虚拟变量列。

举例：假设在新媒体数据分析中，有一份包含不同社交媒体平台的帖子数据，现在想要根据平台类型将数据转换为虚拟变量。

```
import pyspark.pandas as ps
# 示例数据
data = {
    "platform": ["Twitter", "Facebook", "Instagram", "Twitter", "Instagram"],
    "likes": [100, 150, 200, 90, 120]
}
df = ps.DataFrame(data)
# 将 'platform' 列转换为虚拟变量
dummies_df = ps.get_dummies(df, columns = ["platform"],prefix = ["joy"])
# 显示结果
dummies_df
```

输出结果：

```
    likes  joy_Facebook  joy_Instagram  joy_Twitter
0   100    0             0              1
1   150    1             0              0
2   200    0             1              0
3   90     0             0              1
4   120    0             1              0
dummies_df = ps.get_dummies(df, columns = ["platform"],prefix = ["joy"],drop_first = True)
# 显示结果
dummies_df
```

输出结果：

```
    likes  joy_Instagram  joy_Twitter
0   100    0              1
1   150    0              0
2   200    1              0
3   90     0              1
4   120    1              0
```

在这个示例中，get_dummies 函数被用于将 platform 列转换为虚拟变量。每个平台类型（如 Twitter、Facebook）都被转换为一个新列，其中的值为 1 或 0，表示每行数据是否属于该平台类型。

6）标签编码（Label Encoding）

➢ 函数：Series.factorize(sort＝True，na_sentinel＝－1)。

➢ 功能：通常用于将有序的非数值类型的数据（如字符串）转换为数值。

➢ 参数说明

sort：如果设置为 True，则先对唯一值进行排序，然后再进行编码。这意味着返回的标签将根据值的排序顺序来分配。

na_sentinel：用于表示缺失值（NaN）的标签。默认值为－1，表示缺失值将被标记为－1。如果想用其他整数来表示缺失值，可以修改这个参数。

➢ 返回值：返回一个元组（labels，uniques）。

labels：一个数组，长度与原 Series 相同，包含每个原始值的标签。

uniques：包含 Series 中所有唯一值的数组或 Index 对象，这取决于 sort 参数。

举例：

```
import pyspark.pandas as ps

# 创建一个包含重复项的 Series
s = ps.Series(['apple', 'banana', 'apple', 'orange', 'banana', 'apple'])
# 使用 factorize 进行编码
labels, uniques = s.factorize()
# 输出结果
print("Labels:", labels)
print("Uniques:", uniques)
```

输出结果：

```
Labels: [0 1 0 2 1 0]
Uniques: Index(['apple', 'banana', 'orange'], dtype='object')
```

多学一招：Index.factorize 用于将 Index 对象中的值转换为代表性的数值标签。

7）值排序

➢ 函数 1：pyspark.pandas.DataFrame.sort_values 是 Pandas on Spark 中用于对数据进行排序的函数。

➢ 功能：sort_values 方法用于根据指定列的值对 DataFrame 进行排序。

➢ 参数说明

by：指定用于排序的列名。可以是列名的字符串，或者多个列名构成的列表。

axis：轴向，{0 or 'index'，1 or 'columns'}，默认为 0。目前 Pandas on Spark 只支持 axis＝0。

ascending：布尔值或布尔值的列表。True 表示升序排序，False 表示降序排序。如果 by 参数指定多列，则可以使用列表指定每列的排序方式。

inplace：布尔值，默认为 False。如果为 True，则在原地修改 DataFrame，不返回任何值。

kind：排序算法｛'quicksort'，'mergesort'，'heapsort'，'stable'｝，默认为 'quicksort'。在 Pandas on Spark 中，这个参数可能不会影响实际的排序算法，因为它依赖于 Spark 的底层实现。

na_position：｛'first'，'last'｝，默认为 'last'。指定 NaN 值的位置，如果设置为 'first'，则 NaN 值会被放在前面；如果设置为 'last'，则放在后面。

➢ 返回值：返回一个排序后的新 DataFrame。除非设置 inplace=True，否则原始 DataFrame 不会被修改。

举例：

```
import pyspark.pandas as ps
# 创建 Pandas on Spark DataFrame
data = {
    "name": ["Alice", "Bob", "Charlie"],
    "age": [24, 30, 35],
    "height": [165, 180, 175]
}
df = ps.DataFrame(data)
# 根据 'age' 列进行升序排序
sorted_df = df.sort_values(by = "age")
# 显示结果
sorted_df
```

输出结果：

```
     name    age  height
0  Alice     24    165
1  Bob       30    180
2  Charlie   35    175
```

在这个例子中，首先创建了一个简单的 Pandas on Spark DataFrame。然后，使用 sort_values 方法按照 age 列进行升序排序，并得到了一个新的 DataFrame。

函数 2：pyspark.pandas.Index.sort_values 是 Pandas on Spark 中的一个函数，它用于对索引(Index)进行排序。这个函数类似于 Pandas 中的 Index.sort_values，使我们能够根据索引值对索引进行排序。

➢ 功能：Index.sort_values 方法用于根据索引值对索引进行排序。

➢ 参数说明

ascending：布尔值，默认为 True。指定排序是升序(True)还是降序(False)。

na_position：｛'first'，'last'｝，默认为 last。控制 NaN 值在排序时的位置，'first' 将 NaN 值放在前面，'last' 将 NaN 值放在后面。

return_type：｛None，'index'，'series'｝，默认为 None。指定返回值的类型。如果是 None 或 'index'，返回排序后的索引；如果是 'series'，返回一个包含原始索引位置的 Pandas Series。

➢ 返回值：返回排序后的新索引，除非设置了 return_type='series'，在这种情况下，它会返回一个 Pandas Series，其中包含原始索引的位置。

举例：

```
import pyspark.pandas as ps
# 创建 Pandas on Spark DataFrame
data = {"value": [10, 20, 30, 40]}
index = ["b", "d", "a", "c"]
df = ps.DataFrame(data, index = index)
# 打印原始 DataFrame
print("Original DataFrame:")
print(df)
```

输出结果：

```
Original DataFrame:
  value
b    10
d    20
a    30
c    40
```

接着，使用 Index. sort_values 对索引进行排序

```
sorted_index = df.index.sort_values()

# 重置索引,将原始索引变成 DataFrame 的一个列
df_reset = df.reset_index()
# 根据排序后的索引重新排序 DataFrame
# 首先,将原始索引列映射到排序后的索引位置
index_mapping = {sorted_idx: idx for idx, sorted_idx in zip(df_reset['index'].index.to_
numpy(), sorted_index.to_numpy())}
df_reset['sorted_index'] = df_reset['index'].map(index_mapping)
# 根据映射后的索引排序 DataFrame
df_sorted = df_reset.sort_values(by = 'sorted_index').set_index('index').drop("sorted_
index",axis = 1)
# 打印排序后的 DataFrame
print("\nSorted DataFrame:")
print(df_sorted)
```

输出结果：

```
Sorted DataFrame:
      value
index
a       30
b       10
c       40
d       20
```

在这个示例中，首先创建了一个 Pandas on Spark DataFrame。接着，使用 Index. sort_values 对索引进行排序，并将排序后的索引保存在 sorted_index 中。然后，将 DataFrame 的索引重置为一个普通列，这样就可以对其进行排序操作了。

之后，创建了一个索引映射，将每个原始索引值映射到其在排序后索引中的位置。使用这个映射来添加一个新列 sorted_index，表示每行原始索引值在排序后索引中的位置。最后，根据 sorted_index 对 DataFrame 进行排序，并将原始索引列重新设置为索引。如果索引值排序符合实际需要，则直接使用索引方法，具体见索引排序。

8）索引排序

➢ 函数：sort_index(axis=0, level=None, ascending=True, inplace=False, kind=None, na_position='last', ignore_index=False)。

➢ 功能：根据 Series 的索引进行排序。

➢ 重要参数说明

ascending：布尔值，默认为 True。用于指定排序是升序(True)还是降序(False)。

inplace：布尔值，默认为 False。如果设置为 True，将会在原地修改 Series，不返回新的对象。

na_position：{'first', 'last'}，默认为'last'。控制 NaN 值在排序时的位置。'first' 将 NaN 值放在前面，'last' 将 NaN 值放在后面。

➢ 返回值：返回一个根据索引排序后的新 Series/DataFrame 对象，除非 inplace=True，在这种情况下，原 Series/DataFrame 会被修改，函数不返回任何值。

举例：

```
#基于前面已经创建的 ps.Series
df.sort_index()
```

输出结果：

```
     value
a     30
b     10
c     40
d     20
```

6. 数据合并

数据连接是数据处理中的一项基础且重要的操作，它将不同的数据集按照特定的逻辑合并。PySpark 提供了多种数据连接的方法，包括 concat、join、combine_first 和 merge，每种方法都有其特定的应用场景和特点，如表 8-8 所示。

表 8-8　连接方法对比

方　法	概　述	使 用 场 景
concat	沿特定轴连接 DataFrame 或 Series 对象	当需要简单地堆叠多个 DataFrame 时
join	根据索引或键值连接 DataFrame	当主要依据索引连接，或需要左/右/外连接时
combine_first	用第二个 DataFrame 填充第一个的缺失值	当需要合并数据且用一个 DataFrame 填补另一个的缺失数据时
merge	根据一个或多个键连接 DataFrame 的行	需要复杂的连接操作，如内连接、外连接等

1）准备数据

准备两个数据集：df1 包含汽车的基本信息，而 df2 包含汽车的销售信息。

```
# df1：汽车基本信息表
data1 = {
    'CarID': [1, 2],
    '模型': ['Model S', 'Mustang'],
    '制造商': ['特斯拉', '福特']
}
df1 = ps.DataFrame(data1)
# df2：更多汽车基本信息
data2 = {
    'CarID': [3],
    '模型': ['Civic'],
    '制造商': ['本田']
}
df2 = ps.DataFrame(data2)
# df3：汽车销售信息表
data3 = {
    'CarID': [2, 3, 1],
    '2020 销量': [95000, 120000, 80000],
    '区域': ['北方', '西方', '东方']
}
df3 = ps.DataFrame(data3)
# df4：额外汽车信息，含缺失值
data4 = {
    'CarID': [1, 2, 3],
    '座位数': [5, None, 4] # 假设 Mustang 的座位数缺失
}
df4 = ps.DataFrame(data4)
```

2）concat

➢ 函数：concat(objs, axis=0, join='outer', ignore_index=False, sort=False)。

➢ 功能：沿指定轴将两个或多个 DataFrame 或 Series 对象连接起来。

➢ 返回值：连接后的新 DataFrame 或 Series。

➢ 参数说明

objs：要连接的 DataFrame 或 Series 对象的列表。

axis：连接的轴方向，0 为纵向，1 为横向。

join：连接方式，'outer'为外连接，'inner'为内连接。

ignore_index：是否忽略原有的索引。

sort：是否按照连接轴上的索引排序。

举例：

```
df_concat = ps.concat([df1, df2], ignore_index = True)
```

输出结果：

```
     CarID    模型          制造商
0    1        Model S      特斯拉
1    2        Mustang      福特
2    3        Civic        本田
```

3) join

➤ 函数：join(right, on=None, how='left', lsuffix='', rsuffix='')。

➤ 功能：根据 DataFrame 的索引或一个或多个键将两个 DataFrame 连接起来。

➤ 返回值：连接后的新 DataFrame。

➤ 参数说明

right：要加入的右侧 DataFrame。

on：加入的键。

how：加入方式，如'left' 'right''outer' 'inner'。

lsuffix，rsuffix：重复列名的后缀处理。

举例：

```
# 假设 df1 已经将 CarID 设置为索引
df1_index = df1.set_index('CarID')
# df3 也需要调整以匹配 df1 的索引,这里仅为演示,实际操作可能需要不同的调整
df3_index = df3.set_index('CarID')
df_joined = df1.join(df3_adjusted, on = 'CarID', how = 'inner')
```

输出结果：

```
      模型       制造商   2020 销量   区域
CarID
1   Model S   特斯拉     80000     东方
2   Mustang   福特       95000     北方
```

4) combine_first

➤ 函数：combine_first(other)。

➤ 功能：使用另一个 DataFrame 填充调用 DataFrame 的缺失值。

➤ 返回值：填充后的新 DataFrame。

➤ 参数说明

other：用于填充缺失值的 DataFrame。

举例：

```
# 首先,确保 df1 有缺失值,可以通过设置 df1 的一列来模拟
ps.options.compute.ops_on_diff_frames = True
df_concat['座位数'] = None # 假设 df1 中缺失了座位数信息
df_combined = df_concat.combine_first(df4)
ps.options.compute.ops_on_diff_frames = False
```

输出结果：

```
CarID  模型        制造商    座位数
0   1  Model S     特斯拉    5.0
1   2  Mustang     福特      NaN
2   3  Civic       本田      4.0
```

5）merge

➢ 函数：merge(right，how='inner'，on=None，left_on=None，right_on=None，left_index=False，right_index=False，suffixes=('_x'，'_y'))。

➢ 功能：根据一个或多个键将两个 DataFrame 的行连接起来，类似于 SQL 的 JOIN 操作。

➢ 返回值：合并后的新 DataFrame。

➢ 参数说明

right：要合并的右侧 DataFrame。

how：合并方式，如'left''right''outer''inner'。

on：合并的键。

left_on，right_on：左、右 DataFrame 中用作键的列。

left_index，right_index：是否将左侧/右侧的索引作为连接键。

suffixes：重复列名的后缀处理。

举例：

```
df_merged = df1.merge(df3, on = 'CarID', how = 'inner')
```

输出结果：

```
CarID     模型        制造商    2020 销量    区域
0    1    Model S     特斯拉    80000        东方
1    2    Mustang     福特      95000        北方
```

7. 关联

1）corr

➢ 函数：DataFrame.corr(method='pearson'，min_periods=None)。

➢ 功能：计算 DataFrame 中列与列之间的相关性。

➢ 返回值：返回一个新的 pyspark.pandas.frame.DataFrame，其中包含相关系数矩阵。这个 DataFrame 的索引和列均为原始 DataFrame 的列名。

➢ 参数说明

method：str（默认值为 'pearson'）。指定计算相关性的方法。可用的方法包括 'pearson' 'spearman' 和 'kendall'。其中，'pearson' 计算线性相关性，'spearman' 和 'kendall' 适用于非线性和非参数关系。

min_periods：Optional[int]。指定每对观测值有效值的最小数量。如果不满足这个数量，相关性计算结果将是 NaN。

➤ 应用场景

数据分析：在探索性数据分析中，了解不同变量之间的关系和相互作用。

特征选择：在构建机器学习模型之前，识别和排除高度相关的特征，以减少多重共线性的问题。

统计研究：在统计研究中，分析和报告变量间的相关性。

举例：

假设有一个 PySpark DataFrame df，包含了几个数值型列，计算这些列之间的 Pearson 相关系数。

```
# 启用 PySpark Pandas API(如果尚未启用)
set_option("compute.ops_on_diff_frames", True)
import pyspark.pandas as ps
# 创建示例 DataFrame
data = {
    'A': [4, 2, 3, 4, 5],
    'B': [5, 4, 3, 2, 2],
    'C': [5, 3, 4, 5, 6]
}
df = ps.DataFrame(data)
# 计算相关系数
correlation_matrix = df.corr()
correlation_matrix
```

输出结果：

```
          A          B          C
A   1.000000  -0.437237   1.000000
B  -0.437237   1.000000  -0.437237
C   1.000000  -0.437237   1.000000
```

在这个例子中，将输出一个新的 DataFrame，显示列 A、B、和 C 之间的相关系数。例如，A 和 B 的相关系数将显示这两列的关联程度，以此类推。

2) corrwith

➤ 函数：DataFrame.corrwith(other, axis=0, drop=False, method='pearson')。

➤ 功能：用于计算 DataFrame 与另一个 DataFrame 或 Series 之间的列或行相关系数的函数。

➤ 返回值：返回一个 Series，其中包含与 other DataFrame 或 Series 的相关系数。

➤ 参数说明

other：用于与调用 DataFrame 进行比较的另一个 DataFrame 或 Series。

axis：指定比较的轴。如果设为 0 或'index'，则按列比较；如果设为 1 或 'columns'，则按行比较。

drop：如果设为 True，会从分析中删除任何完全由 NA/null 组成的行或列。

method：指定计算相关系数的方法。默认是 'pearson'，代表皮尔逊相关系数。其他选项包括'kendall' 和'spearman'。

举例：

假设有两个 DataFrame df1 和 df2，它们包含数值型列。可以使用 corrwith 函数来计算 df1 与 df2 之间各列的相关系数。

```
import pyspark.pandas as ps
# 创建示例 DataFrame
data1 = { 'A': [1, 2, 3, 4, 5], 'B': [5, 4, 3, 2, 1]}
df1 = ps.DataFrame(data1)
data2 = { 'A': [2, 3, 4, 5, 6], 'B': [6, 5, 4, 3, 2]}
df2 = ps.DataFrame(data2)
ps.options.compute.ops_on_diff_frames = True
# 计算 df1 与 df2 之间的相关系数
correlation_series = df1.corrwith(df2)
ps.options.compute.ops_on_diff_frames = False
correlation_series
```

输出结果：

```
B    1.0
A    1.0
dtype: float64
```

8.2.5 分组

1. 功能和使用场景

分组是数据分析中的一项基本而强大的技术，它按照一个或多个键（即列）将数据分成多个组，然后对每个组独立应用函数进行处理。这种方法在处理大型数据集时尤其有用，可用于执行诸如汇总统计、数据清洗，以及特征工程等任务。在 Pandas on Spark 环境下，groupby 是一个非常重要且强大的功能，类似于 Pandas 和 PySpark 中的 groupby，但它结合了两者的优点，允许用户在大数据集上运用 Pandas 式的语法和操作。

2. 分组后常用的方法

1）常用聚合函数

count()：计算每组的元素数量。

sum()，mean()，median()：计算数值列的总和、平均值、中位数。

max()，min()：寻找数值列的最大值、最小值。

std()，var()：计算标准差和方差，评估数据的分散程度。

nunique()：计算每组中不同值的数量。

2）转换函数

apply()：对每个组应用一个函数。

transform()：对每个组的每个元素应用一个函数。

3）过滤操作

filter()：根据布尔条件过滤组，仅保留符合条件的组。

all()：检查每个分组的所有元素是否都满足条件。

any()：检查每个分组的任意元素是否满足条件。

4) 特殊操作列表

value_counts()：计算每个组中各个值的出现次数。

rank()：对每个组的元素进行排名。

diff()：计算当前元素与前一个元素的差异。

cumsum()，cumprod()，cummax()，cummin()：计算累计和、累积积、最大值和最小值。

3. 举例

1) 同一列进行不同运算

假设有一个包含员工信息的数据集，其中包含 department(部门)和 salary(薪资)。现在要对每个部门进行分组，然后计算每个部门的平均薪资和最大薪资。

```
import pyspark.pandas as ps
# 示例数据
data = {
    "department": ["Sales", "Sales", "HR", "HR", "IT", "IT"],
    "salary": [70000, 80000, 50000, 60000, 90000, 85000]
}
# 创建 Pandas on Spark DataFrame
df = ps.DataFrame(data)
# 使用字典进行聚合
result = df.groupby("department").agg({ "salary": ["mean", "max"]})
result
# 显示结果
               salary
            mean   max
department
Sales    75000.0    80000
HR       55000.0    60000
IT       87500.0    90000
#为了访问平均薪资列,需要使用多级索引的方式
result[("salary", "mean")]
# 显示结果
department
Sales    75000.0
HR       55000.0
IT       87500.0
    Name: (salary, mean), dtype: float64
```

在这个例子中，("salary", "mean")是一个多级索引，它先定位到 salary 列，然后定位到该列的 mean 聚合结果。在 Pandas on Spark 中，多级索引的工作方式与 Pandas 非常相似。

2) 不同列使用不同的运算

假设有一个销售数据集，包含 salesperson(销售员)、sales_amount(销售额)和 num_sales(销售次数)。要对每个销售员进行分组，然后 agg 计算每个销售员的总销售额和平均销售次数。

```
import pyspark.pandas as ps
# 示例数据
data = {
    "salesperson": ["Alice", "Alice", "Bob", "Bob", "Charlie", "Charlie"],
    "sales_amount": [300, 200, 500, 400, 600, 700],
    "num_sales": [3, 2, 5, 4, 6, 7]
}
# 创建 Pandas on Spark DataFrame
df = ps.DataFrame(data)
# 使用字典进行聚合
result = df.groupby("salesperson").agg({"sales_amount": "sum", "num_sales": "mean"})
result#
# 显示结果
           sales_amount  num_sales
salesperson
Charlie       1300        6.5
Bob           900         4.5
Alice         500         2.5
```

3）分组后的复杂操作

在Pandas on Spark中使用groupby后的apply和filter方法可以执行更复杂的自定义操作。这些方法提供了对分组数据的额外控制和灵活性。

➢ 函数：groupby.GroupBy.apply.apply(func，args=()，**kwds)。

➢ 参数说明

func：要应用于DataFrame的函数。这个函数应该接收一个DataFrame的行或列(取决于axis参数的值)，并返回一个可被放回DataFrame中的值或对象。

args：传递给func的位置参数元组。

**kwds：传递给func的关键字参数。

重点说明：为了避免因为推断数据的类型影响计算的效率，自定义函数需要指明返回值的数据类型。

➢ 返回值：返回一个Series、DataFrame或Index。尤其注意，返回值中新增原来行序号构成的新列。

举例1：使用apply方法。

现有一个包含员工的部门和薪资的数据集，需要对每个部门的员工薪资进行标准化处理(即减去平均值后除以标准差)。

```
import pyspark.pandas as ps
# 示例数据
data = {
    "department": ["Sales", "Sales", "HR", "HR", "IT", "IT","IT", "Sales"],
    "salary": [70000, 80000, 50000, 60000, 90000, 85000, 88000,9200]
}
# 创建 Pandas on Spark DataFrame
df = ps.DataFrame(data)
```

```
# 定义标准化函数
def standardize_salary(group):
    avg = group['salary'].mean()
    std = group['salary'].std()
    group['standardized_salary'] = (group['salary'] - avg) / std
    return group
# 使用 apply 方法
result = df.groupby("department").apply(standardize_salary)
```

输出结果如图 8-1 所示。

	num	department	salary	standardized_salary
index				
HR	2	HR	50000	-0.707107
HR	3	HR	60000	0.707107
IT	4	IT	90000	0.927173
IT	5	IT	85000	-1.059626
IT	6	IT	88000	0.132453
Sales	0	Sales	70000	0.441924
Sales	1	Sales	80000	0.702903
Sales	7	Sales	9200	-1.144827

图 8-1　apply 案例运行结果

在这个例子中，apply 方法用于对每个部门的薪资数据应用标准化函数。这使得我们能够对每个分组执行更复杂的数据转换。

举例 2：使用 filter 方法。

假设有一个销售数据集，包含销售员的名称和他们的销售额。现在想要过滤出那些总销售额超过 1000 的销售员。

```
import pyspark.pandas as ps
# 示例数据
data = {
    "salesperson": ["Alice", "Alice", "Bob", "Bob", "Charlie", "Charlie"],
    "sales_amount": [300, 200, 500, 400, 600, 700]
}
# 创建 Pandas on Spark DataFrame
df = ps.DataFrame(data)
# 定义过滤函数
def filter_high_sales(data):
    total_sales = data['sales_amount'].sum()
    return total_sales > 1000
# 使用 filter 方法
result = df.groupby("salesperson").filter(filter_high_sales)
```

输出结果：

```
Result
  salesperson   sales_amount
```

```
4    Charlie    600
5    Charlie    700
```

8.2.6 Spark-related 函数

DataFrame. spark 提供了在 Spark 中存在但在 pandas on Spark 中不存在的功能。可以通过 DataFrame. spark. <function/property>来访问这些功能。

1. spark. apply 函数

➢ 函数：spark. apply(func，index_col= None)→ ps. DataFrame。

➢ 功能：应用一个 Spark DataFrame 作为输入参数并返回 Spark DataFrame 值的函数。它允许在 Series 或 Index 中使用 Spark column 内部原生应用 Spark 函数和列 API。

➢ 返回值：Pandas on Spark DataFrame。

➢ 参数说明

func：一个可调用对象(如函数)，它接收一个 ps DataFrame 作为输入并返回一个 ps DataFrame。这个函数定义了将如何转换或处理数据。

index_col：指定作为索引的列名。如果设置为 None，则不使用索引列。

➢ 应用场景

数据转换：在需要对大规模分布式数据集进行自定义转换时。

复杂的数据处理：当内置的 DataFrame 操作不足以满足需求时，比如进行特殊的聚合、数据清洗或复杂的计算。

举例：

假设有一个包含产品销售数据的 DataFrame，根据一种不标准的、自定义的排序逻辑来排序数据。

```
import pyspark.pandas as ps
from pyspark.sql.functions import when
# 创建一个简单的 Pandas on Spark DataFrame
psdf = ps.DataFrame({
   "product": ["apple", "banana", "carrot", "apple", "banana", "carrot"],
  "sales": [10, 20, 15, 25, 30, 35]
})
def custom_sort(sdf):
  # 定义自定义排序逻辑,例如基于特定条件
  sorted_sdf = sdf.orderBy(
    when(sdf.product == "apple", 1)
    .when(sdf.product == "banana", 2)
    .when(sdf.product == "carrot", 3)
    .otherwise(4),
    sdf.sales.desc()
  )
  return sorted_sdf
# 使用 spark.apply 应用上面定义的函数
result = psdf.spark.apply(custom_sort, index_col = "sorted")
result_df.head()
```

输出结果：

```
    product  sales
sorted
3     apple     25
0     apple     10
4     banana    30
1     banana    20
5     carrot    35
```

在这个示例中，定义了一个函数 custom_sort，它首先根据产品类型（如“apple”“banana”“carrot”）按照特定的优先级顺序排序，然后在每个产品类别内部根据销售额进行降序排序，从而提供了一种结合业务规则和数据特性的高效数据排序方法。

2. spark.repartition 函数

- 函数：spark.repartition(num_partitions：int) → ps.DataFrame。
- 功能：根据给定的分区表达式返回一个新的 DataFrame，该 DataFrame 进行了分区。
- 返回值：ps.DataFrame。
- 参数说明

num_partitions：整数，分区数。

举例：

```
import pyspark.pandas as ps
# 假设 psdf 是一个大型的 Pandas on Spark DataFrame
psdf = ps.DataFrame({ "user_id": [1, 2, 3, 4, 5] * 10000, "amount": [100, 200, 150, 300,
250] * 10000})
# 使用 spark.repartition 来重新分区 DataFrame
# 假设现在想要将数据分布到 50 个分区中
repartitioned_psdf = psdf.spark.repartition(50)
# 接下来可以进行一些数据处理或分析的操作
# 比如计算每个用户的平均交易金额
result = repartitioned_psdf.groupby("user_id").mean(numeric_only=True)
result.head()
#显示输出结果
     amount
user_id
5   250.0
1   100.0
3   150.0
2   200.0
4   300.0
```

8.2.7 Pandas-on-Spark specific

DataFrame.pandas_on_spark 提供了仅在 Spark 上的 pandas API 中存在的特定功能。可以通过 DataFrame.pandas_on_spark.<function/property>来访问这些功能。这

些函数无法访问整个输入 DataFrame。pandas-on-Spark 会将输入序列内部分割成多个批次，并多次调用函数来处理每个批次。因此，无法进行全局聚合等操作。

1. apply_batch 函数

➤ 函数：pandas_on_spark.apply_batch(func, args=(), ** kwds)→DataFrame。

➤ 功能：允许用户对分布式的 Spark DataFrame 应用一个自定义的 pandas 函数。

➤ 返回值：DataFrame。

➤ 参数说明

func (function)：这是一个用户定义的函数，它接收一个 pandas DataFrame 作为输入，并返回一个 pandas DataFrame。这个函数将被应用到 Spark DataFrame 的每个批次或分区上。

args (* args)：传递给 func 的位置参数。

kwargs (** kwargs)：传递给 func 的关键字参数。

➤ 应用场景

复杂的数据处理：当 Spark DataFrame API 无法直接实现所需的数据处理逻辑时，可以使用 pandas 的功能来进行更复杂的操作。

处理小批次数据：对于不能或不方便在整个分布式数据集上直接进行的操作，可以使用 apply_batch 以批次的形式处理。

举例：

有一个包含"景点""访客数""评分"三个字段的数据集。数据集中记录了 4 组访问数据，分别对应两个城市：三亚和海口。每个城市的记录各有两组。反映了不同时间段或不同访客数量和评价。

```
import pandas as pd
import pyspark.pandas as ps
# 创建示例数据
data = {
  "景点": ["三亚", "海口", "三亚", "海口"],
  "访客数": [100, 200, 150, 250],
  "评分": [4.5, 4.0, 4.7, 3.8]
}
# 创建 Pandas on Spark DataFrame
ps_df = ps.DataFrame(data)
# 自定义分析函数,需要指明返回字段名及数据类型
def analyze_tourism_data(pdf: pd.DataFrame) -> pd.DataFrame[("景点",str),[("访客数",
int),("评分",int)]]:
  # 计算每个景点的平均访客数和平均评分
  result = pdf.groupby("景点").agg({"访客数": "mean", "评分": "mean"})
  return result
# 使用 apply_batch 应用这个函数
result_df = ps_df.pandas_on_spark.apply_batch(analyze_tourism_data)
```

输出结果：

```
print(result_df)
   景点  访客数  评分
```

```
0  三亚  125.0   4.6
1  海口  225.0   3.9
```

在这个示例中，analyze_tourism_data 函数首先对每个景点进行分组，然后计算每组的平均访客数和平均评分。通过使用 apply_batch，这个函数被应用到了 Spark DataFrame 的每个批次上，从而允许在分布式数据集上进行有效的数据处理。

2. transform_batch 函数

➢ 函数：pandas_on_spark. transform_batch(func, * args:, ** kwargs) → Union DataFrame, Series。

➢ 功能：transform_batch 方法允许用户定义一个接收 Pandas DataFrame 或 Series 作为输入的函数，并将其应用于 Pandas on Spark DataFrame 或 Series 的每个批次(即数据的分区)。

➢ 参数说明

func：这是用户定义的函数，它接收一个 Pandas DataFrame 或 Series 作为输入，返回一个 DataFrame 或 Series。这个函数会被应用到原始 DataFrame 或 Series 的每个批次上。

args (* args)：这些是传递给 func 的额外位置参数。

** kwargs (kwargs)：这些是传递给 func 的额外关键字参数。

➢ 返回值：返回一个新的 Pandas on Spark DataFrame 或 Series，这取决于 func 的返回类型。

➢ 应用场景

复杂的数据转换：当需要执行的数据转换在 Spark DataFrame API 中不可用或难以实现时，可以使用 Pandas 的功能来处理。

特殊的数据处理：例如，对数据进行特殊的分组、排序、过滤或计算，这些在 Spark 中可能比较复杂或效率不高。

高级数据分析：在需要进行一些特定的、定制化的数据分析时，例如复杂的统计计算或数据转换，可以利用 Pandas 的丰富功能。

举例：假设有一个关于不同地区旅游点的数据集，其中包含了各个景点的详细访客记录，如访客年龄、消费等，计算不同景区不同年龄段的平均消费。

```
import pyspark.pandas as ps
import pandas as pd

# 示例数据
data = {
   "景点": ["三亚", "海口", "三亚", "海口", "三亚", "海口"],
   "访客年龄": [25, 40, 35, 60, 45, 50],
   "消费": [500, 800, 550, 1200, 600, 900]
}
# 创建 pandas API on Spark DataFrame
ps_df = ps.DataFrame(data)
```

```
# 定义批处理函数,计算不同景区不同年龄段的平均消费
def calculate_avg_consumption_by_age_and_site(batch_pdf):
    # 添加年龄段列
    batch_pdf["年龄段"] = pd.cut(batch_pdf["访客年龄"], bins = [0, 30, 50, 100], labels =
["青年", "中年", "老年"])
    # 分组并计算平均消费
    result_pdf = batch_pdf.groupby(["景点", "年龄段"])["消费"].mean().reset_index()
    return result_pdf
# 使用 transform_batch 应用这个函数
result_ps_df = ps_df.pandas_on_spark.transform_batch(calculate_avg_consumption_by_age_
and_site)
# 显示结果
print(result_ps_df)
```

输出结果：

```
   景点    年龄段    消费
0  三亚    青年     500.0
1  三亚    中年     575.0
2  三亚    老年       NaN
3  海口    青年       NaN
4  海口    中年     850.0
5  海口    老年    1200.0
```

在这个例子中，analyze_tourism_data 函数基于年龄将访客划分为不同的年龄段，并对每个景点和年龄段组合计算平均消费。

3. apply _batch 与 transform_batch 使用方法对比

在 Pandas on Spark 中，apply_ batch 和 transform _ batch 都允许用户对分布式 DataFrame 的每个分区应用自定义函数。尽管这两个方法在功能上相似，但它们之间存在以下一些关键的区别。

1) apply_batch

可以改变返回的 DataFrame 的结构，例如改变列数或行数。它适用于需要执行复杂的数据聚合或分组操作的场景。

2) transform_batch

此方法要求返回的 DataFrame 必须与输入的 DataFrame 有相同的行数。我们可以添加新列或修改现有列，但不能添加或删除行。它适用于需要逐行转换数据而不改变行数的场景，例如标准化或归一化数据。

8.2.8 Plotting pandas on pyspark

1. Plot 概述

该函数可以在 ps Series 和 DataFrame 对象上使用，可以根据数据的不同维度创建不同类型的图表，如折线图、柱状图、散点图等。plot 函数的常见用途和参数如下。

折线图(Line Plot)：使用 plot 函数的默认参数，可将数据绘制为折线图。折线图适用于显示数据随时间或其他连续变量的变化趋势。

柱状图(Bar Plot)：通过设置 kind='bar'参数，可以将数据绘制为柱状图。柱状图适用于比较不同类别或组之间的数值差异。

散点图(Scatter Plot)：通过设置 kind='scatter'参数，可以将数据绘制为散点图。散点图适用于展示两个变量之间的关系或观察数据的分布情况。

直方图(Histogram)：通过设置 kind='hist'参数，可以将数据绘制为直方图。直方图用于显示数据的分布情况，可以看到数据落在不同区间的频数或频率。

箱线图(Box Plot)：通过设置 kind='box'参数，可以将数据绘制为箱线图。箱线图展示了数据的 5 个统计量(最小值、第一四分位数、中位数、第三四分位数、最大值)，可以帮助我们了解数据的分布、离群值等。

饼图：通过设置 kind='pie'参数，用于展示数据中各部分的相对比例或占比关系。

条形图(Bar Plot)：可以通过将 kind='bar'参数传递给 plot 函数来绘制条形图。条形图用于比较不同类别或组之间的数值差异。

密度图(Density Plot)：通过将 kind='density'参数传递给 plot 函数来绘制密度图。密度图用于展示数据的概率密度分布，可以帮助我们观察数据的分布形状和峰值位置。

除了上述常见的图表类型，plot 函数还支持其他参数和选项，调用 plotly 的 add_trace()实现向图表添加新的数据轨迹(如线条、散点等)。update_traces()实现修改已有轨迹的属性。update_xaxes()和 update_yaxes()分别用于更新 x 轴和 y 轴的配置。update_annotations()，update_layout ()分别用于更新图表中的注释、形状和布局的属性。

2. DataFrame.plot 函数

➢ 函数：pyspark.pandas.DataFrame.plot。

➢ 功能：用于可视化 DataFrame 中的数据。

➢ 返回值：plotly.graph_objs.Figure。

➢ 参数说明

kind：字符串，指定要绘制的图表类型，例如 'line''bar''hist''box''scatter' 等。

x：用作 x 轴的列名。

y：用作 y 轴的列名。

title：图表的标题。

➢ 应用场景

数据探索：快速理解数据集的基本特征，如分布、中心趋势、离散程度等。

趋势分析：分析时间序列数据或变量之间的趋势关系。

比较分析：比较不同类别或群体的数据。

异常检测：识别数据中的异常值或异常模式。

举例：

使用 8.2.1 节读取的汽车品牌销售数据，绘制每个品牌在 2023 年全年销量的折线图。

```
#数据过滤
import pandas as pd
import pyspark.pandas as ps
```

```
from datetime import datetime
filter_df = ps_df[ps_df["时间"]> = datetime(2023,1,1)]
filter_df["month"] = filter_df["时间"].dt.month
#创建厂商名为键,销量为值
dict_df = {}
for company in sort_df["厂商"].unique().to_numpy():
    dic_item = sort_df[sort_df.厂商 == company]["销量(辆)"]
    itm = {company:dic_item.values}
    dict_df.update(itm)
#绘制一个线图,显示每个厂商随月份变化的销量
car_df = ps.DataFrame(dict_df,index = sort_df["month"].unique().sort_values().to_numpy())
fig = car_df.["比亚迪"]plot.line()
#添加标题
fig.update_layout(
    legend_title = "厂家",
    xaxis_title = "月份",
    yaxis_title = "销售额"
)
```

结果输出如图 8-2 所示。

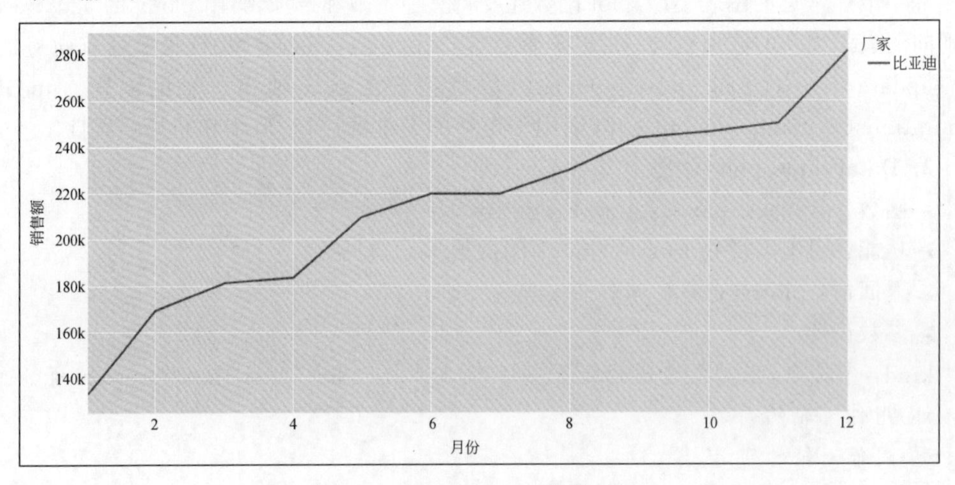

图 8-2　比亚迪 2023 年销售情况

3. plotly

plotly 是一个多语言的图表库,用于制作交互式和高质量的图表和数据可视化。它最初是一个纯 Python 库,但现在已经支持多种编程语言,包括 R、Matlab、Node. js 和 Julia。plotly 可用于创建各种静态、动态和交互式图表,非常适合网页和移动应用程序中的数据可视化。它提供了一个丰富的图表类型集合,包括线图、散点图、面积图、柱状图、条形图、箱形图、热图、子图、3D 图形等。在 PySpark 环境中可以直接把数据可视化。

1) make_subplots

➢ 函数:make_subplots(rows＝1, cols＝1, shared_xaxes＝False, shared_yaxes＝False, start_cell＝'top-left', print_grid＝False, horizontal_spacing＝None, vertical_spacing＝None, subplot_titles＝None, column_widths＝None, row_heights＝None, specs＝None, insets＝None, column_titles＝None, row_titles＝

None，x_title=None，y_title=None，figure=None，** kwargs。

➢ 功能

(1) 创建一个或多个行和列的子图网格。

(2) 支持共享轴线(x 轴或 y 轴)。

(3) 允许在子图间设置不同的间距。

(4) 可以为每个子图指定标题。

(5) 支持不同的子图类型,如二维图表、三维图表、极坐标图表等。

(6) 支持在子图网格中插入子图。

(7) 允许自定义每列的宽度和每行的高度。

➢ 重要参数说明

(1) 子图网格配置。

rows 和 cols：指定子图网格的行数和列数。

shared_xaxes 和 shared_yaxes：控制是否有共享的 x 轴或 y 轴。这在子图展示相同范围的数据时非常有用。

start_cell：指定子图布局开始的位置,如 'top-left'。

(2) 子图间距配置。

horizontal_spacing 和 vertical_spacing：控制子图之间的水平和垂直间距。

(3) 子图标题配置。

subplot_titles：为每个子图指定标题。

column_titles 和 row_titles：分别为列和行指定标题,用于共享轴的场景。

x_title 和 y_title：为整个图表设置 x 轴和 y 轴的总标题。

(4) 子图尺寸配置。

column_widths 和 row_heights：允许用户自定义每列的宽度和每行的高度。

(5) 子图类型和位置配置。

specs：一个二维数组,用 secondary_y、colspan、rowspan 指定每个子图位置的类型和配置。例如,{"secondary_y": True}用来启用双 y 轴功能；specs=[[{'rowspan': 2}, {}], [None, {}]]创建一个 2×2 的网格,其中第一列的子图跨越了两行,而第二列包含两个独立的子图。

2) add_trace

➢ 函数：add_trace(trace, row=None, col=None, secondary_y=False)。

➢ 函数功能：用于向图表中添加一个新的图形元素。

➢ 参数说明

trace：这是一个图形元素对象,如 go. Scatter、go. Bar、go. Pie 等。

row：指定 trace 应该添加到哪一行。如果不使用子图布局,可以忽略这个参数。

col：指定 trace 应该添加到哪一列。对于非子图布局,也可以忽略。

secondary_y：布尔值,仅在使用 make_subplots 并且创建了双 y 轴图表时有效。如果设置为 True,trace 将使用子图的第二个 y 轴。

➢ 返回值：无。

3）update_layout

➢ 函数：update_layout(* args， ** kwargs)。

➢ 函数功能：更新或修改图表的布局属性。布局属性控制了图表的外观和感觉，包括标题、轴标签、图例、边距、背景颜色等。

➢ 常用参数说明

title：设置图表的标题。

xaxis、yaxis：设置 x 轴和 y 轴的属性，如标题、刻度、范围等。

legend：设置图例的属性，如位置、方向、字体等。

margin：设置图表边缘的空白区域。

height、width：设置图表的高度和宽度(单位为像素)。

hovermode：设置悬停模式，决定鼠标悬停时如何显示数据点信息。

➢ 返回值：Figure 对象。

举例：用两个子图绘制折线图，展示比亚迪、长安汽车 2013 年销量变化趋势：

```
from plotly.subplots import make_subplots
import numpy as np
fig = make_subplots(cols = 1, rows = 2, shared_xaxes = True, subplot_titles = ["2023 年比亚迪销量变化趋势","2023 年长安汽车销量变化趋势"], vertical_spacing = 0.1, x_title = "月份", y_title = "销量")
fig.add_trace(car_df["比亚迪"].plot.line().data[0], col = 1, row = 1)
fig.update_traces(line = dict(color = 'red', dash = "dot"))
fig.add_trace(car_df["长安汽车"].plot.bar().data[0], col = 1, row = 2)
fig.update_layout(
    xaxis2 = dict(
    tickmode = 'array',
    tickvals = np.arange(1, 13),
    )
)
fig.show()
```

输出结果如图 8-3 所示。

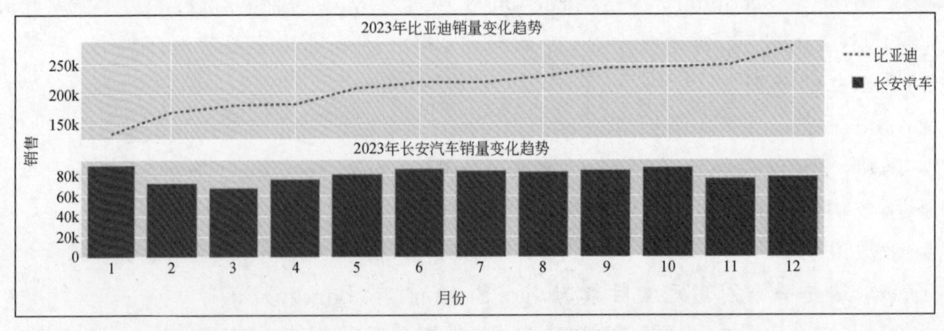

图 8-3 比亚迪、长安汽车 2013 年销量变化趋势图

吉利汽车 2023 年度销售量与其他厂商对比排名的绘制：

```
from plotly.subplots import make_subplots
#获取数据
```

```
mix_df = sort_df[sort_df["厂商"] == "吉利汽车"].set_index("month")
# 创建一个包含双 y 轴的图表布局
fig = make_subplots(specs = [[{"secondary_y": True}]])
# 添加线图到主 y 轴
fig.add_trace(mix_df["销量(辆)"].plot.line().data[0],col = 1,row = 1,secondary_y = False)
fig.update_traces(line = dict(color = 'red',dash = "dot"))
# 添加条形图到次 y 轴
fig.add_trace(mix_df["在售厂商排名"].plot.bar().data[0],col = 1,row = 1,secondary_y = True)
# 设置图表的标题
fig.update_layout(title = "吉利汽车 2023 年度销售量与其他厂商对比排名",title_x = 0.5)
# 设置主 Y 轴的标题
fig.update_yaxes(title = "销售量", secondary_y = False)
# 设置次 Y 轴的标题
fig.update_yaxes(title = "排名", secondary_y = True)
# 显示图表
fig.show()
```

输出结果如图 8-4 所示。

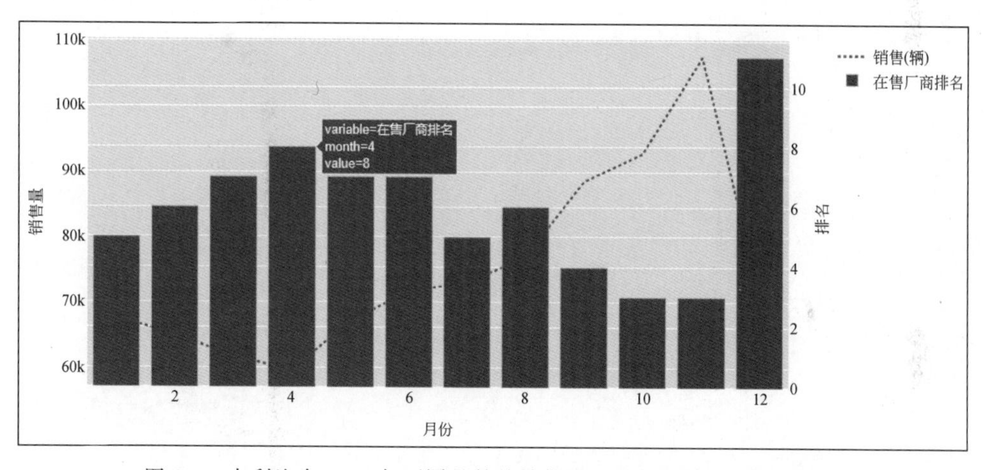

图 8-4　吉利汽车 2023 年不同月份的销售量以及与其他厂商对比排名

8.3　不同 DataFrame 的转换

来自 Pandas 和 PySpark 的用户在 Spark 上使用 pandas API 时有时会面临 API 兼容性问题。由于 Pandas API 在 Spark 上的目标不是 100%兼容 Pandas 和 PySpark，用户需要做一些变通的工作来移植他们的 Pandas 和 PySpark 代码，或者在这种情况下熟悉 Pandas 在 Spark 上的 API，它们之间的转换关系如图 8-5 所示。

8.3.1　Pandas on Spark DataFrame

Saprk 用户可以通过调用 DataFrame.to_pandas()来访问完整的 Pandas API。pandas-on-Spark DataFrame 和 Pandas DataFrame 类似。然而，前者是分布式的，而后者是在一台机器上。当相互转换时，数据会在多台机器和单一客户机之间传输。

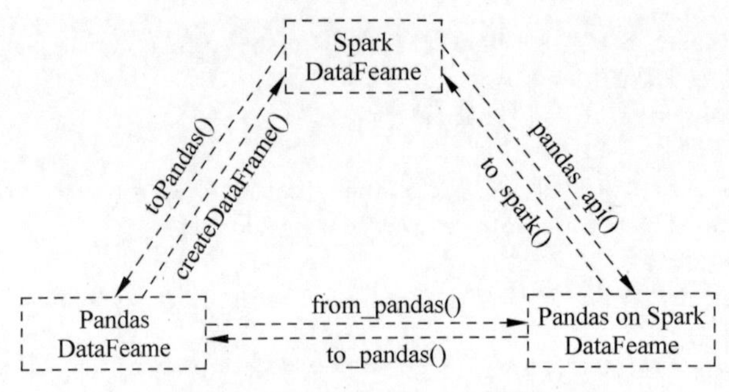

图 8-5 不同 DataFrame 的转换

1. to_pandas 函数

➢ 函数：DataFrame. to_pandas() → pandas. core. frame. DataFrame。

➢ 功能：Pandas DataFrame 转换成 pandas-on-Spark DataFrame。只有在产生的 Pandas DataFrame 预计较小的情况下才可以使用这个方法，因为所有的数据都被加载到驱动的内存中。

➢ 返回值：Pandas DataFrame。

➢ 参数说明

没有参数。

举例：

```
import pyspark. pandas as ps
# 创建 ps DataFrame
data = [("2021-01-01", "BatteryA", 80.0),
    ("2021-01-02", "BatteryA", 75.5),
    ("2021-01-03", "BatteryA", 70.2),
    ("2021-01-01", "BatteryB", 90.8),
    ("2021-01-02", "BatteryB", 85.2),
    ("2021-01-03", "BatteryB", 82.6)]
df = ps.DataFrame(data, columns = ["Date", "Battery", "Capacity"])
# 将 ps DataFrame 转换为 Pandas DataFrame
pandas_df = df.to_pandas()
# 计算每个电池的平均容量
avg_capacity = pandas_df.groupby("Battery")["Capacity"].mean()
# 计算每个电池的容量损失率
capacity_loss_rate = (pandas_df.groupby("Battery")["Capacity"].first() - pandas_df.groupby
("Battery")["Capacity"].last()) / pandas_df.groupby("Battery")["Capacity"].first() * 100
# 创建汇总数据的 Pandas DataFrame
summary_df = pd.DataFrame({"AvgCapacity": avg_capacity, "CapacityLossRate": capacity_
loss_rate})
```

输出结果：

```
print(summary_df)
          AvgCapacity  CapacityLossRate
Battery
BatteryA    75.233333     12.250000
BatteryB    86.200000      9.030837
```

在这个示例中,首先使用 spark. createDataFrame()方法创建了一个 Spark DataFrame 对象,包含了日期、电池名称和容量等信息。然后使用 toPandas()函数将 Spark DataFrame 转换为 Pandas DataFrame。

接下来,使用 Pandas 的功能计算每个电池的平均容量和容量损失率,通过 groupby()和相关的聚合函数进行分组计算。

例如,如果需要调用 Pandas DataFrame 的 pandas_df. values,可以像下面这样做:

```
psdf = ps.range(10)
pdf = psdf.to_pandas()
pdf.values
```

输出结果:

```
array([[0], [1], [2],[3],[4],[5], [6], [7], [8], [9]])
```

注意,将 pandas-on-Spark DataFrame 转换为 Pandas 需要将所有的数据收集到客户端机器上;因此,如果可能的话,建议使用 Pandas 在 Spark 上的 API 或 PySpark APIs 来代替。

2. from_pandas 函数

➢ 功能:将 Pandas DataFrame 转换为 pandas-on-Spark DataFrame。

➢ 返回值:返回一个 Pandas DataFrame 对象。

举例:

```
# 示例数据
data = [("John", 28), ("Anna", 24), ("Bob", 32)]
columns = ["Name", "Age"]
# 创建 Pandas DataFrame
pd = pd.DataFrame(data, columns)
# 显示 Pandas DataFrame
pd.show()
#from_pandas() 将其转换为 Pandas on spark DataFrame
ps_df = df.from_Pandas()
print(ps_df)
```

输出结果:

```
   Name  Age
0  John  28
1  Anna  24
2  Bob   32
```

8.3.2 Spark DataFrame

PySpark 用户可以通过调用 DataFrame. to_spark()来访问完整的 PySpark API。pandas-on-Spark DataFrame 和 Spark DataFrame 几乎可以互换。

1. to_spark 函数

函数：DataFrame. to _ spark (index _ col = None) → pyspark. sql. dataframe. DataFrame。

- 功能：PySpark 用户可以通过调用 DataFrame. to _ spark ( )来访问完整的 PySpark API。
- 返回值：Pyspark DataFrame。
- 参数说明

没有参数。

举例：有一个包含几家中国公司股票价格的数据集，包括股票代码、日期、开盘价、收盘价、最高价和最低价。下面将创建一个 Pandas on Spark DataFrame，然后转换为 PySpark DataFrame，并计算每支股票的日均价。

```
import pyspark.pandas as ps
# 示例数据
data = {
  "stock_id": ["601857", "601857", "601318", "601318"],
  "date": ["2021-01-01", "2021-01-02", "2021-01-01", "2021-01-02"],
  "open": [5.10, 5.12, 80.50, 81.00],
  "close": [5.15, 5.11, 81.00, 80.75],
  "high": [5.20, 5.15, 82.00, 81.50],
  "low": [5.00, 5.10, 80.00, 80.25]
}
# 创建 Pandas on Spark DataFrame
df = ps.DataFrame(data)
# 转换为 PySpark DataFrame
spark_df = df.to_spark()
# 计算日均价
from pyspark.sql import functions as F
average_prices = spark_df.withColumn("average_price",
                  (F.col("open") + F.col("close") + F.col("high") + F.col("low")) / 4)\
              .groupBy("stock_id")\
              .agg(F.mean("average_price").alias("avg_daily_price"))
# 显示结果
average_prices.show()
```

输出结果：

```
+--------+--------------+
|stock_id |avg_daily_price |
+--------+--------------+
| 601318  | 80.875         |
| 601857  | 5.11625        |
+--------+--------------+
```

2. pandas_api 函数

- 函数：DataFrame. pandas_api(index_col=None) → PandasOnSparkDataFrame。
- 功能：Spark DataFrame 可以轻松转换为 pandas-on-Spark DataFrame。如果一个

pandas-on-Spark 的 DataFrame 被转换为 Spark 的 DataFrame，然后再回到 pandas-on-Spark，它将失去索引信息，原来的索引将变成一个普通的列。该功能只有在安装了 Pandas 并可用的情况下才能实现。

➢ 返回值：pandas-on-Spark DataFrame

➢ 参数说明

参数 index：可以是字符串、字符串列表、None，默认为 None ，用于指定 Spark 中表的索引列。

举例：假设有一组物流数据，包含包裹的运送信息。这些数据包括包裹的 ID、发货日期、预计到达日期、实际到达日期和包裹状态。现在需要将这个 PySpark DataFrame 转换为 Pandas on Spark DataFrame，然后计算包裹的平均运送时长和延迟到达的包裹比例。

```
import pyspark.pandas as ps

# 示例 PySpark DataFrame 数据
data = [
  ("P1", "2021-01-01", "2021-01-05", "2021-01-06", "Delivered"),
  ("P2", "2021-01-02", "2021-01-06", "2021-01-07", "Delivered"),
  ("P3", "2021-01-03", "2021-01-07", "2021-01-09", "Delayed")
]
columns = ["package_id", "ship_date", "expected_date", "arrival_date", "status"]
spark_df = spark.createDataFrame(data, schema=columns)
# 转换为 Pandas on Spark DataFrame
df = spark_df.pandas_api()
# 确保日期列是 datetime 类型
df['ship_date'] = ps.to_datetime(df['ship_date'])
df['arrival_date'] = ps.to_datetime(df['arrival_date'])
# 计算平均运送时长,单位:秒(s)
df['delivery_duration'] = df['arrival_date'] - df['ship_date']
avg_duration = df['delivery_duration'].mean()
# 计算延迟到达的包裹比例
delayed_packages = df[df['status'] == 'Delayed']
delay_rate = round(len(delayed_packages) / len(df),2) * 100
# 输出结果
print("Average Delivery Duration:", avg_duration)
print("Delay Rate:{}%".format(delay_rate))
```

输出结果：

```
Average Delivery Duration: 460800.0
Delay Rate:33.0%
```

然而我们要注意，当 pandas-on-Spark DataFrame 由 Spark DataFrame 创建时，会创建一个新的默认索引。参见默认索引类型。为了避免这种开销，在可能的情况下，指定列作为索引使用。

3. DataFrame.toPandas()

➢ 作用：将 Spark DataFrame 转换为 Pandas DataFrame。

➢ 返回值：返回一个 Pandas DataFrame 对象。

举例：有一个医疗数据集，包含病人的各种健康指标，如年龄、性别、体重、血压等，以及他们是否患有糖尿病的信息。首先将这个 Pandas on Spark DataFrame 转换为 Pandas DataFrame，然后统计平均年龄、性别比例和糖尿病患者比例，这有助于我们更好地了解数据集的特点。

```
from pyspark.sql.types import StructType, StructField, StringType, IntegerType, BooleanType

# 示例数据
data = [
  (30, "Male", 70, 120, False),
  (45, "Female", 68, 130, True),
  (60, "Female", 75, 140, True),
  (35, "Male", 80, 125, False),
  (40, "Female", 65, 135, True)
]
# 定义 schema
schema = StructType([
  StructField("age", IntegerType(), True),
  StructField("gender", StringType(), True),
  StructField("weight", IntegerType(), True),
  StructField("blood_pressure", IntegerType(), True),
  StructField("diabetic", BooleanType(), True)
])
# 创建 PySpark DataFrame
spark_df = spark.createDataFrame(data, schema)
# 转换为 Pandas DataFrame 进行分析
pandas_df = spark_df.toPandas()
# 数据分析
# 计算平均年龄
avg_age = pandas_df['age'].mean()
# 计算性别比例
gender_counts = pandas_df['gender'].value_counts()
# 计算糖尿病患者比例
diabetic_rate = pandas_df['diabetic'].mean()
# 显示结果
print("Average Age:", avg_age)
print("Gender Distribution:\n", gender_counts)
print("Diabetic Rate:", diabetic_rate)
```

输出结果：

```
Average Age: 42.0
Gender Distribution:
gender
Female    3
Male    2
Name: count, dtype: int64
Diabetic Rate: 0.6
```

8.4 综合案例——酒店预订需求分析

在当前的大数据时代背景下，酒店和旅游市场的迅速扩张给我们带来了前所未有的机遇和挑战。随着市场的快速发展，行业内的竞争变得愈发激烈，导致酒店企业面临一系列复杂且紧迫的问题。这些问题包括产品同质化、同行竞争加剧、新增客户获取难度增加以及运营成本的上升。与此同时，酒店市场的客源波动性大，客户流失率高，维护客户忠诚度和降低流失率成为行业的当务之急。本案例使用2015年7月到2017年8月两年的订单数据进行分析，了解酒店预订需求的基本情况。

8.4.1 需求分析

对于酒店行业而言，深入理解消费者的行为是重要的。酒店经营者需要知道何时是一年中预订房间的高峰期，如何设定房价以吸引客户，在何时有优惠，以及如何处理高频率的特殊请求等问题。此外，准确的客户流失预测不仅能帮助酒店及时识别可能流失的客户群体，还能为制订有效的客户挽留策略提供依据。

随着旅游者消费习惯的改变，深度游成为新兴趋势。游客越来越倾向于深入探索目的地，而不仅仅是浅尝辄止的观光。这种趋势改变了酒店预订的模式，对于酒店行业来说，这意味着需要更深入地理解消费者的旅行习惯和偏好。

(1) 首先从用户的角度来看关心的问题：什么时间预订酒店将会更经济实惠？哪个月份的酒店预订是最繁忙的？

(2) 其次是商家更容易关心的问题：客户的分布情况如何？客户一般住多久？各销售渠道的订单及退订数目是多少？盈利情况如何？

8.4.2 数据读取及字段理解

首先，需要从Kaggle下载“酒店预订需求”数据集，并将其保存到可以访问的路径上。

```
file_path = 'file:///tmp/spark/data/ hotel_bookings.csv # 替换为您的文件路径
hotel_df = ps. ps.read_spark_io(file_path,format = 'csv',header = True,inferSchema = True)
hotel_df. info()
```

输出结果如图8-6所示。

查看数据集后，发现一共有32个字段，119389行数据，没有发现空值，但是不代表字段取值不存在null/NaN/NA。在Python中，None用于表示空或“无”，NaN(Not a Number)表示未定义或无效的数值，"NA"可以表示一个缺失的或未定义的值，NULL本身并不是一个内置的类型或值。在数据库中，NULL表示缺失或未知的数据。在Pandas中处理可能源自数据库的NULL值时，这些值通常被转换为NaN或None。数据所有字段的含义如表8-9所示。

```
<class 'pyspark.pandas.frame.DataFrame'>
Int64Index: 119390 entries, 74399 to 74398
Data columns (total 32 columns):
 #   Column                          Non-Null Count   Dtype
---  ------                          --------------   -----
 0   hotel                           119390 non-null  object
 1   is_canceled                     119390 non-null  int32
 2   lead_time                       119390 non-null  int32
 3   arrival_date_year               119390 non-null  int32
 4   arrival_date_month              119390 non-null  object
 5   arrival_date_week_number        119390 non-null  int32
 6   arrival_date_day_of_month       119390 non-null  int32
 7   stays_in_weekend_nights         119390 non-null  int32
 8   stays_in_week_nights            119390 non-null  int32
 9   adults                          119390 non-null  int32
 10  children                        119390 non-null  object
 11  babies                          119390 non-null  int32
 12  meal                            119390 non-null  object
 13  country                         119390 non-null  object
 14  market_segment                  119390 non-null  object
 15  distribution_channel            119390 non-null  object
 16  is_repeated_guest               119390 non-null  int32
 17  previous_cancellations          119390 non-null  int32
 18  previous_bookings_not_canceled  119390 non-null  int32
 19  reserved_room_type              119390 non-null  object
 20  assigned_room_type              119390 non-null  object
 21  booking_changes                 119390 non-null  int32
 22  deposit_type                    119390 non-null  object
 23  agent                           119390 non-null  object
 24  company                         119390 non-null  object
 25  days_in_waiting_list            119390 non-null  int32
 26  customer_type                   119390 non-null  object
 27  adr                             119390 non-null  float64
 28  required_car_parking_spaces     119390 non-null  int32
 29  total_of_special_requests       119390 non-null  int32
 30  reservation_status              119390 non-null  object
 31  reservation_status_date         119390 non-null  object
dtypes: float64(1), int32(16), object(15)
```

图 8-6 酒店预订需求数据的相关信息

表 8-9 数据所有字段的含义

序号	字段名	解析
1	hotel	酒店类型：city hotel(城市酒店)，resort hotel(度假酒店)
2	is_canceled	订单是否取消：1(取消)，0(没有取消)
3	lead_time	下单日期到抵达酒店日期之间间隔的天数
4	arrival_date_year	抵达年份：2015、2016、2017
5	arrival_date_month	抵达月份：1—12 月
6	arrival_date_day_of_month	抵达日期：1—31 日
7	arrival_date_week_number	抵达的年份周数：第 1—72 周
8	stays_in_weekend_nights	周末(星期六或星期天)客人入住或预订入住酒店的次数
9	stays_in_week_nights	每周晚上(星期一至星期五)客人入住或预订入住酒店的次数
10	adults	成年人数
11	children	儿童人数
12	babies	婴儿人数
13	meal	预订的餐型：SC\BB\HB\FB(不包括任何餐食\加早餐\半膳\全膳)
14	country	原国籍
15	market_segment	细分市场
16	distribution_channel	预订分销渠道

续表

序　号	字　段　名	解　　析
17	is_repeated_guest	订单是否来自老客户(以前预订过的客户)：1(是),0(否)
18	previous_cancellations	客户在当前预订前取消的先前预订数
19	previous_bookings_not_canceled	客户在本次预订前未取消的先前预订数
20	reserved_room_type	给客户保留的房间类型
21	assigned_room_type	客户下单时指定的房间类型
22	booking_changes	从预订在 PMS 系统中输入之日起至入住或取消之日止，对预订所做的更改/修改的数目
23	deposit_type	预付定金类型，是否可以退还：No Deposit(无定金)Non Refund(不可退)Refundable(可退)
24	agent	预订的旅行社 id
25	company	下单的公司(由它付钱)
26	days_in_waiting_list	订单被确认前，需要等待的天数
27	customer_type	客户类型
28	adr	平均每日收费，住宿期间的所有交易费用之和/住宿晚数
29	required_car_parking_spaces	客户要求的停车位数
30	total_of_special_requests	客户提出的特殊要求的数量(例如双人床或高层)
31	reservation_status	订单的最后状态：canceled(订单取消)，Check-Out(客户已入住并退房)，No-show(客户没有出现，并且告知酒店原因)
32	reservation_status_date	订单的最后状态的设置日期

8.4.3 数据预处理

1. 缺失值的检查

(1) 计算每列的唯一值，然后对于每一列，它检查唯一值的数是否有缺失值。

```
for column in hotel_df.columns:
    unique_values = hotel_df[column].unique()
    print(unique_values)
```

根据输出结果，可以发现 NULL、NA、Undefined 等缺失值。例如 children、meal 字段值的输出结果如下：

```
0    3
1    0
2    1
3    10
4    2
5    NA
Name: children, dtype: object
..........................
0          SC
1          FB
2   Undefined
3          BB
```

```
4         HB
Name: meal, dtype: object
```

为了更加方便处理，需要将这些缺失值替换为 None 值。

(2) 将 DataFrame 中的"NULL"和"NA"字符串替换为 Python 的 None，然后统计每列的缺失值数。

```
sum_none = hotel_df.replace("NULL",None).replace("NA",None).isnull().sum()
sum_none[sum_none > 0]
```

输出结果：

```
children        4
country       488
agent       16340
company    112593
dtype: int64
```

(3) 将 DataFrame 中的"Undefined"字符串替换为 Python 的 None，然后统计每列的缺失值数。

```
sum_undefined = hotel_df.replace("Undefined",None).isnull().sum()
sum_undefined[sum_undefined > 0]
```

输出结果：

```
meal                    1169
market_segment             2
distribution_channel       5
dtype: int64
```

2. 缺失值的处理

一般的缺失值处理方法如表 8-10 所示，但实际情况可能会更加复杂。例如，在处理数值型数据时，如果数据是时间序列，可能会采用时间序列特有的方法，如前向填充或后向填充。在处理分类数据时，如果类别非常多，可能需要更复杂的处理方法，如基于模型的预测或聚类分析。

表 8-10 一般的缺失值处理方法

缺失值数量	数据类型	处理方法
缺失较少	数值型	删除记录、均值或中位数填充
	分类型	删除记录、众数填充
缺失适中	数值型	插值（如线性插值）、回归方法、K-最近邻填充
	分类型	最可能类别填充、基于概率的方法
缺失过多	数值型/分类型	考虑删除整个特征，或使用复杂模型进行预测填充

此外，缺失数据的处理还需要考虑数据的特定情况和业务需求。有时候，即使缺失值很多，如果这个特征对于预测或分类非常重要，下面可能仍然会选择保留并试图以某

种方式填充它。反之，即使缺失值很少，如果这个特征对于最终结果没有显著影响，可能也会选择简单地删除它。

本案例执行缺失值的检查之后，发现 company、agent、country、children、meal、market_segment、distribution_channel 列有缺失值，但是缺失值的数不同。针对不同的缺失值，采用不同的处理方法。

(1) children 缺失 4 个，为 object 类型，要转换成整型，None 应该是没有 children 入住，用 0 填充。

```
# 确保 children 列是整数类型
hotel_df['children'] = hotel_df['children'].astype('int')
# 将 children 列中的缺失值填充为 0
hotel_df['children'] = hotel_df['children'].fillna(0)
```

country 缺失 488 个，且为类别型变量，应该是数据采集的问题，使用众数填充。众数替换可以在一定程度上保持原有数据的分布特征，避免因为随机填充或使用其他统计值(如均值或中位数，这在分类数据中通常不适用)而引入的偏差。

首先计算 country 列的众数，然后使用 fillna 方法将缺失值填充为这个众数。mode().iloc[0] 用于获取出现次数最多的那个值。这种方法假设至少有一个非缺失的 country 值存在。

```
# 计算 country 列的众数
mode_country = hotel_df['country'].mode().iloc[0]
# 使用众数填充缺失值
hotel_df['country'] = hotel_df['country'].fillna(mode_country)
```

(2) agent 缺失 16340 个，缺失率为 13.6%，缺失数量较大，但 agent 表示预订的旅行社，且缺失率小于 20%，很可能是非机构客户预订的，为个人客户，用 0 填充。

```
# 将 agent 列中的缺失值填充为 0
hotel_df['agent'] = hotel_df['agent'].fillna(0)
```

(3) company 缺失 112593 个，缺失率为 94.3%>80%，说明大多数订单是个人客户，之后可以分别对公司和个人预订的行为进行分析，暂用 0 填充。

```
# 将 company 列中的缺失值填充为 0
hotel_df['company'] = hotel_df['company'].fillna(0)
```

(4) market_segment 中 2 个 undefined，用众数 Online TA 替换。distribution_channel 有 5 个 undefined，用众数 TO/TA 替换。

```
mode_market = hotel_df['market_segment'].mode()
hotel_df['market_segment'] = hotel_df['market_segment'].replace("Undefined",mode_market[0])
mode_market = hotel_df['distribution_channel'].mode()
hotel_df['distribution_channel'] = hotel_df['distribution_channel'].replace("Undefined",
mode_market[0])
```

（5）meal 中有 1169 个 undefined，应该是没有订任何餐型，用 SC 替换。

```
hotel_df ['meal'] = hotel_df ['meal'].replace('Undefined','SC')
```

3. 异常数据处理

（1）adult、children、babies 同时为 0 的情况不合理，共 180 行，把这些数据删除。

```
# 删除所有 adult、children、babies 都为 0 的行
df_filtered = hotel_df[(hotel_df['adults'] != 0) | (hotel_df['children'] != 0) | (hotel_df
['babies'] != 0) ]
num_del = hotel_df.shape[0] - df_filtered.shape[0]
num_del
```

（2）adr 平均每日收费中，有 1 行为负值，删掉。

```
#删除平均每日收费为负数的行
df_adr = df_filtered[df_filtered["adr"]>= 0]
adr_num = df_filtered.shape[0] - df_adr.shape[0]
adr_num
```

4. 数据转换

转换和新增的字段可以帮助我们更清楚地理解酒店预订的情况，如入住时间、住宿时长和住宿人数等，从而为酒店管理和市场分析提供更丰富的数据支持。

（1）入住时间。增加一列预订到店的年月日。

```
arrival_date = (arrival_date_year + arrival_date_month + arrival_date_day_of_month)
# 将英文月份转换为数字
month_mapping = {
    "January": 1,
    "February": 2,
    "March": 3,
    "April": 4,
    "May": 5,
    "June": 6,
    "July": 7,
    "August": 8,
    "September": 9,
    "October": 10,
    "November": 11,
    "December": 12
}
df_adr['arrival_date_month'] = df_adr['arrival_date_month'].map(lambda x: month_mapping.
get(x, x))
# 重命名列以匹配 to_datetime 的要求
df_adr.rename(columns = {'arrival_date_year': 'year',
            'arrival_date_month': 'month',
            'arrival_date_day_of_month': 'day'}, inplace = True)
# 使用 to_datetime 生成日期格式的入住日期
```

```
df_adr['arrival_date'] = ps.to_datetime(df_adr[['year', 'month', 'day']])
# 输出结果查看
df_adr['arrival_date'].head(2)
```

(2) 住宿时长。增加一列总住宿晚数。

```
stays_nights_total = (stays_in_weekend_nights + stays_in_week_nights)
# 增加一列总住宿晚数
df_adr["stays_nights_total"] = df_adr["stays_in_weekend_nights"] + df_adr["stays_in_
week_nights"]
```

(3) 住宿人数。增加一列住宿人数。

```
number_of_people = (adults + children + babies)
# 增加一列住宿人数
#值为 adults、children 和 babies 这三列值的总和
df_adr["number_of_people"] = df_adr["adults"] + df_adr["children"] + df_adr["babies"]
```

(4) 标签编码(Label Encoding)。

标签编码是将每个唯一的类别值映射到一个整数的方法。这对于有序的类别数据特别有用。

```
from pyspark.pandas.config import set_option
# 导入 set_option 函数,用于配置 Pandas on Spark 的一些设置
set_option("compute.max_rows", 20000)
# 这行代码将 compute.max_rows 选项设置为 20000。这意味着在执行某些操作(如显示 DataFrame
# 时)将计算并展示最多 20000 行数据。这个设置有助于处理大型数据集时,避免因数据量大而引
# 起的性能问题
dtypes = df_adr.dtypes
# 获取 df_adr DataFrame 的每列数据类型,并将结果存储在变量 dtypes 中。dtypes 是一个
#Series,索引为列名,值为数据类型
#找到非数值字段
name_list = [name for name,dtype in zip(dtypes.index,dtypes) if "object" in str(dtype)]
# 这行代码遍历 dtypes 中的每个元素,检查数据类型是否包含"object"字符串
for name in name_list:
    df_adr[name] = df_adr[name].factorize()[0]
# 对于 name_list 中的每个字段名,使用.factorize()方法将其转换为数值表示。这里只取
#.factorize()返回的第一个元素(即标签数组),因为.factorize()实际上返回一个元组,其中第
#一个元素是标签数组,第二个元素是唯一值的 Index。这段循环将每个非数值字段替换为其数
#值编码
```

8.4.4 用户数据探索

完成了数据预处理后,现在对客户、商家关心的一些问题进行探索。

1. 什么时间预订酒店将会更经济实惠?

提取没有取消的那些订单作为分析的数据,然后对其进行一些处理最后进行可视化,查找酒店经济实惠的时间。

```
# 提取没有取消订单的数据
data_no_canceled = df_adr[df_adr['is_canceled'] == 0][["month","adr","adults",
"children"]]
# 算出人均价格,处理分母为零的情况
data_no_canceled['adr_deal'] = data_no_canceled['adr'] / (data_no_canceled['adults'] +
data_no_canceled['children']).replace(0, 1)
# 根据月份数字排序
month_avg = data_no_canceled[['month','adr_deal']].groupby('month').mean().sort_index()
#可视化
import numpy as np
fig = month_avg.plot.line()
fig.add_trace(month_avg.reset_index().plot.scatter(x = "month",y = "adr_deal").data[0])
fig.update_traces(line = dict(color = "red"),marker = dict(symbol = "diamond"))
fig.update_layout(
  title = "2023 年人均酒店月租的变化趋势",title_x = 0.5,
  xaxis = dict(tickmode = "array",tickvals = np.arange(1,13)),
  showlegend = False, height = 400, xaxis_title = "费用",yaxis_title = "月份"
)
```

输出结果如图 8-7 所示。

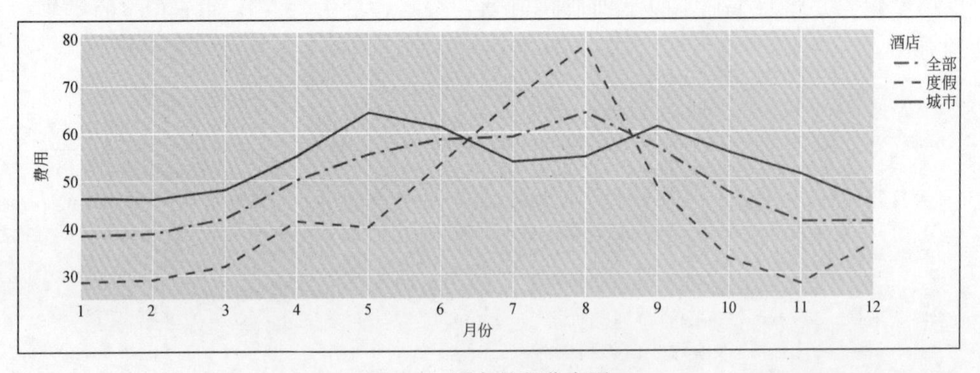

图 8-7　酒店月租分布图

从图 8-7 中我们可以发现：一年中，酒店价格波动明显，以 8 月为峰值，反映夏季旅游旺季的高需求。相反，1 月、2 月和 12 月见证了全年最低价格，这些月份旅游需求下降，酒店为吸引顾客而降价促销。

1）城市酒店分析

城市酒店价格全年波动较小，但 5 月和 9 月略有上涨，主要由于春秋季节的商务会议和文化活动增多，推高了需求。这两个月的价格上涨反映了商务和休闲旅游的季节性高峰。

2）度假酒店分析

度假酒店的价格波动较大，8 月价格达到顶峰，符合暑假期间家庭旅游的高需求。而进入 11 月，随着季节转换和旅游淡季的到来，度假酒店的价格下降至全年最低，表明供大于求的市场状况。

3）结论及建议

综上所述，寻求性价比的旅客应考虑在 1 月、2 月和 12 月预订酒店，尤其是度假酒店,以利用低需求期间的价格优势。反之,避开 8 月的旅游高峰期,可以显著节省住宿费用,同时规避人多拥挤的不便。通过合理规划旅行时间,旅客不仅能享受到更优惠的价格,还能获得更加舒适愉悦的旅行体验。

2. 哪个月份的酒店预订是最繁忙的?

提取用户们到达的月份,从总体、分酒店类型两方面进行可视化:

```
# 对 data_no_canceled 数据集按月份分组,并计算每个月的订单总数,然后对结果重命名为
#"月均订单",并按索引(即月份)排序,最后使用线图进行绘制
# 这一步生成了一个 plotly 的图形对象 fig
fig = data_no_canceled.groupby("month")["hotel"].count().rename("月均订单").sort_index().
plot.line()
# 更新图形中的线条样式,设置为粉色,并且使用长点画线的样式。同时为这条线设置名称为"全部"
fig.update_traces(line = dict(color = "pink",dash = "longdashdot"),name = "全部")
# 再次对 data_no_canceled 数据集进行分组,这次按照酒店类型和月份进行分组,并计算每组的
# 数量。然后将分组级别中的"hotel"重置为列,并将计数重命名为"度假"
hotel_index = data_no_canceled.groupby(["hotel","month"])["hotel"].count().reset_index
(level = 0,name = "度假")
# 筛选出 hotel 等于 1 的行(度假酒店),并按索引排序,然后选择"度假"这一列
cs_reserve = hotel_index[hotel_index.hotel == 1].sort_index()["度假"]
# 将得到的 Series 添加为 fig 的一个新的线条轨迹
fig.add_trace(cs_reserve.plot.line().data[0])
# 更新名称为"度假"的线条,设置其样式为长画线
fig.update_traces(selector = dict(name = "度假"),line = dict(dash = 'longdash'))
# 重复之前的步骤,但这次是针对 hotel 等于 0 的行(城市酒店),并将计数重命名为"城市"
hotel_index = data_no_canceled.groupby(["hotel","month"])["hotel"].count().reset_index
(level = 0,name = "城市")
cs_reserve = hotel_index[hotel_index.hotel == 0].sort_index()["城市"]
fig.add_trace(cs_reserve.plot.line().data[0])
# 更新图形的布局,设置标题、图例标题、x 轴和 y 轴的标题,调整 x 轴的刻度为 1 到 12,设置图形
# 的高度为 400 像素
fig.update_layout(title = "月均订单量变化趋势",title_x = 0.5,legend_title = "酒店",xaxis_
title = "月份",yaxis_title = "订单量",
 xaxis = dict(tickmode = "array",tickvals = np.arange(1,13)),height = 400)
# 显示图形
fig.show()
```

输出结果如图 8-8 所示。

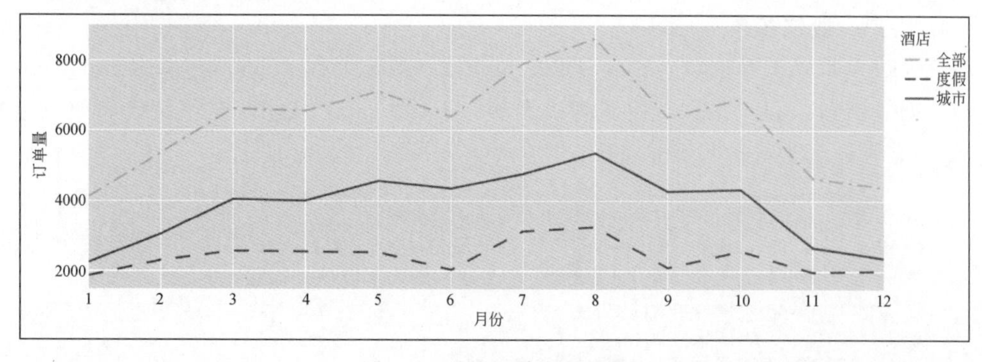

图 8-8 月均订单变化趋势

对图 8-8 分析后发现：城市酒店和度假酒店的订单量受季节性变化、假期安排以及旅游和商务活动的影响显著。

商务旅行需求的增加导致城市酒店的订单从 2 月开始上升；而在夏季旅游旺季，尤其是 8 月，城市酒店的预订量达到全年最大值。然而，随着夏季假期的结束和学校的开学，家庭旅行需求减少，导致 9 月城市酒店的预订量显著下降。进入 11 月至次年 1 月，随着商务旅行和旅游活动进入淡季，城市酒店的入住量降至全年最低点。

相比之下，度假酒店全年的预订量普遍低于城市酒店。度假酒店在 3 月至 5 月、8 月以及 10 月的入住量出现高峰，这主要得益于春季和秋季宜人的天气以及 8 月学校假期的影响，这些时期都是外出度假的理想选择。与此同时，学校假期的开始和结束分别在 6 月和 9 月，导致这些月份的预订量有所下降。而从 11 月到次年 1 月，随着假日季节的结束和新年伊始，度假酒店的预订量也会减少，这一时期通常是消费者开支较为谨慎的低消费期。

根据上述分析，全年预订酒店的最佳时间为：城市酒店在 11 月至 1 月，而度假酒店则是在 1 月、6 月、9 月和 12 月。总体来看，1 月和 2 月是全年订单量最少的月份。

3. 客户的分布情况

```
df = data
data_guest = df[df['is_canceled'] == 0]['country'].value_counts().reset_index().rename
(columns = {'country':'number of guest','index':'country'})
data_guest.head()
```

输出结果：

```
     country  number of guest
0     PRT       21071
1     GBR       9676
2     FRA       8481
3     ESP       6391
4     DEU       6069
```

结果分析：在所有未取消预订的客户中，葡萄牙本国的预订量最多，达到总预订量的 28%。其后依次是英国、法国、西班牙、德国，前 5 名均为欧洲国家。

4. 客户一般住多久

总天数＝非周末天数 stays_in_week_nights＋周末天数 stays_in_weekend_nights，新增一列总天数 total_nights，按照酒店类型，总天数 total_nights 分组统计每组的订单数，将列名重命名为 number of stay。

```
# 准备数据:从未取消订单中提取酒店类型和总住宿天数
stay_df = data_no_canceled[['hotel',"stays_nights_total"]]
# 按住宿天数和酒店类型分组,计算频率,并为城市和度假酒店分别重置索引
stay_group = stay_df.groupby(['stays_nights_total','hotel'])["hotel"].count().reset_index
(level = 1,name = "居住天数频率")
# 计算所有酒店类型的住宿天数频率,选取前 19 天
```

```
stay_all = stay_df.groupby('stays_nights_total')["hotel"].count().rename("全部").sort_
index().iloc[1:20]
# 绘制总体居住天数频率分布线图
fig = stay_all.plot.line()
fig.update_traces(line = dict(color = "green",dash = "dashdot"))
# 筛选城市酒店的居住天数频率,重命名为"城市",并添加到图表
stay_cs = stay_group[stay_group["hotel"] == 0].sort_index()["居住天数频率"].rename("城
市")[1:20]
fig.add_trace(stay_cs.plot.line().data[0])
fig.update_traces(selector = dict(name = "城市"), line = dict(dash = 'longdash', color =
"black"))
# 筛选度假酒店的居住天数频率,重命名为"度假",并添加到图表
stay_dj = stay_group[stay_group["hotel"] == 1].sort_index()["居住天数频率"].rename('度假')
[1:20]
fig.add_trace(stay_dj.plot.line().data[0])
# 设置图表布局,包括标题、图例、轴标题,并调整 x 轴刻度为 1 到 19 天,设置图高为 400 像素
fig.update_layout(title = "居住天数频率分布", title_x = 0.5, legend_title = "酒店", xaxis_
title = "天数", yaxis_title = "频率",
   xaxis = dict(tickmode = "array", tickvals = np.arange(1,20)), height = 400)
# 显示图表
fig.show()
```

输出结果如图 8-9 所示。

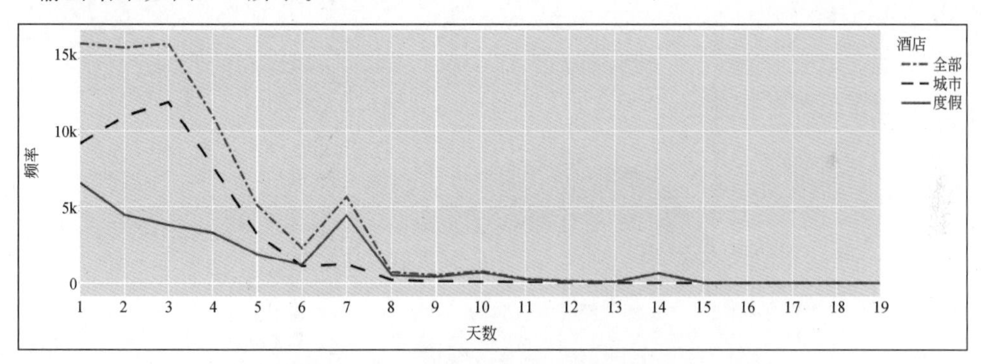

图 8-9 客户酒店居住天数频率的分布

对图 8-9 进行分析,可以发现客户酒店居住的特征如下。

1) 城市酒店居住天数的特征

城市酒店的订单分析显示,绝大多数客户的居住天数集中在 1～4 天,反映了城市酒店主要满足短期住宿的需求。居住超过 7 天的订单数量极少,反映出城市酒店主要服务于商务出差和短期城市旅游的客户群体。

2) 度假酒店居住天数的特征

与城市酒店不同,度假酒店的数据显示,超过 20%的客户选择在酒店居住 7 天及以上,同时,居住一天的客户比例也超过 20%,表明度假酒店的居住天数分布更为广泛。这种居住模式反映了度假酒店客户群体对于长期休闲度假的需求。

3) 居住天数差异分析

城市酒店与度假酒店在居住天数上的显著差异,源于两者服务的客户类型不同。度

假酒店多服务于度假客户，这部分客户往往寻求长期的放松和休闲，导致较多客户选择长期居住。而城市酒店则更多地满足短期的商务和旅游需求。

4）结论及建议

综上所述，选择酒店时，客户的居住天数需求是一个重要的考虑因素。对于寻求短期住宿的旅客，城市酒店是更合适的选择，尤其是商务出差和短暂城市游的旅客。而对于期待长期休闲和度假的游客，度假酒店能够提供更满意的服务。

5. 未取消订单销售渠道的分析

```
# 使用 Pandas 的 factorize 方法对酒店分销渠道进行编码，返回编码和唯一值
codes, uniques = hotel_df['distribution_channel'].factorize()
# 创建从编码到原始分销渠道的映射字典
mapping = dict(enumerate(uniques))
# 将数据集中未取消订单的索引映射回原始分销渠道名称
new_index = data_distribution_not.index.map(mapping).tolist()
# 使用 Pandas 的 Series 和 plot.pie 方法创建饼图，显示各分销渠道未取消订单的分布
fig = ps.Series(data_distribution_not.values, index = new_index).plot.pie()
# 更新图表的布局，调整图例位置和图表高度
fig.update_layout(
    legend = dict(x = 0.8, y = 0.5),            # 设置图例的位置
    height = 400                                # 设置图表的高度
)
# 显示图表
fig.show()
```

结果输出如图 8-10 所示。

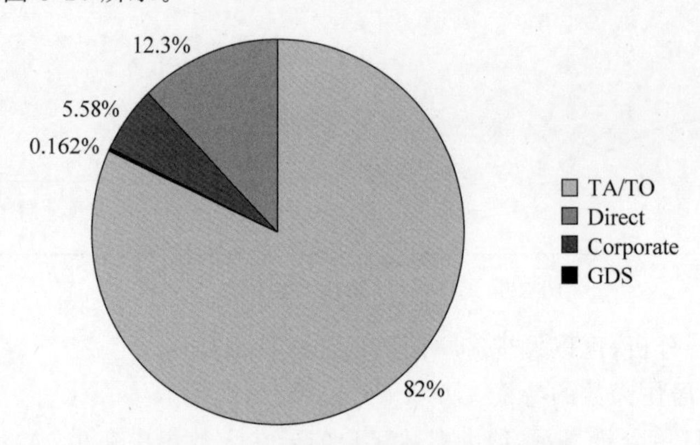

图 8-10　各种预订酒店渠道所占的比例

从饼图 8-10 中，得到了明确的市场趋势：网上预订是最受欢迎的选择，紧随其后的是线下旅行社，而通过航空公司预订的比例最低。下面从酒店角度提出以下结论和建议。

1）结论

（1）网上预订渠道占据主导：网上预订因其便利性和即时性成为首选，说明数字化服务在酒店预订领域的重要性。

（2）线下旅行社仍有市场：线下旅行社保持一定市场份额，反映出对个性化服务和专业咨询的需求。

（3）航空公司渠道的较低选择率：航空公司预订量最低，可能指向其特定客户群体或市场定位的局限性。

2）建议

（1）优化在线预订体验：鉴于网上预订的流行，酒店应提升其在线平台的用户体验，简化预订流程。

（2）与旅行社深化合作：通过与旅行社合作，开发专门优惠，吸引寻求个性化服务的客户。

（3）探索航空公司合作新机会：开发与航空公司的联合优惠，吸引需要一站式服务的客户。

通过这样的分析和建议，酒店可以更精准地定位市场需求，优化其服务和营销策略，从而提高客户满意度和市场竞争力。

6. 影响订单取消的因素分析

1）与订单取消强相关因素的分析

```
# 删除已经合并成新特征的属性
df_corr = df_adr.drop(["year", "month", "day", "adults", "children", "babies", "stays_in_
weekend_nights", "stays_in_week_nights"], axis = 1)
# 计算剩余特征与预订取消状态的相关系数
col_corr = df_corr.corr()
# 筛选出与预订取消状态相关系数绝对值大于 0.2 的特征
cancel_corr = col_corr['is_canceled'].abs().sort_values(ascending = False)[cancel_corr >
0.2]
```

输出结果：

```
is_canceled                  1.000000
reservation_status           0.917176
deposit_type                 0.468675
lead_time                    0.292883
country                      0.269377
total_of_special_requests    0.234883
Name: is_canceled, dtype: float64
```

通过对酒店订单数据的相关性分析，发现预付款方式（deposit_type）、提前下单时间（lead_time）以及客户的国家（country）与订单的取消状态存在显著的相关性。考虑到 reservation_status 字段直接反映订单是否被取消，因此排除了该因素，以便更准确地识别其他影响订单取消决策的关键因素。

（1）分析结论。预付款方式显著影响订单取消率，其中高额预付款或非退款政策可能导致客户承担更高的取消成本。同时，订单的提前预订时间与取消概率正相关，长期预订增加了由于计划变化引起的不确定性，从而可能导致更高的取消率。此外，客户所在国家对取消预订也有影响，这可能与不同国家的旅行习惯、经济条件或对特定目的地的偏好差异有关。

（2）建议。调整预付款政策，通过提供多样化的选项，例如实施部分退款政策或设置更低的预付款门槛，可以有效降低客户取消预订的风险。同时，针对长期提前预订的客户，优化预订机制以提供更加灵活的修改或取消政策，有助于减少因个人计划变动而导致的预订取消。此外，根据不同国家市场的特定需求制定策略，提供定制化的服务或优惠，是吸引并保留来自各国客户的有效方法。

2）支付方式对取消订单的影响分析

0(No Deposit)：无预付保证金。1(Non Refund)：房价全额提前预付，取消不退款。2(Refundable)：部分房价预付，取消可退款。

```
# 对已取消订单进行分组,计算每种支付类型的订单数量,并重命名列为"cancelled"
df_deposit = df_adr[df_adr["is_canceled"] == 1][["deposit_type", "is_canceled"]].
groupby("deposit_type").count().rename(columns = {"is_canceled": "canceled"})
# 对未取消订单进行分组,计算每种支付类型的订单数量,并重命名列为"uncanceled"
df_deposit_un = df_adr[df_adr["is_canceled"] == 0][["deposit_type", "is_canceled"]].
groupby("deposit_type").count().rename(columns = {"is_canceled": "uncanceled"})
# 合并已取消和未取消订单的数据帧,以便进行比较
df_combine = ps.concat([df_deposit, df_deposit_un], axis = 1)
# 重新构造数据帧,设置索引为存款类型名称,方便后续可视化
df_combine = ps.DataFrame(df_combine.values, index = ["Non Refund", "Refundable", "No
Deposit"]).T
# 创建包含三个子图的图形布局
from plotly.subplots import make_subplots
fig = make_subplots(rows = 1, cols = 3, column_titles = ["Non Refund", "Refundable", "No
Deposit"])
# 分别为三种支付类型添加条形图到子图中
fig.add_trace(df_combine.plot.bar(y = df_combine["Non Refund"].to_numpy()).data[0],
row = 1, col = 1)
fig.add_trace(df_combine.plot.bar(y = df_combine["Refundable"].to_numpy()).data[0],
row = 1, col = 2)
fig.add_trace(df_combine.plot.bar(y = df_combine["No Deposit"].to_numpy()).data[0],
row = 1, col = 3)
# 更新图形布局,设置y轴标签和x轴的刻度值
fig.update_layout(yaxis_title = "订单数", xaxis = dict(tickmode = "array", tickvals = [0,
1]), xaxis2 = dict(tickmode = "array", tickvals = [0, 1]), xaxis3 = dict(tickmode = "array",
tickvals = [0, 1]))
# 显示图形
fig.show()
```

输出结果如图8-11所示。

对图8-11分析后发现，房价全额提前预付且不退款的选项在取消订单中占比异常高。尽管客户在预订时选择了全额提前预付的方式，但高取消率可能并不完全反映了客户取消预订的实际情况，而是客户在面对无法退款的条款时，选择了不继续完成支付流程。这种情况下，订单被标记为"取消"，即使客户从未实际支付过费用。

(1) 结论。

支付方式对订单取消率有显著的影响。其中，房价全额提前预付但不退款的方式显示出较高的"取消"订单比例。这一现象揭示了支付意愿与取消政策之间的复杂关

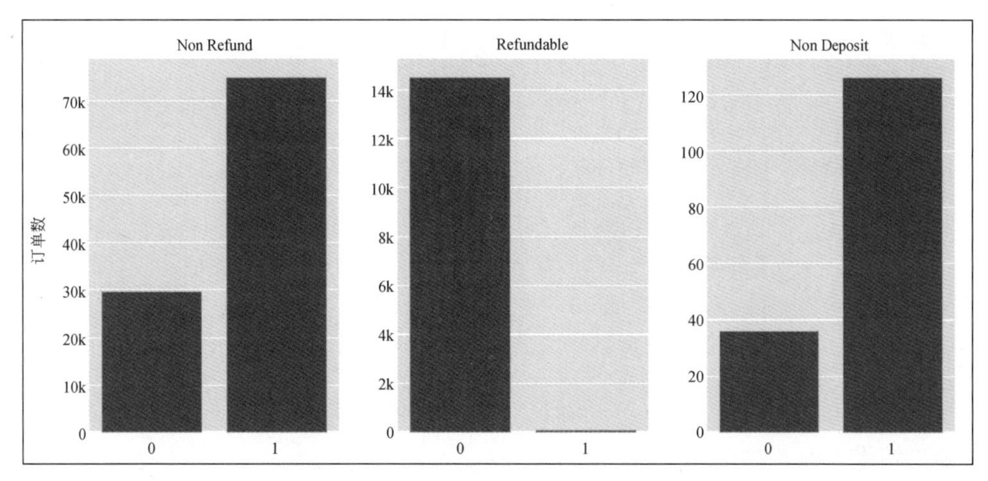

图 8-11　不同支付方式的订单量对比

系，其中部分订单虽被标记为取消，实际上是因为客户在了解到无法退款后选择了不支付。

(2) 原因分析与建议。

无预付保证金(No Deposit)：无预付保证金方式的低取消率可能因客户在不需要财务承诺的情况下更加慎重地进行预订，同时也因为可以无成本地取消而减少了冲动预订。

房价全额提前预付(Non Refund)：对于全额预付且不退款的方式，高"取消"订单比例可能并非真实反映客户取消预订的行为，而是客户在预订后因不想承担无法退款的风险而选择不完成支付过程。这说明，在无退款政策的影响下，客户的支付决策受到了显著影响。

部分房价预付，取消可退款(Refundable)：部分预付款且可退款的方式提供了更多的灵活性，使得客户在预订时能够在一定程度上降低财务风险，从而可更慎重地做出决策。

通过重新解读全额预付方式下的高取消率，酒店在设计取消政策时需要考虑到客户的支付意愿和风险承受能力，以及这些因素如何影响最终的订单完成率。

3) 提前预订时长对取消订单的影响分析

```
# 计算每个提前订票天数的取消预订数量，并排序
time_df_canceled = df_adr[df_adr["is_canceled"] == 1].groupby("lead_time")["is_canceled"].count().sort_index()
# 计算每个提前订票天数的总预订数量，并排序
time_df = df_adr.groupby("lead_time")["is_canceled"].count().sort_index()
# 计算取消率：每个提前订票天数的取消预订数占总预订数的百分比，未定义的结果填充为 0
time_rate = (time_df_canceled / time_df * 100).fillna(0) # 这里有个多余的括号应该删除
# 导入 Plotly 图形对象库
import plotly.graph_objects as go
# 使用 Pandas 的绘图功能创建一个散点图，这是基于 time_rate 的值
fig = time_rate.plot.scatter(x = time_rate.index.to_numpy(), y = time_rate.to_numpy())
```

```
# 添加一条对照线,从(0,0)到最大提前订票天数与 100 % 的点
# 这条线是为了提供一个直观的参考,帮助理解数据分布
fig.add_trace(go.Scatter(x = [0, time_rate.index.max()], y = [0, 100], mode = "lines",
name = "对照线"))
# 更新图形布局,设置 x 轴和 y 轴的标题,以及图形的高度
fig.update_layout(
    xaxis_title = "提前订票的天数",
    yaxis_title = "取消票数占总票数的百分比",
    height = 400
)
# 显示图形
fig.show()
```

输出结果如图 8-12 所示。

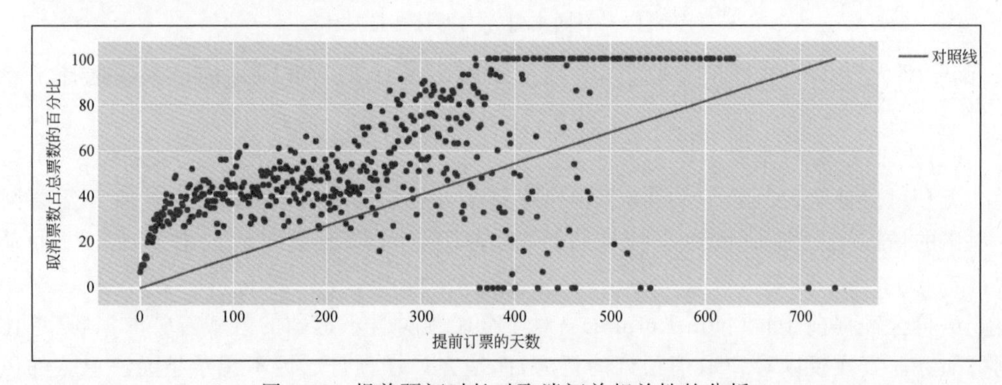

图 8-12　提前预订时长对取消订单相关性的分析

通过分析图 8-12 后,发现了明显的趋势:随着提前预订的天数的增加,订单的取消率也相应增加。这一发现揭示了预订行为与取消行为之间的直接联系,指出了在不同预订提前期的订单取消倾向。

(1) 结论。

短期预订的稳定性较高:数据显示,当客户在较短的时间内进行预订时(如距离入住日期较近),他们取消订单的可能性较小。这可能是因为短期预订通常与紧急或必要的旅行计划相关,客户在做出预订决定时已经比较确定。

长期预订的不确定性较大:相反,随着提前预订天数的增加,订单的取消率显著上升。这种趋势可能反映了长期计划的不确定性,包括个人计划的变化、经济因素或其他外部因素的影响。

(2) 建议。

灵活的取消政策:鉴于长期预订的高取消率,推荐实施更加灵活的取消政策(提供重新预订优惠,推荐预订保险)。特别是针对那些提前很久就预订的客户。这样的政策不仅可以提升客户满意度,还能增强客户的预订意愿。

针对短期预订的促销活动:考虑到短期预订的稳定性,酒店和旅行社可以设计针对短期预订的促销活动,以吸引更多即时或近期计划的旅客。

本章小结

本章首先解析 Pandas on Spark 的引入背景,明确其在数据处理中的作用,并详细介绍数据类型及结构。接下来系统地介绍了 Pandas API on Spark 的功能,从基础的数据读取和保存到索引设置,再到如何进行数据的常规操作和分组,同时也讲解了使用 Spark 特有函数和进行数据绘图的方法。特别强调了 Pandas on Spark DataFrame 与 Spark DataFrame 转换的过程。最后,通过一个酒店预订需求分析的案例,逐步说明了如何利用 Pandas API on Spark 进行数据的获取、预处理和探索,直观展示了其在解决实际问题中的应用步骤和效果。

习题 8

1. 判断题

(1) Pandas on Spark 是一种将 Pandas 代码直接在 Spark 上执行的工具。(　　)

(2) 使用 Pandas API on Spark 可以实现在分布式环境中进行大规模数据处理和分析。(　　)

(3) Pandas on Spark 提供了与 Pandas 几乎完全相同的 API 和功能。(　　)

(4) 使用 Pandas on Spark 读取和保存数据时,可以直接使用 Pandas 的读取和保存函数。(　　)

(5) 在 Pandas on Spark 中,可以使用 Pandas 的 Plotting 函数进行数据可视化。(　　)

2. 选择题

(1) Pandas on Spark 的主要优势是(　　)。

A. 支持大规模数据处理

B. 提供了与 Pandas 几乎相同的 API 和功能

C. 可以直接执行 Pandas 代码

D. 执行速度更快

(2) Pandas API on Spark 的主要组件是(　　)。

A. Series　　B. DataFrame　　C. RDD　　D. DataSet

(3) 在 Pandas API on Spark 中,用于读取 CSV 文件的函数是(　　)。

A. read_csv()　　B. read_parquet()

C. read_json()　　D. read_text()

(4) 在 Pandas API on Spark 中,用于筛选数据的函数是(　　)。

A. filter()　　B. select()　　C. where()　　D. query()

(5) 在 Pandas API on Spark 中,用于对数据进行分组操作的函数是(　　)。

A. groupBy()　　B. groupByColumn()

C. groupByIndex()　　D. groupByValue()

3. 编程题

基于8.4节的案例基础,完成不同国籍的客户与订单取消的相关性分析。

实验8 Pandas API on Spark 编程实践

1. 实验目的

(1) 掌握Pandas API on Spark的基本用法,包括数据处理、分析以及可视化。

(2) 通过实践操作Netflix数据集,深入了解数据集的特性,并通过可视化洞察数据背后的信息。

(3) 提升使用Pandas风格的API进行分布式数据集处理和分析的能力,并掌握数据可视化技巧。

2. 实验环境

(1) 开发平台:已搭建好的基于Jupyter Notebook的PySpark开发环境,支持Pandas API on Spark。

(2) 数据集:Netflix数据集,包含电影信息和用户评分数据。

3. 实验内容和要求

1) 数据加载

内容:利用Pandas API on Spark加载Netflix评分数据和电影信息数据。

要求:

(1) 确保数据被正确加载成Spark DataFrame格式。

(2) 检查数据的基本情况,包括数据量、字段类型等。

2) 数据预处理

内容:对加载的数据进行预处理,包括清洗、转换、特征工程等。

要求:

(1) 处理缺失值和异常值。

(2) 将文本日期转换为日期类型字段。

3) 热门电影分析

内容:分析并识别出评分次数最多的Top 3热门电影。

要求:

(1) 使用groupby和count方法统计每部电影的评分次数。

(2) 按评分次数降序排列,并选出Top 10。

4) 用户评分行为分析

内容:分析用户的评分行为,找出评分次数最多的Top 3用户。

要求:

(1) 统计每个用户的评分次数。

(2) 识别评分次数最多的Top 10用户。

5) 电影评分趋势分析

内容:探索电影评分随时间的变化趋势。

要求：

(1) 将评分日期字段分解为年份，分析每年的电影评分趋势。

(2) 使用 Pandas API on Spark 的绘图功能，绘制趋势图。

6) 高评分电影特征分析

内容：分析平均评分超过 4 星的电影特征，如类型、年份分布等。

要求：

(1) 计算每部电影的平均评分，并筛选出高评分电影。

(2) 分析这些电影的共同特征，并进行可视化展示。

第 9 章 PySpark ML

学习目标

- 了解 Spark ML 的基本概念及应用。
- 认识 Spark ML 的数据类型和基础方法。
- 掌握特征工程、流水线和模型优化。
- 理解各种机器学习算法及评估方式。
- 运用所学知识解决实际案例问题。

欢迎来到第 10 章，本章将深入介绍 Spark ML 机器学习库的使用。通过学习本章，读者将能够灵活运用 Spark ML 机器学习库处理和分析大规模数据，并构建和训练机器学习模型。同时，读者将掌握机器学习流水线的使用技巧，以提高机器学习任务的开发效率。最终，将能够应用 Spark ML 解决各种实际的机器学习问题，并进行基于 PySpark ML 的编程实践。

观看视频

9.1 Spark ML 概述

Spark ML 不是官方名称，但有时用于指代基于 MLlib DataFrame 的 API。这主要是由于 org. apache. spark. ml 基于 DataFrame 的 API 使用了 Scala 软件包名称，以及最初用来强调管道概念的 Spark ML Pipelines 一词。

1. 主要内容

机器学习是现阶段实现人工智能应用的主要方法，它广泛应用于机器视觉、语音识别、自然语言处理、数据挖掘等领域。MLlib(Machine Learning Library) 是 Spark 的机器学习(ML)库，它提供了许多分布式 ML 算法。这些算法包括特征选取、分类、回归、聚类、推荐等任务。ML 还提供了用于构建工作流的 ML 管道、用于调优参数的交叉验证器以及用于保存和加载模型的模型持久性等工具，它能够较容易地解决一些实际的大规模机器学习问题。在较高的水平上，它提供了以下工具。

(1) ML Algorithms (ML 算法)：常用的学习算法，如分类、回归、聚类和协同过滤。

(2) Featurization (特征)：特征提取、变换、降维和选择。

(3) Pipelines (管道)：用于构建、评估和调整 ML Pipelines 的工具。

(4) Persistence (持久性)：保存和加载算法、模型和 Pipelines。

(5) Utilities (实用)：线性代数、统计学、数据处理等。

2. 特性

(1) 支持多种语言。可在 Java、Scala、Python 和 R 中使用。

MLlib 适合 Spark 的 API，并在 Python (Spark 0.9)和 R 库(Spark 1.5)中与 NumPy 互操作。我们可以使用任何 Hadoop 数据源(例如 HDFS、HBase 或本地文件)，使插入 Hadoop 工作流变得很容易。

(2) 性能好。高质量的算法，比 MapReduce 快 100 倍。Spark 擅长迭代计算，使 MLlib 能够快速运行。与此同时，MLlib 包含利用迭代的高质量算法，有时比 MapReduce 中使用的单边近似会产生更好的结果。

(3) 可以运行在各种环境中。Apache Spark 支持在 Hadoop、Apache Mesos、Kubernetes、独立模式或云平台上运行，并能处理多种数据源。可以在 EC2、Hadoop YARN、Mesos 或 Kubernetes 上使用 Spark 的独立集群模式运行 Spark。访问 HDFS、Apache Cassandra、Apache HBase、Apache Hive 和其他数百个数据源中的数据。

从 Spark 2.0 开始，软件包中基于 RDD 的 API spark.mllib 已进入维护模式。Spark 的主要机器学习 API 现在是包中基于 DataFrame 的 API spark.ml。本书中的案例基于 Spark 3.5.1 版本。

在 Spark 2.x 版本中，MLlib 将为基于 DataFrames 的 API 添加功能，以实现与基于 RDD 的 API 的功能奇偶校验。

为什么 MLlib 切换到了基于 DataFrame 的 API？与 RDD 相比，DataFrames 提供了更加用户友好的 API。DataFrames 的众多好处包括 Spark 数据源、SQL/DataFrame 查询、Tungsten 和 Catalyst 优化以及跨语言的统一 API。用于 MLlib 的基于 DataFrame 的 API 为 ML 算法和多种语言提供了统一的 API。DataFrame 有助于实际的 ML 管道，特别是功能转换。

3. 算法分类

PySpark 是一个强大的工具，提供了丰富的机器学习算法和工具来处理大规模数据。这些算法涵盖了从分类和回归到聚类和推荐等多个领域。下面是一些常见的 PySpark 机器学习算法及其分类。

1) 分类算法

分类算法用于预测输入数据的类别。在 PySpark 中，有多种分类算法可供选择，具体包括以下几种。

(1) 逻辑回归(Logistic Regression)：用于二分类和多分类问题。

(2) 决策树(Decision Trees)：基于树结构的分类算法。

(3) 随机森林(Random Forest)：通过集成多个决策树来提高准确性。

(4) 梯度提升树(Gradient-Boosted Trees)：通过顺序迭代构建一系列决策树，每次迭代都会纠正前一次迭代的错误。

(5) 支持向量机(Support Vector Machine,SVM):用于二分类和多分类问题,通过构建超平面来分割数据。

2) 回归算法

回归算法用于预测连续数值型的输出。在 PySpark 中,常见的回归算法包括以下几种。

(1) 线性回归(Linear Regression):通过拟合线性模型来预测输出。

(2) 决策树回归(Decision Tree Regression):将决策树应用于回归问题。

(3) 随机森林回归(Random Forest Regression):用随机森林进行回归问题的预测。

(4) 因子分解机(Factorization Machines, FM):通过分解特征间交互权重,能够在高维空间中捕获变量间的相互作用。

3) 聚类算法

聚类算法用于将数据分成相似的组或簇。在 PySpark 中,主要的聚类算法如下。

(1) K 均值聚类(K-Means Clustering):通过将数据划分为 K 个簇来分组数据。

(2) 二分聚类(Bisecting K-Means Clustering):是 K-Means 的变种,通过递归二分最大簇来形成层次结构,旨在产生更紧凑的簇。

(3) 高斯聚类(Gaussian Mixture Model, GMM):采用基于概率的方法,假设数据由有限个高斯分布混合生成,适用于捕获簇内不同形状的数据点。

(4) LDA(Latent Dirichlet Allocation):主题模型,用于文档集合中的主题发现,将文档聚类到不同主题,每个文档表示为主题的混合。

4) 推荐算法

推荐算法用于预测用户可能感兴趣的项目。在 PySpark 中,主要的推荐算法是:ALS(交替最小二乘法)推荐算法:用于协同过滤和隐式反馈数据的推荐。

5) 降维和特征选择算法

降维和特征选择算法通过精简数据集的特征数量来消减噪声和冗余,从而优化机器学习模型的性能。主成分分析(Principal Component Analysis,PCA)作为一种降维技术,通过保留数据最大方差的特征转换来揭示其内在结构,而特征选择算法,如基于方差和基于树模型的方法,通过识别和保留最具影响力的特征来提高模型的准确性和解释性。

观看视频

9.2 基本数据类型

ML 支持存储在单个机器上的本地向量和矩阵,以及由一个或多个 RDD 支持的分布式矩阵。本地向量和本地矩阵是用作公共接口的简单数据模型。其底层线性代数运算由 Breeze 提供。

9.2.1 本地向量

本地向量具有整数类型和基于 0 的索引及双精度浮点型,存储在单个机器上。

MLlib 支持两种类型的本地向量：密集(dense)和稀疏(sparse)。密集向量由表示其条目值的 double 数组支持，而稀疏向量由两个并行数组支持：索引数组和值数组。例如，矢量(1.0,0.0,3.0)可以以密集格式表示为[1.0,0.0,3.0]，或者以稀疏格式表示为(3,[0,2],[1.0,3.0])，其中 3 是矢量的大小。

本地向量的基类是 Vector，有两种实现：DenseVector 和 SparseVector。推荐使用 Vector 中实现的工厂方法来创建本地向量。

1. DenseVector

- 函数：static dense(* elements)。
- 功能：列表或数字创建浮点数的密集向量。
- 返回值：DenseVector。
- 参数说明

elements：可变数量的参数，可以是单个浮点数、字节序列、NumPy 数组或浮点数的可迭代对象(如列表)。这些参数用于在向量中指定元素的值。

举例：

```
import numpy as np
from pyspark.ml.linalg import Vectors

# 使用 NumPy 数组创建密集向量
numpy_array = np.array([1.0, 2.0, 3.0])
dense_vector_from_numpy = Vectors.dense(numpy_array)
print(dense_vector_from_numpy)
```

输出结果：

```
DenseVector([1.0, 2.0, 3.0])
```

2. SparseVector

- 函数：static sparse(size, * args)。
- 功能：使用字典、列表 (索引、值)对，或两个单独的索引数组和值(按索引排序)创建浮点数的稀疏向量。
- 返回值：SparseVector。
- 参数说明

size：整型，向量包含元素的个数。

args：字典、列表 (索引、值)对，或两个单独的索引数组和值(按索引排序)。

举例：创建一个维度为 4 的稀疏向量，其中第 0 个元素为 1.0，第 3 个元素为 4.0，其余元素为零。

```
from pyspark.ml.linalg import Vectors
# 创建一个稀疏向量
sparse_vector = Vectors.sparse(4, {0: 1.0, 3: 4.0})
sparse_vector
```

输出结果：

```
SparseVector(4, {0: 1.0, 3: 4.0})
```

在这个例子中，Vectors.sparse 函数创建了一个新的 SparseVector 实例。该例指定了向量的大小为 4，并通过字典{0：1.0，3：4.0}指定了非零元素的位置和值。这表示向量是[1.0，0.0，0.0，4.0]，但以一种更内存高效的方式存储。

此外，如果有非零元素的位置和值列表，也可以这样传递给 sparse 函数：

```
# 使用位置和值列表创建稀疏向量
sparse_vector_from_list = Vectors.sparse(4, [(0, 1.0), (3, 4.0)])
print(sparse_vector_from_list)
```

输出结果如下：

```
SparseVector(4, {0: 1.0, 3: 4.0})
```

9.2.2 本地矩阵

本地矩阵具有整数类型的行和列索引以及 double 类型值，存储在单个机器上。ML 支持密集矩阵，其条目值以列主要顺序存储在单个 double 类型数组中；也支持稀疏矩阵，其非零条目值以列主要顺序存储在压缩稀疏列(Compressed Sparse Column，CSC)格式中。Matrix 的基类是 Matrix，提供两种实现：DenseMatrix 和 SparseMatrix。

1. DenseMatrix

➢ 函数：DenseMatrix(numRows，numCols，values，isTransposed=False)。

➢ 功能：创建列密集矩阵。

➢ 返回值：DenseMatrix。

➢ 参数说明

numRows：矩阵的行数。

numCols：矩阵的列数。

values：用于填充矩阵的值，可以是字节序列或浮点数的可迭代对象。这些值应该以列优先的方式提供。

isTransposed：布尔值，默认为 False。当设置为 True 时，输入的值将被视为行优先顺序，并且在创建矩阵后会转置。

举例：创建一个 2 行 3 列的密集矩阵，其值依次为[1.0，3.0，2.0，4.0，5.0，6.0]。

```
from pyspark.ml.linalg import DenseMatrix
# 创建一个密集矩阵
matrix = DenseMatrix(2, 3, [1.0, 3.0, 2.0, 4.0, 5.0, 6.0])
matrix
```

输出结果：

```
DenseMatrix(2, 3, [1.0, 3.0, 2.0, 4.0, 5.0, 6.0], False)
```

2. SparseMatrix

➢ 函数：SparseMatrix(numRows, numCols, colPtrs, rowIndices, values, isTransposed = False)。

➢ 功能：创建一个稀疏矩阵对象。

➢ 返回值：SparseMatrix。

➢ 参数说明

umRows：矩阵的行数。

numCols：矩阵的列数。

colPtrs：列指针数组，用于指示每列的开始和结束位置在 values 数组中的索引。其长度应该是列数加 1。

rowIndices：行索引数组，对应于 values 中每个元素的行位置。

values：非零元素的值数组，与 rowIndices 一起按列优先顺序存储。

isTransposed：布尔值，指示矩阵是否被转置。默认为 False，表示矩阵不是转置的。如果设置为 True，则在创建矩阵对象后，会将其视为已经转置。

举例：创建一个 3×3 的稀疏矩阵，其元素如下：

1 0 0

0 2 0

3 0 4

```
from pyspark.ml.linalg import SparseMatrix
# 矩阵的行数和列数
numRows = 3
numCols = 3
# 列指针数组，表示每列的开始和结束位置在 values 数组中的索引
colPtrs = [0, 1, 2, 4]
# 行索引数组，对应于 values 中每个元素的行位置
rowIndices = [0, 1, 0, 2]
# 非零元素的值数组
values = [1.0, 2.0, 3.0, 4.0]
# 创建稀疏矩阵
sparse_matrix = SparseMatrix(numRows, numCols, colPtrs, rowIndices, values)
sparse_matrix
```

输出结果：

```
SparseMatrix(3, 3, [0, 1, 2, 4], [0, 1, 0, 2], [1.0, 2.0, 3.0, 4.0], False)
```

9.3 基本方法

9.3.1 假设检验

假设检验是统计学中一个强有力的工具，用于确定结果是否具有统计显著性，无论该结果是否偶然发生。ML 目前支持 Pearson 的 Chi-squared(χ2)独立测试、Kolmogorov-Smirnov (K-S) test。

1. 卡方检验

卡方检验(ChiSquare Test)可以针对标签和特征进行皮尔逊独立性检验,对于每一个特征,构建(特征,标签)这样的矩阵,计算卡方统计量,去除冗余特征、消除维数灾难、提高模型质量。在卡方检验中,卡方统计量用于衡量观察值与期望值之间的差异,自由度表示数据点的自由变化程度,p 值用于判断观察值与期望值之间的差异是否显著。在卡方检验中,通常会关注 p 值,以确定两个分类变量之间的关联性是否具有统计显著性。

卡方检验方法使用说明如下。

- 函数:static pyspark.ml.stat.ChiSquareTest.test(dataset, featuresCol, labelCol, flatten=False)。
- 功能:计算特征之间的卡方统计量和 p 值,从而判断特征之间是否存在显著的关联。
- 参数说明

dataset:分类标签和分类特征的 DataFrame,DataFrame 类型。

featuresCol:待计算相关系数向量列的名称,字符型。

labelCol:数据集中任何数值类型的标签列的名称,字符型。

flatten:bool,数据集中特征列的名称,类型为矢量。

- 返回值:DataFrame 包含针对标签的每个要素的测试结果。如果平展为 True,则此 DataFrame 将为每个要素包含一行。

p 值:浮点数。p 值是用来衡量观察到的统计结果在随机情况下出现的概率。p 值越小,表示观察值与期望值之间的差异越大,从而可能存在显著的关联。通常,如果 p 值小于某个显著性水平(如 0.05),则可以拒绝无关联的假设,认为两个分类变量之间存在显著的关联。

自由度:int。自由度的计算方法为(行数−1)×(列数−1)。自由度越大,意味着统计结果更可靠。

举例:有一个包含用户特征和用户是否完成某个任务(标签)的数据集。通过卡方检验来分析哪些特征与用户是否完成任务之间存在显著的关联。

```
data = [(0, Vectors.dense([0, 0, 1]), 1),
    (1, Vectors.dense([1, 1, 0]), 0),
    (2, Vectors.dense([2, 1, 1]), 1),
    (3, Vectors.dense([3, 2, 1]), 0)]
columns = ["id", "features", "label"]
df = spark.createDataFrame(data, schema = columns)
# 执行卡方检验
chiSqResult = ChiSquareTest.test(df, "features", "label")
# 展示结果
chiSqResult.show(truncate = False)
```

输出结果:

```
+-------------------+--------------+----------------+
|pValues            |degreesOfFreedom|   statistics   |
+-------------------+--------------+----------------+
|[0.26146,0.3678,0.2482] | [3, 2, 1]  | [4.0,2.0,1.33333] |
+-------------------+--------------+----------------+
```

输出结果显示所有特征的 p 值均大于 0.05，说明在统计学上不能拒绝原假设，即特征和标签之间是相互独立的。这意味着从统计的角度来看，这些特征可能对于预测标签不是特别有用。

2. Kolmogorov-Smirnov test

在工作中时常会做一些统计假设检验，来检测数据是不是满足一定的统计分布。Kolmogorov-Smirnov (K-S) test 是一个有用的非参数(nonparmetric)假设检验，主要是用来检验一组样本是否来自于某个概率分布(one-sample K-S test)，或者比较两组样本的分布是否相同(two-sample K-S test)。查看测试结果。如果 p 值为 1 的话，说明两组数据基本相同，如果 p 值无限接近 0，说明两组数据差异性极大。

- 函数：static pyspark. ml. stat. KolmogorovSmirnovTest test(dataset, sampleCol, distName, * params)。
- 功能：用于判断单个样本是否遵循特定的概率分布(例如正态分布)，或者比较两个样本集的分布是否相同。
- 参数说明

dataset：包含要测试的数据示例的数据集，DataFrame 类型。

sampleCol：数据集列的名称，字符型。

distName：理论分布的字符串名称，目前仅支持“范数”，字符型。

params：指定用于理论值的参数的浮点值列表分配。对于“正态”分布，参数包括均值和方差，类型为矢量。

- 返回值：DataFrame，其中包含输入采样数据的柯尔莫哥洛夫-斯米尔诺夫测试结果。此 DataFrame 将包含具有以下字段的单个行。

pValue：Double，p 值是用于决定是否拒绝原假设的标准。

statistic：Double，统计量越大，说明数据与假设的分布之间的差异越大。

举例：

现有一组数据，代表了一家公司员工的年度绩效评分。需要检验这些数据是否近似遵循正态分布。

```
from pyspark.ml.stat import KolmogorovSmirnovTest
# 创建模拟数据集
dataset = [(1, 4.8), (2, 6.1), (3, 3.5), (4, 7.2), (5, 5.0)]
columns = ["ID", "Score"]
dataset = spark.createDataFrame(dataset, ['sample'])
ksResult = KolmogorovSmirnovTest.test(dataset, 'sample', 'norm', 0.0, 1.0)
ksResult.show()
```

输出结果：

```
| pValue                |     statistic      |
+-----------------------+--------------------+
|2.010491717027163E-4   |0.841344746068543   |
```

➢ 分析结论

结合低 p 值(<0.001)和较高的 KS 统计量，可以得出结论，员工满意度评分数据与假设的正态分布(均值为 5，标准差为 2)不匹配。这就意味着实际数据的分布特性与预期的正态分布有所不同，可能是偏态的、有峰值的或其他非正态的特性。了解数据的实际分布特性对于选择合适的统计测试和建模方法至关重要。

9.3.2 摘要总结

1. 向量摘要统计(Summarizer)

在 PySpark 中，DataFrame.describe()和 stat.Summarizer 都用于生成数据列的统计信息，但是二者在方法、应用场景上有很大的差异。

1) 方法

DataFrame.describe()是 DataFrame 的内置方法，用于计算数据列的常见统计信息，例如平均值、标准差、最小值、最大值等。它返回一个包含统计信息的新 DataFrame。

```
df = spark.createDataFrame([(1, "Alice"), (2, "Bob")], ["id", "name"])
col_id = df["id"] # 表示 DataFrame 中的 "id" 列,包含整数值
```

而 pyspark.ml.stat.Summarizer 用来进行向量摘要统计。向量列通常使用 VectorAssembler 来创建，它用于表示包含多个数值的向量或数组。Summarizer 中的方法允许我们选择计算哪些统计量，如平均值、标准差、最小值、最大值，以及支持计算多列的统计信息。

```
from pyspark.ml.feature import VectorAssembler
df = spark.createDataFrame([(1, 2, 3), (4, 5, 6)], ["feature1", "feature2", "feature3"])
assembler = VectorAssembler(inputCols = ["feature1", "feature2", "feature3"], outputCol =
"features")
df_with_vectors = assembler.transform(df)
```

2) 应用场景

DataFrame.describe()适用于简单的数据摘要和快速数据探索，而 stat.Summarizer 更适用于需要更多自定义和复杂的统计信息计算的情况，特别是在进行数据预处理和特征工程时。

2. 模型摘要(Summary)

为了获取训练模型的重要信息，需要访问训练模型的 Summary 属性。模型不同，摘要的内容不同。PySpark 目前提供了分类、回归、聚类挖掘的摘要，其信息如表 9-1 所示。

表 9-1 基于 PySpark 的模型摘要信息表

模型类型	摘要信息	描述
分类模型		
RandomForestClassificationModel. summary	特征重要性	显示各特征在模型决策中的相对重要性
	模型性能指标	包括准确率、召回率、F1 分数等
MultilayerPerceptronClassificationModel. summary	损失变化	训练过程中的损失变化
	网络参数	包括各层权重和偏置的信息
FMClassificationModel. summary	特征因子	反映特征在模型中的作用和相互作用
	性能指标	如准确率、召回率等
LinearSVCModel. summary	支持向量	模型中用于定义决策边界的关键数据点
	系数和截距	决策边界的参数
LogisticRegressionModel. summary	系数和截距	每个特征的系数及模型截距
	ROC 和 AUC	模型性能的重要指标
	精确率、召回率和 F1 分数	关键的分类性能指标
聚类模型		
BisectingKMeansModel. summary	聚类中心	每个聚类的中心点
	聚类大小	每个聚类包含的点数
	训练成本	聚类过程中的成本
GaussianMixtureModel. summary	混合组件参数	每个高斯分量的均值和协方差
	权重	各高斯分量在混合模型中的相对比重
KMeansModel. summary	聚类中心	每个聚类的中心点
	训练成本	反映聚类的效果
回归模型		
GeneralizedLinearRegressionModel. summary	系数和截距	模型的参数
	统计测试结果	包括 p 值、t 值等
	模型拟合指标	如 R 平方、AIC 等

9.3.3 数据不平衡处理

数据不平衡，也称样本偏斜，是指数据集中正负类样本数量不均，例如正类样本有 10000 个，负类样本只有 100 个，这就可能使得超平面被“推向”负类(因为负类数量少，分布得不够广)，影响结果的准确性。

选择合适的处理方法取决于数据集的特点、业务需求和模型的性能。在实际应用中，可能需要尝试不同的方法并进行交叉验证来选择最适合的解决方案在 PySpark 环境下解决数据不平衡问题，主要涉及以下几种方法。

1. 评估指标

PySpark 提供了用于计算各种评估指标的函数，可以使用召回率、F1 分数指标来评估模型在不平衡数据上的性能，并根据需要调整阈值或模型。

2. 下采样

PySpark 并没有内置专门用于上采样(oversampling)和下采样(undersampling)的函数,可以使用 DataFrame.sample()或 DataFrame.sampleBy()方法来减少多数类的样本数量。DataFrame.sample 适用于需要进行整体的随机抽样时,而 DataFrame.sampleBy 则适用于需要按照某个列的不同值进行分层抽样的情况。

- 函数:sampleBy(col, fractions, seed=None)。
- 功能:sampleBy 函数用于对 DataFrame 进行分层采样,根据指定列的不同值来对 DataFrame 的行进行采样。允许对不同类别(即 col 列的不同值)指定不同的采样比例。
- 返回值:返回一个新的 DataFrame,它是根据指定的采样比例从原始 DataFrame 中采样得到的。
- 参数说明

col:用于分层采样的列名。这个列中的每个唯一值都将被视为一个分层,对每个分层可以指定不同的采样比例。

fractions:一个字典,键为 col 列中的唯一值,值为对应该值的采样比例(0 到 1 之间的浮点数)。

seed:一个可选的整数种子,用于采样的随机数生成。提供种子可以确保结果的可重复性。

举例:有一些电信运营商的客户流失数据集,包含客户的客户流失标签、客户对服务的评级、每月费用三个特征,标签为 1 表示客户已流失(正样本),标签为 0 表示客户未流失(负样本)。数据集中正样本的数量远少于负样本,即存在数据不平衡问题。下面将通过下采样方法说明。

```
#电信运营商的客户流失数据集
data = [
  (1, "High", 50), (0, "Low", 30), (0, "Low", 20),
  (1, "Medium", 45), (0, "High", 60), (0, "Low", 25),
  (0, "Medium", 50), (1, "High", 55), (0, "High", 40)
]
columns = ["label", "ServiceRating", "MonthlyCharge"]
df = spark.createDataFrame(data, schema = columns)
df.show()
```

数据显示:

```
+-----+------------+------------+
|label |ServiceRating |MonthlyCharge |
+-----+------------+------------+
|  1  |  High      |     50     |
|  0  |  Low       |     30     |
|  0  |  Low       |     20     |
|  1  |  Medium    |     45     |
|  0  |  High      |     60     |
|  0  |  Low       |     25     |
|  0  |  Medium    |     50     |
|  1  |  High      |     55     |
|  0  |  High      |     40     |
+-----+------------+------------+
```

下采样实现：

```
# 计算正负样本数量
positiveCount = df.filter(col("label") == 1).count()
negativeCount = df.filter(col("label") == 0).count()
# 计算下采样比例
ratio = positiveCount / float(negativeCount)
sampled_df = df.sampleBy("label", fractions = {0: ratio, 1: 1.0}, seed = 42)
sampled_df.groupBy("label").count().show()
```

输出结果：

```
+-----+-----+
|label |count |
+-----+-----+
|  1  |  3  |
|  0  |  4  |
+-----+-----+
```

3. 上采样

上采样通常涉及复制少数类的样本。我们可以通过多次复制少数类 DataFrame 并将其与原始 DataFrame 合并来实现。

- 函数：explode(col)。
- 功能：explode 函数用于将一个数组类型的列(Column)展开为多行，每个数组元素占据一行。如果原始 DataFrame 中的一行包含一个数组列，使用 explode 之后，这行会被展开为多个行，数组中的每个元素都会变成新行中的一个值。这对于处理嵌套数组或需要将数组元素单独分析的情况特别有用。
- 返回值：返回一个新的 Column 对象，其中包含了输入列中数组的每个元素，每个元素作为新行的一部分。这意味着原始 DataFrame 中的一行可能会根据数组列的元素数量展开为多行。

举例：

```
from pyspark.sql import Row
from pyspark.sql.functions import col, lit, explode, array
# 筛选正样本和负样本
positiveDF = df.filter(col("label") == 1)
negativeDF = df.filter(col("label") == 0)
# 计算正负样本数量
positiveCount = positiveDF.count()
negativeCount = negativeDF.count()
ratio = int(negativeCount / positiveCount)
# 计算上采样比例
ratio = int(negativeCount / positiveCount)
print("Ratio: ", ratio)
# 上采样正样本
oversampledDF = positiveDF.withColumn("dummy", explode(array([lit(x) for x in range
(ratio)]))).drop('dummy')
```

```
# 合并上采样后的正样本和原始负样本
balancedDF = oversampledDF.unionAll(negativeDF)
# 显示结果
balancedDF.groupBy("label").count().show()
```

输出结果：

```
+-----+-----+
|label |count |
+-----+-----+
|  1  |  6  |
|  0  |  6  |
+-----+-----+
```

4. 类别权重

PySpark 的一些机器学习算法支持通过设置类别权重(Class Weights)来处理不平衡数据。通过为不同类别分配不同的权重，我们可以告诉模型更重视少数类别，从而改善模型性能。在 PySpark 中，可以使用 weightCol 参数来设置类别权重。

举例：假设有一个二分类问题，其中类别 0 是少数类别，类别 1 是多数类别。在 PySpark 中使用 classWeights 参数来设置类别权重，然后将其传递给分类器。通常，将权重设置为多数类别样本数除以少数类别样本数的比例。

```
from pyspark.ml.classification import LogisticRegression
from pyspark.ml.feature import VectorAssembler
from pyspark.ml.linalg import Vectors
from pyspark.sql.functions import col

# 创建示例 DataFrame(不平衡数据)
data = [(0, Vectors.dense([0.1, 0.2])),
    (1, Vectors.dense([0.4, 0.5])),
    (0, Vectors.dense([0.6, 0.7])),
    (1, Vectors.dense([0.8, 0.9])),
    (1, Vectors.dense([0.9, 0.8])),
    (1, Vectors.dense([0.7, 0.6]))]

df = spark.createDataFrame(data, ["label", "features"])
# 计算少数类别和多数类别的样本数
minority_count = df.filter(df["label"] == 0).count()
majority_count = df.filter(df["label"] == 1).count()
# 计算类别权重
class_weights = {0: 1.0, 1: minority_count / majority_count}
# 创建分类器,并设置类别权重
classifier = LogisticRegression(featuresCol = "features", labelCol = "label", weightCol = "
classWeight")
# 构建特征向量
assembler = VectorAssembler(inputCols = ["features"], outputCol = "features_vector")
df = assembler.transform(df)
# 训练分类器
model = classifier.fit(df, class_weights)
```

```
# 在测试数据上进行预测
test_data = spark.createDataFrame([(1, Vectors.dense([0.3, 0.4]))], ["label", "
features"])
test_data = assembler.transform(test_data)
predictions = model.transform(test_data)
# 显示预测结果
predictions.select("label", "prediction", "probability").show()
```

9.3.4 特征工程

PySpark 提供了丰富的特征工程工具，用于数据预处理（第 8 章已经详细介绍过）、特征提取、转换、选择，以便为机器学习模型准备合适的输入数据。特征工程在机器学习中非常重要，因为好的特征能够提高模型的性能和泛化能力。

1. PySpark 常用特征工程

（1）数据清洗。数据清洗是特征工程的第一步，用于处理缺失值、异常值和重复值等。PySpark 中可以使用 na.drop、na.fill 等方法来处理缺失值，使用过滤方法来处理异常值，使用 dropDuplicates 来删除重复值。这些方法在第 8 章已经详细介绍过了。

（2）特征转换。特征转换是将原始数据转换为适合模型训练的特征向量的过程。PySpark 提供了 VectorAssembler 来将多个特征列合并为一个特征向量列。

（3）特征提取。特征提取是从原始数据中提取更有意义的特征的过程。PySpark 提供了多种特征提取方法，如 StringIndexer 用于将类别特征索引化、OneHotEncoder 用于独热编码、Bucketizer 用于分桶连续特征等。

（4）标准化和归一化。在某些模型中，特征标准化（均值为 0，方差为 1）或归一化（缩放到特定范围）是必要的。PySpark 提供了 Normalizer、StandardScaler 和 MinMaxScaler 等来进行归一化和标准化。

（5）特征选择：特征选择是选择最相关的特征，以降低模型复杂性和提高泛化能力。PySpark 中可以使用 ChiSqSelector 进行卡方检验特征选择，也可以使用 corr、featureCorrelation 计算特征之间的相关性。

（6）文本处理：对于文本数据，PySpark 提供了 Tokenizer 用于分词、StopWordsRemover 用于去除停用词、CountVectorizer 和 TF-IDF 用于文本向量化等。

（7）降维：降维可以减少数据维度，降低计算复杂度。PySpark 提供了 PCA 和 LDA 等降维方法。

（8）时间序列特征：对于时间序列数据，可以使用滑动窗口、滞后特征等方法来提取有意义的时间特征。

2. 数据替换

- 函数：Imputer(strategy='mean', missingValue=float('nan'), inputCols=None, outputCols=None, inputCol=None, outputCol=None, relativeError=0.001)。
- 功能：以替换数据集中所有列的缺失值（NaN 值或任何其他指定的值）为该列的平均值、中位数或众数。

➢ 返回值：经过缺失值处理(fit、transform)后的 DataFrame。

➢ 参数说明

strategy：可选值包括 'mean''median'和'mode',默认为 'mean'。分别表示用均值、中位数或众数来填充缺失值。

missingValue：表示缺失值的值,默认为 nan。

inputCols：输入列的名称列表,需要进行缺失值处理的特征列。

outputCols：输出列的名称列表,填充缺失值后的列名。

inputCol：单个输入列的名称,如果只处理一个特征列时使用。

outputCol：单个输出列的名称,填充缺失值后的列名。

relativeError：相对误差,用于均值填充时的近似计算,默认为 0.001。

举例：在这个示例中,使用 Imputer 将缺失值用均值填充,然后将填充后的结果存储在"imputed_value"列中。

```
from pyspark.ml.feature import Imputer
data = [(None, 120000), (25, None), (None, None), (22, 30000), (30, 150000)]
df = spark.createDataFrame(data, ["age", "salary"])
imputer = Imputer(inputCols = ["age", "salary"], outputCols = ["imputed_age", "imputed_
salary"], strategy = "mean")
imputed_df = imputer.fit(df).transform(df)
imputed_df.show()
```

输出结果：

```
+-----+------+----------+------------+
| age |salary |imputed_age |imputed_salary |
+-----+------+----------+------------+
|NULL |120000 |    25    |    120000    |
| 25  | NULL  |    25    |    100000    |
|NULL | NULL  |    25    |    100000    |
| 22  | 30000 |    22    |    30000     |
| 30  |150000 |    30    |    150000    |
+-----+------+----------+------------+
```

3. 特征提取

特征提取是将原始数据转换为可供模型使用的形式的过程。

1）StringIndexer

➢ 函数：pyspark. ml. feature. StringIndexer(*, inputCol = None, outputCol = None, inputCols= None, outputCols = None, handleInvalid = 'error', stringOrderType = 'frequencyDesc')。

➢ 功能：将字符串类型的类别特征转换为数值索引。

➢ 返回值：StringIndexerModel 对象。

➢ 参数说明

inputCol(可选)：要转换的输入列名。如果提供了 inputCols,则无须指定此参数。

outputCol(可选)：转换后的输出列名。如果提供了 outputCols,则无须指定此参数。

inputCols(可选)：要转换的输入列名列表。可以一次性指定多个列进行转换。

outputCols(可选)：转换后的输出列名列表，与 inputCols 对应。

handleInvalid：指定如何处理无效的类别。'error'：默认选项，如果遇到无效的类别，会抛出错误。'skip'：跳过无效的类别。'keep'：将无效的类别映射为一个特定索引，这个索引不会影响其他类别的索引。

stringOrderType：指定字符串类别的排序方式。'frequencyDesc'：按照类别的频率降序排列。'frequencyAsc'：按照类别的频率升序排列。'alphabetDesc'：按照字母降序排列。'alphabetAsc'：按照字母升序排列。

举例：在下面的示例中，将"fruit"列中的不同类别("apple"和"banana")转换为相应的数值索引。输出中的"indexed_fruit"列将包含这些数值索引。

```
from pyspark.ml.feature import StringIndexer
# 创建示例数据集
data = [("apple",), ("banana",), ("apple",), ("apple",), ("banana",),("peach",)]
df = spark.createDataFrame(data, ["fruit"])
# 创建 StringIndexer 对象
indexer = StringIndexer(inputCol = "fruit", outputCol = "indexed_fruit")
# 使用 StringIndexer 进行转换
indexed_df = indexer.fit(df).transform(df)
# 显示转换后的结果
indexed_df.show()
```

输出结果：

```
+------+-----------+
| fruit |indexed_fruit |
+------+-----------+
| apple |    0.0    |
|banana |    1.0    |
| apple |    0.0    |
| apple |    0.0    |
|banana |    1.0    |
| peach |    2.0    |
+------+-----------+
```

2) OneHotEncoder

➢ 函数：pyspark.ml.feature.OneHotEncoder(*, inputCols= None, outputCols= None, handleInvalid= 'error', dropLast = True, inputCol= None, outputCol= None)。

➢ 功能：将整数索引的类别特征转换为独热编码向量。

➢ 返回值：一个新的 DataFrame。

➢ 参数说明

inputCols(可选)：要进行独热编码的输入列名列表。可以一次性指定多个列进行转换。

outputCols(可选)：转换后的输出列名列表，与 inputCols 对应。如果未提供，将默认生成新的列名。

handleInvalid：指定如何处理无效的类别。'error'：默认选项，如果遇到无效的类别，会抛出错误。'skip'：跳过无效的类别。

'keep'：将无效的类别映射为一个特定的编码向量，这个向量在所有编码向量中都不存在。

dropLast：指定是否删除编码向量中的最后一个元素。默认为 True，删除最后一个元素，以避免多重共线性问题。

inputCol(可选)：要进行独热编码的输入列名。如果提供了 inputCols，则无须指定此参数。

outputCol(可选)：转换后的输出列名。如果提供了 outputCols，则无须指定此参数。

举例：在这个示例中，"fruit"列中的类别值被转换为相应的独热编码向量，并存储在"encoded_fruit"列中。

```
from pyspark.ml.feature import OneHotEncoder
# 利用前面生成的数据集
# 创建 OneHotEncoder 对象
encoder = OneHotEncoder(inputCol = "indexed_fruit", outputCol = "encoded_fruit")
# 使用 OneHotEncoder 进行转换
encoded_df = encoder.fit(indexed_df).transform(indexed_df)
# 显示转换后的结果
encoded_df.show()
```

输出结果：

```
+------+-----------+------------+
| fruit |indexed_fruit |encoded_fruit  |
+------+-----------+------------+
| apple |      0.0    |(2,[0],[1.0])  |
|banana |      1.0    |(2,[1],[1.0])  |
| apple |      0.0    |(2,[0],[1.0])  |
| apple |      0.0    |(2,[0],[1.0])  |
|banana |      1.0    |(2,[1],[1.0])  |
| peach |      2.0    | (2,[],[])     |
+------+-----------+------------+
```

注意，encoded_fruit 列会以稀疏向量的形式展现，其中向量的长度等于训练数据中 fruit 列的唯一值数量，向量中的非零位置对应于 fruit_indexed 列的值，peach 作为最后一个类别，在独热编码中被省略，这是一种避免线性依赖和多重共线性的常用做法。其中，(2,[0],[1.0])表示一个长度为 2 的向量，其中索引 0 的位置值为 1.0，表示 apple。这种先使用 StringIndexer 后使用 OneHotEncoder 的步骤是处理类别特征的常见做法，特别是当原始数据为字符串类型且需要进行独热编码时。

3）VectorAssembler

➢ 函数：pyspark. ml. feature. VectorAssembler（*，inputCols＝None，outputCol＝None，handleInvalid＝'error'）。

➢ 功能：将多个特征列合并为一个特征向量列。

➢ 返回值：一个新的向量列，这个列由指定的输入列组合而成。

➢ 参数说明

inputCols（可选）：要合并的输入特征列名列表。

outputCol（可选）：合并后的输出向量列名。如果未提供，将默认生成新的列名。

handleInvalid：指定如何处理无效的特征。'error'：默认选项，如果遇到无效的特征，会抛出错误。'skip'：跳过无效的特征。

举例：在下面示例中，"feature1""feature2"和"feature3"列被合并为一个名为"features"的向量列。这种操作常用于将多个特征输入到机器学习模型中。

```
from pyspark.ml.feature import VectorAssembler
# 创建示例数据集
data = [(1, 2, 3), (4, 5, 6), (7, 8, 9)]
df = spark.createDataFrame(data, ["feature1", "feature2", "feature3"])
# 创建 VectorAssembler 对象
assembler = VectorAssembler(inputCols = ["feature1", "feature2", "feature3"], outputCol
= "features")
# 使用 VectorAssembler 进行合并
assembled_df = assembler.transform(df)
# 显示合并后的结果
assembled_df.show()
```

输出结果：

```
+--------+--------+--------+-------------+
|feature1 |feature2 |feature3 | features    |
+--------+--------+--------+-------------+
|    1    |    2    |    3   |[1.0,2.0,3.0] |
|    4    |    5    |    6   |[4.0,5.0,6.0] |
|    7    |    8    |    9   |[7.0,8.0,9.0] |
+--------+--------+--------+-------------+
```

4）Word2Vec

➢ 函数：pyspark. ml. feature. Word2Vec（*，vectorSize＝100，minCount＝5，numPartitions＝1，stepSize＝0. 025，maxIter＝1，seed＝None，inputCol＝None，outputCol＝None，windowSize＝5，maxSentenceLength＝1000）。

➢ 功能：将文本中的单词转换为密集向量表示。

➢ 返回值：Word2VecModel。

➢ 参数说明

vectorSize：词向量的维度大小。

minCount：最小词频阈值，小于该阈值的单词会被忽略。

numPartitions：指定训练过程中使用的分区数。

stepSize：训练步长(学习率)。

maxIter：最大迭代次数。

seed：随机数种子。

inputCol(可选)：要进行 Word2Vec 转换的输入文本列名。

outputCol(可选)：转换后的输出向量列名。

windowSize：Word2Vec 训练过程中的窗口大小，用于定义单词上下文范围。

maxSentenceLength：最大句子长度，超过该长度的句子将被截断。

举例：在这个示例中，"words"列中的单词被转换为维度为 3 的词向量，并存储在"result"列中。

```
from pyspark.ml.feature import Word2Vec
# 创建示例数据集
data = [(0, ["a", "b", "c", "d", "e"]),
    (1, ["b", "b", "c", "d", "e"]),
    (2, ["c", "c", "c", "c", "e"]),
    (3, ["a", "c", "c", "c", "e"]),
    (4, ["a", "a", "a", "a", "e"]),
    (5, ["a", "a", "a", "a", "e"])]
df = spark.createDataFrame(data, ["id", "words"])
# 创建 Word2Vec 对象
word2vec = Word2Vec(vectorSize = 3, minCount = 0, inputCol = "words", outputCol = "result")
# 使用 Word2Vec 进行转换
model = word2vec.fit(df)
result = model.transform(df)
# 显示转换后的结果
result.select("id", "result").show(truncate = False)
```

输出结果：

```
+--+-----------------------------------------------------------+
|id|                          result                           |
+--+-----------------------------------------------------------+
|0 |[0.021628481149673463,0.07006878405809402,0.009353403002023697]  |
|1 |[0.06742946356534958,0.059977334551513196,0.009596989303827286]  |
|2 |[0.028269247710704805,0.11920733321458102,-0.04982249960303307]  |
|3 |[-0.002005012333393097,0.10233612600713969,-0.0117820642888546]  |
|4 |[-0.0928277924656868,0.051722504384815696,0.1023392416536808]    |
|5 |[-0.0928277924656868,0.051722504384815696,0.1023392416536808]    |
+--+-----------------------------------------------------------+
```

4. 特征转换

特征转换是在已有特征基础上进行的操作，以创建新的特征或转换现有特征。

1) StandardScaler

➢ 函数：pyspark.ml.feature.StandardScaler(withMean＝False，withStd＝True，inputCol＝None，outputCol＝None)。

➢ 功能：用于标准化特征，将它们转换为以 0 为均值、以 1 为标准差的分布。

➢ 返回值：将连续特征进行标准化，使其均值为 0，标准差为 1。这对于需要正态分布数据的模型非常有用，如支持向量机(SVM)、线性回归和逻辑回归。

➢ 参数说明

withMean：指定是否在标准化过程中减去均值，默认为 False，不减去均值。

withStd：指定是否在标准化过程中除以标准差，默认为 True，除以标准差。

inputCol(可选)：要进行标准化的输入特征列名。

outputCol(可选)：标准化后的输出特征列名。

举例：有一个关于房屋销售的数据集，包含房屋的大小(平方英尺)、房间数量以及房屋的价格。现在想要使用 StandardScaler 来标准化房屋大小和房间数量的特征，以便后续进行机器学习模型的训练。

```
from pyspark.sql.functions import col
from pyspark.ml.feature import VectorAssembler, StandardScaler
# 示例数据
data = [
  (2000, 3, 500000),
  (1500, 2, 300000),
  (2500, 4, 600000),
  (1000, 1, 250000),
  (1800, 3, 350000),
  (2200, 3, 450000)
]
columns = ["Size", "Rooms", "Price"]
df = spark.createDataFrame(data, schema = columns)
#正则化计算
# 使用 VectorAssembler 将 Size 和 Rooms 合并为一个特征向量
assembler = VectorAssembler(inputCols = ["Size", "Rooms"], outputCol = "features")
vector_df = assembler.transform(df)
# 创建 StandardScaler 对象
scaler = StandardScaler(inputCol = "features", outputCol = "scaledFeatures", withMean =
True, withStd = True)
# 计算均值和标准差,然后应用标准化
scalerModel = scaler.fit(vector_df)
scaled_df = scalerModel.transform(vector_df)
# 显示原始和标准化后的特征
scaled_df.select("Size", "Rooms", "features", "scaledFeatures").show(truncate = False)
```

输出结果：

```
+----+-----+------------+-------------------------------------+
|Size |Rooms |features    |            scaledFeatures           |
+----+-----+------------+-------------------------------------+
|2000 |  3   |[2000.0,3.0] |[0.3134811641096996,0.3227486121839512]   |
|1500 |  2   |[1500.0,2.0] |[-0.6269623282193989,-0.6454972243679032] |
|2500 |  4   |[2500.0,4.0] |[1.2539246564387982,1.2909944487358056]   |
|1000 |  1   |[1000.0,1.0] |[-1.5674058205484973,-1.6137430609197576] |
|1800 |  3   |[1800.0,3.0] |[-0.06269623282193976,0.3227486121839512] |
|2200 |  3   |[2200.0,3.0] |[0.689658561041339,0.3227486121839512]    |
+----+-----+------------+-------------------------------------+
```

2）MinMaxScaler

➤ 函数：MinMaxScaler(min=0.0，max=1.0，inputCol=None，outputCol=None)。

➤ 功能：将连续特征缩放到最小值和最大值范围内，范围通常是[0，1]。

➤ 返回值：MinMaxScaler 返回一个转换器(Transformer)。

➤ 参数说明

min：指定特征缩放后的最小值，默认为 0.0。

max：指定特征缩放后的最大值，默认为 .0。

inputCol(可选)：要进行缩放的输入特征列名。

outputCol(可选)：缩放后的输出特征列名。

举例：在这个示例中，"feature"列中的特征值被缩放到指定的最小值和最大值范围内，并存储在"scaledFeatures"列中。

```
from pyspark.ml.feature import MinMaxScaler, VectorAssembler
# 创建 MinMaxScaler 对象
scaler = MinMaxScaler(inputCol = "features", outputCol = "scaledFeatures", min = 0.0, max = 1.0)
# 计算最大值和最小值，然后应用缩放
scalerModel = scaler.fit(vector_df)
scaled_df = scalerModel.transform(vector_df)
# 显示原始和缩放后的特征
scaled_df.select("Size", "Rooms", "features", "scaledFeatures").show()
```

输出结果：

```
+----+-----+------------+--------------------------------------+
|Size |Rooms |features    |            scaledFeatures             |
+----+-----+------------+--------------------------------------+
|2000 |  3   |[2000.0,3.0] |[0.6666666666666666,0.6666666666666666] |
|1500 |  2   |[1500.0,2.0] |[0.3333333333333333,0.3333333333333333] |
|2500 |  4   |[2500.0,4.0] |               [1.0,1.0]                |
|1000 |  1   |[1000.0,1.0] |               (2,[],[])                |
|1800 |  3   |[1800.0,3.0] |[0.5333333333333333,0.6666666666666666] |
|2200 |  3   |[2200.0,3.0] |[0.7999999999999999,0.6666666666666666] |
+----+-----+------------+--------------------------------------+
```

在这个例子中，Size 和 Rooms 特征被缩放到了[0.0，1.0]区间内，使得所有特征值都位于同一尺度上。这对于基于距离的算法(如 K 最近邻)来说尤其重要，因为它确保了没有一个特征会由于其值范围较大而在距离计算中占据主导地位。

3）MaxAbsScaler

➤ 函数：pyspark.ml.feature.MaxAbsScaler(inputCol=None，outputCol=None)。

➤ 功能：对特征进行缩放，使其位于[−1，1]。这种方法的特点是不会移动/中心化数据，因此不会破坏任何稀疏性，特别适用于处理稀疏数据。

➤ 返回值：返回一个转换器(Transformer)。

➤ 参数说明

inputCol(可选)：要进行缩放的输入特征列名。

outputCol(可选)：缩放后的输出特征列名。

举例：

```
from pyspark.ml.feature import MaxAbsScaler, VectorAssembler
# 创建 MaxAbsScaler 对象
scaler = MaxAbsScaler(inputCol = "features", outputCol = "scaledFeatures")
# 计算最大绝对值,然后应用缩放
scalerModel = scaler.fit(vector_df)
scaled_df = scalerModel.transform(vector_df)
# 显示原始和缩放后的特征
scaled_df.select("Size", "Rooms", "features", "scaledFeatures").show(truncate = False)
```

输出结果：

```
+----+-----+------------+---------------------------+
|Size |Rooms |features    |        scaledFeatures       |
+----+-----+------------+---------------------------+
|2000 |  3  |[2000.0,3.0]  |[0.8,0.75]                  |
|1500 |  2  |[1500.0,2.0]  |[0.6,0.5]                   |
|2500 |  4  |[2500.0,4.0]  |[1.0,1.0]                   |
|1000 |  1  |[1000.0,1.0]  |[0.4,0.25]                  |
|1800 |  3  |[1800.0,3.0]  |[0.7200000000000001,0.75]   |
|2200 |  3  |[2200.0,3.0]  |[0.88,0.75]                 |
+----+-----+------------+---------------------------+
```

4) Normalizer

➤ 函数：pyspark.ml.feature.Normalizer(p=2.0，inputCol=None，outputCol=None)。

➤ 功能：对特征向量进行归一化,使其具有单位范数。适用于需要计算向量之间相似性的模型。

➤ 返回值：返回一个转换器(Transformer)。

➤ 参数说明

p：归一化方式的参数。可选值为 1.0(L1 归一化)和 2.0(L2 归一化),默认为 2.0。

inputCol(可选)：要进行归一化的输入特征列名。

outputCol(可选)：归一化后的输出特征列名。

举例：在下面示例中,"features"列中的特征向量被归一化为指定范数(L2 归一化),并存储在"normalizedFeatures"列中。可以根据需求选择 L1 归一化还是 L2 归一化。

```
from pyspark.ml.feature import VectorAssembler, Normalizer

# 创建 Normalizer 对象
normalizer = Normalizer(inputCol = "features", outputCol = "normalizedFeatures", p = 2.0)
# 应用标准化
normalized_df = normalizer.transform(vector_df)
# 显示原始和标准化后的特征
normalized_df.select("Size", "Rooms", "features", "normalizedFeatures").show(truncate =
False)
```

输出结果：

```
+----+-----+------------+------------------------------------+
|Size |Rooms |features    |                  normalizedFeatures|
+----+-----+------------+------------------------------------+
|2000 |  3  |[2000.0,3.0] |[0.9999988750018984,0.0014999983125028476] |
|1500 |  2  |[1500.0,2.0] |[0.9999991111122962,0.0013333321481497284] |
|2500 |  4  |[2500.0,4.0] |[0.9999987200024576,0.0015999979520039322] |
|1000 |  1  |[1000.0,1.0] |[0.999999500000375,9.99999500000375E-4]    |
|1800 |  3  |[1800.0,3.0] |[0.9999986111140047,0.0016666643518566744] |
|2200 |  3  |[2200.0,3.0] |[0.9999990702492305,0.0013636350957944052] |
+----+-----+------------+------------------------------------+
```

5) IndexToString

- 函数：pyspark.ml.feature.IndexToString(inputCol=None, outputCol=None, labels=None)。
- 功能：用于将标签索引转换回原始的字符串标签。
- 返回值：返回一个转换器。
- 参数说明

inputCol(可选)：要进行转换的输入索引列名。

outputCol(可选)：转换后的输出标签列名。

labels(可选)：用于进行转换的标签列表。通常，这个参数从先前使用StringIndexer时获得的标签索引模型中获取。

举例：在这个示例中，首先使用StringIndexer将文本标签转换为索引编码，然后使用IndexToString将索引编码的标签转换回原始的文本标签。

```
from pyspark.ml.feature import StringIndexer, IndexToString
# 假设 df 是包含房屋类型数据的 DataFrame
data = [(0, "house"), (1, "apartment"), (2, "loft")]
df = spark.createDataFrame(data, ["id", "houseType"])
# 首先,使用 StringIndexer 对 houseType 进行索引化处理
stringIndexer = StringIndexer(inputCol = "houseType", outputCol = "houseTypeIndex")
model = stringIndexer.fit(df)
indexed_df = model.transform(df)
# 假设在某个地方进行了预测,并想要将索引转换回字符串
# 使用 IndexToString 将索引转换回原始的房屋类型标签
indexToString = IndexToString(inputCol = "houseTypeIndex", outputCol = "originalHouseType",
labels = model.labels)
converted_df = indexToString.transform(indexed_df)
# 显示转换结果
converted_df.show()
```

输出结果：

```
+---+---------+--------------+----------------+
| id|houseType |houseTypeIndex |originalHouseType |
+---+---------+--------------+----------------+
| 0 | house    |     1.0      |     house      |
| 1 | apartment |     0.0      |     apartment  |
| 2 | loft     |     2.0      |     loft       |
+---+---------+--------------+----------------+
```

6) RobustScaler

- 函数：pyspark. ml. feature. RobustScaler(lower=0.25，upper=0.75，withCentering=False，withScaling = True，inputCol = None，outputCol = None，relativeError = 0.001)。
- 功能：将数据按照中位数和四分位数范围进行缩放，从而减少异常值的影响。
- 返回值：返回一个转换器。
- 参数说明

lower：下四分位数的百分位数，默认为 0.25。

upper：上四分位数的百分位数，默认为 0.75。

withCentering：是否进行中心化，即是否减去中位数，默认为 False。

withScaling：是否进行缩放，即是否除以四分位范围，默认为 True。

inputCol：输入特征列的名称。

outputCol：输出特征列的名称。

relativeError：用于估计中位数和四分位范围的相对误差，默认为 0.001。

举例：在这个示例中，假设有一个包含房屋销售价格的数据集，其中某些房屋的价格异常高，显示为异常值。下面用 RobustScaler 来缩放 Price 特征，从而产生更加稳健的特征缩放结果。

```
from pyspark.ml.feature import RobustScaler, VectorAssembler

# 示例数据,其中包含一些异常高的价格
data = [
  (1, 300000),
  (2, 350000),
  (3, 5000000),          # 异常值
  (4, 400000),
  (5, 450000),
  (6, 4800000)           # 异常值
]
columns = ["id", "Price"]
df = spark.createDataFrame(data, schema = columns)
# 使用 VectorAssembler 将 Price 转换为特征向量
assembler = VectorAssembler(inputCols = ["Price"], outputCol = "features")
vector_df = assembler.transform(df)

# 创建 RobustScaler 对象
scaler = RobustScaler(inputCol = "features", outputCol = "scaledFeatures", withCentering = True,
withScaling = True, lower = 0.25, upper = 0.75)
# 计算中位数和四分位数的范围,然后应用缩放
scalerModel = scaler.fit(vector_df)
scaled_df = scalerModel.transform(vector_df)
# 显示原始和缩放后的特征
scaled_df.select("Price", "scaledFeatures").show()
```

输出结果：

```
+-------+---------------------+
| Price |       scaledFeatures |
+-------+---------------------+
| 300000 |[-0.0224719101123... |
| 350000 |[-0.0112359550561... |
|5000000 |[1.033707865168] ... |
| 400000 |        [0.0]        |
| 450000 |[0.01123595505617... |
|4800000 |[0.9887640449438]    |
+-------+---------------------+
```

7) Bucketizer

➢ 函数：pyspark.ml.feature.Bucketizer(splits=None, inputCol=None, outputCol=None, handleInvalid='error', splitsArray=None, inputCols=None, outputCols=None)。

➢ 功能：将连续特征分桶成离散的区间。

➢ 返回值：返回一个转换器。

➢ 参数说明

splits(可选)：用于划分桶的阈值列表，将特征分割成多个桶，桶的数量是 len(splits)+1。

inputCol(可选)：要进行划分的输入特征列名。

outputCol(可选)：划分后的输出特征列名。

handleInvalid：处理无效值的策略，可选值为 'error''keep' 和 'skip'。

splitsArray(可选)：多列特征划分的阈值列表。

inputCols(可选)：多列输入特征列名。

outputCols(可选)：多列划分后的输出特征列名。

举例：有一个包含房屋销售价格的数据集，根据价格将房屋划分为不同的价格区间。

```
from pyspark.ml.feature import Bucketizer
# 示例数据,包含房屋销售价格
data = [ (1, 250000), (2, 300000), (3, 500000), (4, 400000), (5, 450000), (6, 600000)]
columns = ["id", "Price"]
df = spark.createDataFrame(data, schema=columns)
# 定义价格区间的分割点:0 到 300000、300000 到 500000、500000 以上
splits = [float('-inf'), 300000, 500000, float('inf')]
# 创建 Bucketizer 对象
bucketizer = Bucketizer(splits=splits, inputCol="Price", outputCol="PriceCategory")
# 应用桶划分
bucketed_df = bucketizer.transform(df)
# 显示划分后的结果
bucketed_df.show()
```

输出结果：

```
+---+------+------------+
| id | Price |PriceCategory |
+---+------+------------+
| 1 |250000 |    0.0     |
| 2 |300000 |    1.0     |
| 3 |500000 |    2.0     |
| 4 |400000 |    1.0     |
| 5 |450000 |    1.0     |
| 6 |600000 |    2.0     |
+---+------+------------+
```

8）QuantileDiscretizer

➢ 函数：pyspark.ml.feature.QuantileDiscretizer(numBuckets=2，inputCol=None，outputCol=None，relativeError=0.001，handleInvalid='error'，numBucketsArray=None，inputCols=None，outputCols=None)。

➢ 功能：它通过计算分位数来将连续数值特征划分为用户指定数量的桶。对于基于树的算法（如决策树、随机森林和梯度提升树），离散化的特征可能会提高模型的性能。

➢ 返回值：返回一个转换器。

➢ 参数说明

numBuckets：指定要划分的桶的数量，默认为2。

inputCol（可选）：要进行划分的输入特征列名。

outputCol（可选）：划分后的输出特征列名。

relativeError：用于计算分位数的相对误差，默认为0.001。

handleInvalid：处理无效值的策略，可选值为'error''keep'和'skip'。

numBucketsArray（可选）：多列特征划分的桶数量。

inputCols（可选）：多列输入特征列名。

outputCols（可选）：多列划分后的输出特征列名。

举例：

```
from pyspark.ml.feature import QuantileDiscretizer
# 创建 QuantileDiscretizer 对象
discretizer = QuantileDiscretizer(numBuckets = 3, inputCol = "Price", outputCol =
"PriceCategory")
# 应用离散化
discretized_df = discretizer.fit(df).transform(df)
# 显示离散化后的结果
discretized_df.show()
```

输出结果：

```
+---+------+------------+
| id | Price |PriceCategory |
+---+------+------------+
| 1 |250000 |    0.0     |
```

```
| 2|300000|     1.0      |
| 3|500000|     2.0      |
| 4|400000|     1.0      |
| 5|450000|     2.0      |
| 6|600000|     2.0      |
+---+------+------------+
```

Bucketizer 与 QuantileDiscretizer 方法的对比的差异如表 9-2 所示。

表 9-2 Bucketizer 与 QuantileDiscretizer 方法的对比

特　征	Bucketizer	QuantileDiscretizer
桶边界的确定	需要用户显式指定每个桶的边界	通过计算分位数自动确定桶边界，使每个桶包含大致相等数量的数据点
适用场景	当有明确的业务规则或先验知识来设定分箱边界时。适用于业务逻辑需要明确桶边界的场景	当数据分布未知或希望基于数据的实际分布自动划分桶时。特别适合处理具有长尾分布或包含异常值的数据
处理异常值	对异常值的处理可能需要特别注意和调整，因为异常值可能会对边界选择有重大影响	对异常值具有较好的鲁棒性，因为它基于数据的分位数来划分桶，减少了异常值对桶边界的直接影响
用户知识需求	需要用户对数据的分布有一定的了解，以便合理设定边界	不需要用户提前了解数据的具体分布，可以自适应地基于数据本身的特性划分桶

9）PolynomialExpansion

- 函数：pyspark. ml. feature. PolynomialExpansion(degree＝2，inputCol＝None，outputCol＝None)。
- 功能：通过多项式展开创建高阶特征。
- 返回值：返回一个转换器(Transformer)。
- 参数说明

degree：多项式展开的最高次数，默认为 2。

inputCol(可选)：要进行展开的输入特征列名。

outputCol(可选)：展开后的输出特征列名。

举例：有一个包含房屋的大小(单位为平方英尺)和房间数量的数据集，现在将使用 PolynomialExpansion 来生成这些特征的多项式组合，以探索大小和房间数量之间的潜在非线性关系。

```
from pyspark.ml.feature import VectorAssembler, PolynomialExpansion
# 示例数据,包含房屋大小和房间数量
data = [(1, 2000, 3),(2, 1500, 2),(3, 2500, 4),(4, 1000, 1),(5, 1800, 3),(6, 2200, 3)]
columns = ["id", "Size", "Rooms"]
df = spark.createDataFrame(data, schema = columns)
# 使用 VectorAssembler 将 Size 和 Rooms 合并为一个特征向量
assembler = VectorAssembler(inputCols = ["Size", "Rooms"], outputCol = "features")
vector_df = assembler.transform(df)
# 创建 PolynomialExpansion 对象
```

```
polyExpansion = PolynomialExpansion(degree = 2, inputCol = "features", outputCol =
"polyFeatures")
# 应用多项式扩展
poly_df = polyExpansion.transform(vector_df)
# 显示原始和多项式扩展后的特征
poly_df.select("Size", "Rooms", "polyFeatures").show(truncate=False)
```

输出结果：

```
+----+-----+------------------------------+
|Size |Rooms |          polyFeatures          |
+----+-----+------------------------------+
|2000 |  3  |[2000.0,4000000.0,3.0,6000.0,9.0]   |
|1500 |  2  |[1500.0,2250000.0,2.0,3000.0,4.0]   |
|2500 |  4  |[2500.0,6250000.0,4.0,10000.0,16.0] |
|1000 |  1  |[1000.0,1000000.0,1.0,1000.0,1.0]   |
|1800 |  3  |[1800.0,3240000.0,3.0,5400.0,9.0]   |
|2200 |  3  |[2200.0,4840000.0,3.0,6600.0,9.0]   |
+----+-----+------------------------------+
```

5. 关联

计算两个数据系列之间的相关性是统计学中的常见操作，通常在数据探索阶段进行，量化了变量之间的线性或非线性关系的程度。在 spark.ml 中，提供了灵活计算多个系列之间的两两相关性的方法。目前 Spark 支持两种相关性系数：皮尔逊相关系数(pearson)和斯皮尔曼等级相关系数(Spearman)。相关系数是用于反映变量之间相关关系密切程度的统计指标。简而言之，相关系数的绝对值越大(值越接近 1 或 −1)，表明两个变量之间的相关性越强。当相关系数为 0 时，表示变量之间没有相关性；取值为[−1, 0)表示负相关；取值在(0,1]表示正相关。

Pearson 相关系数表达的是两个数值变量的线性相关性，其计算表达式如式(9-1)所示，它一般适用于正态分布。其取值范围是[−1, 1]，当取值为 0 时表示不相关，取值为[−1,0)表示负相关，取值为(0, 1]表示正相关。Pearson 系数只能度量两个服从正态分布的变量之间线性相关性的强弱。

$$\gamma = \gamma_{xy} = \frac{\sum_{i=1}^{n}(x_i - \bar{x})(y_i - \bar{y})}{\sqrt{\sum_{i=1}^{n}(x_i - \bar{x})^2}\sqrt{\sum_{i=1}^{n}(y_i - \bar{y})^2}} \tag{9-1}$$

Spearman 相关系数也用来表达两个变量的相关性，其计算表达式如式(9-2)所示，但是它没有 Pearson 相关系数对变量的分布要求那么严格，另外 Spearman 相关系数可以更好地用于测度变量的排序关系。Spearman 系数只度量单调关系，而不考虑具体数值的影响，因此 Spearman 相关系数的应用范围更广，不仅对数据分布不做任何假设，能够容忍异常值，也不需要数据的取值是等距的。

$$\rho = 1 - \frac{6\sum_{i=1}^{n}(x_i - y_i)^2}{n(n^2 - 1)} \tag{9-2}$$

根据输入类型的不同，输出的结果也产生相应的变化。如果输入的是两个 Double 类型的 RDD 或 DataFrame，则输出的是一个 Double 类型的结果；如果输入的是一个 Vector 向量类型的 RDD 或 DataFrame，则对应的输出的是一个相关系数矩阵。

1）corr 方法

➢ 函数：pyspark.ml.stat.Correlation.corr(dataset，column，method='pearson')。

➢ 功能：使用数据集以指定方法计算相关矩阵。

➢ 参数说明

dataset：DataFrame。

column：待计算相关系数向量列的名称。

method，可选，指定用于计算相关性的方法的名称。皮尔逊(pearson 默认)，斯皮尔曼 spearman。

➢ 返回值：DataFrame。

举例：现有一个记录了一家公司员工信息的数据集，包括员工的年龄（Age）、工作年限（YearsExperience）和年度评分（AnnualPerformanceRating）。下面展示如何计算相关系数。

```
#数据准备
# 创建 DataFrame
data = [(25, 1, 3), (30, 5, 4), (35, 10, 5), (40, 15, 5), (45, 20, 4)]
columns = ["年龄", "工龄", "年终评分"]
df = spark.createDataFrame(data, schema = columns)

#计算相关性
from pyspark.ml.feature import VectorAssembler
from pyspark.ml.stat import Correlation
# 将数据转换为向量列
vector_col = "features"
assembler = VectorAssembler(inputCols = columns, outputCol = vector_col)
df_vector = assembler.transform(df).select(vector_col)
# 计算相关矩阵
matrix = Correlation.corr(df_vector, vector_col).head()[0]
print(matrix)
```

输出结果：

```
DenseMatrix([[1.        , 0.99913307, 0.56694671],
             [0.99913307, 1.        , 0.54285291],
             [0.56694671, 0.54285291, 1.        ]])
```

在这个例子中，最显著的发现是“年龄”和“工龄”之间几乎呈现完美的正相关性，这是符合逻辑的，因为通常情况下，员工的年龄越大，其累积的工作年限也越长。而“年龄”和“工龄”与“年终评分”的中等程度相关性则可能提示我们，随着员工的成熟和经验的积累，他们的工作表现将有所提升。

2）计算相关性的方法的对比

在 PySpark 中有三种方法用于计算相关性，但适用的场景、功能、参数、返回的数据类型有所不同，其区别如表 9-3 所示。

表 9-3 三种计算相关性方法的区别

方 法	pyspark. ml. stat. Correlation. corr	pyspark. pandas. DataFrame. corr	pyspark. sql. DataFrame. corr
使用场景	机器学习库 MLlib 中,用于统计分析	pyspark. pandas 模块,适用于大数据处理,模拟 Pandas 接口	SQL 模块,用于计算两列之间的相关系数
主要功能	计算一个或多个列的相关矩阵	计算 DataFrame 中各列之间的相关系数	计算两个列之间的相关系数
参数	dataset: 要分析的 DataFrame column: 指定列名 method: pearson、spearman	method: pearson、spearman、kendall min_periods: 每对观测有效值的最小数量要求	col1, col2: 要计算相关性的两个列名 method: pearson、pearman
返回值	包含相关矩阵的 DataFrame	相关系数矩阵的 DataFrame	表示两列之间相关系数的 float 值

举例:

```
#使用 pyspark.pandas 模块计算 DataFrame 中所有数值列的相关系数矩阵
import pyspark.pandas as ps
# 转换为 pyspark.pandas DataFrame
pdf = ps.DataFrame(data, columns = columns)
# 计算相关系数
corr_matrix = pdf.corr(method = 'pearson')
print(corr_matrix)
```

输出结果:

```
          年龄        工龄        年终评分
年龄      1.000000    0.999133    0.566947
工龄      0.999133    1.000000    0.542853
年终评分  0.566947    0.542853    1.000000
```

使用 pyspark. sql. DataFrame. corr 直接计算两列之间的相关系数。例如,计算“年龄”与“年终评分”之间的相关系数。

```
# 计算“年龄”与“年终评分”之间的相关系数
corr_value = df.corr("年龄", "年终评分", "pearson")
print(f"年龄 and 年终评分相关性值: {corr_value}")
```

输出结果:

```
年龄 and 年终评分相关性值: 0.5669467095138409
```

使用总结:对比前面三个例子后发现,我们根据不同的需求和数据结构选择合适的方法来计算相关系数。

(1) pyspark. ml. stat. Correlation. corr 适用于计算向量数据的相关矩阵,需要预处理将多个列合并为一个向量列。

(2) pyspark. pandas. DataFrame. corr 提供了一个类似 Pandas 的接口,可以直接计算 DataFrame 中所有数值列的相关系数矩阵,适用于数据分析和探索。

(3) pyspark. sql. DataFrame. corr 适用于计算任意两个数值列之间的相关系数,简单直接,适用于快速的相关性检验。

6. 特征选择

特征选择是数据预处理的关键步骤之一,旨在从原始数据集中选出对模型预测最有用的特征子集。通过减少特征的数量,特征选择不仅可以提高模型的训练效率和预测性能,还有助于降低过拟合的风险,并提高模型的解释性。PySpark 提供了卡方选择器(ChiSqSelector)、方差选择器(VarianceThresholdSelector)、向量切片器(VectorSlicer)、主成分分析(PCA)、单变量特征选择器(UnivariateFeatureSelector)等特征选择方法,支持在大规模分布式数据集上进行高效的特征选择,其差异如表 9-4 所示。

表 9-4 特征选择方法的比较

方法名称	优点	不足	使用场合
卡方选择器	适用于分类问题,能识别与输出变量最相关的特征	仅适用于离散特征	离散特征对离散标签的相关性测试
方差选择器	简单高效,去除变化小的特征	可能会移除对模型有贡献的低方差特征	移除不变或低变异性特征
向量切片器	直接根据索引选择特征,灵活简单	需要事先知道哪些特征是重要的	当已知特征重要性时的直接特征选择
主成分分析	减少特征维度,去除特征间的相关性	转换后的特征可能难以解释	高维数据降维,特别是连续特征的场合
单变量特征选择器	灵活选择基于统计测试的最佳特征	仅考虑单一特征与目标变量的关系,忽略特征间的相互作用	需要基于统计显著性选择特征时

本节使用银行贷款审批数据集,以确定哪些特征对预测贷款违约(Loan Status)最为重要。有以下简化版的银行贷款审批数据集,包括年龄(Age)、月收入(Income)、贷款金额(LoanAmount)、信用历史(CreditHistory)、职业(Occupation)和婚姻状态(MaritalStatus)作为特征列,以及贷款状态(LoanStatus)作为标签列。

1) ChiSqSelector

➢ 函数:pyspark. ml. feature. ChiSqSelector(numTopFeatures=50, featuresCol='features', outputCol=None, labelCol='label', selectorType='numTopFeatures', percentile=0.1, fpr=0.05, fdr=0.05, fwe=0.05)。

➢ 功能:基于卡方检验的特征选择方法,用于从分类问题的特征集中选择与目标变量最相关的特征子集。它适用于离散特征,并能够根据不同的选择标准(如顶部特征数、百分比、假阳性率、假发现率、家族误差率)来选择特征。

➢ 返回值:返回一个 ChiSqSelectorModel 实例。

➢ 参数说明

numTopFeatures:选择的特征数量。

featuresCol：输入特征向量的列名。

outputCol：输出列的名称，包含所选特征的向量。

labelCol：标签列的名称。

selectorType：特征选择的类型('numTopFeatures' 'percentile' 'fpr''fdr''fwe')。percentile：选择特征的百分比(当 selectorType 为'percentile'时使用)。fpr：控制假阳性率的阈值(当 selectorType 为'fpr'时使用)。fdr：控制假发现率的阈值(当 selectorType 为'fdr'时使用)。fwe：控制家族误差率的阈值(当 selectorType 为'fwe'时使用)。

举例：

```
from pyspark.ml.feature import VectorAssembler, StringIndexer, ChiSqSelector

# 贷款数据
data = [
  (25, 5000, 100000, 1, "Public", "Married", "Yes"),
  (30, 6000, 150000, 1, "Private", "Single", "No"),
  (35, 8000, 200000, 0, "Self-Employed", "Married", "Yes")
]
columns = ["Age", "Income", "LoanAmount", "CreditHistory", "Occupation", "MaritalStatus",
"LoanStatus"]
spark_df = spark.createDataFrame(data, schema = columns)
# 对类别型特征进行索引编码
occupationIndexer = StringIndexer(inputCol = "Occupation", outputCol = "OccupationIndexed").fit
(spark_df).transform(spark_df)
maritalStatusIndexer = StringIndexer(inputCol = "MaritalStatus", outputCol =
"MaritalStatusIndexed").fit(occupationIndexer).transform(occupationIndexer)
loanStatusIndexer = StringIndexer(inputCol = "LoanStatus", outputCol = "label").fit
(maritalStatusIndexer).transform(maritalStatusIndexer)
# 合并特征到一个向量中
assembler = VectorAssembler(inputCols = ["Age", "Income", "LoanAmount", "CreditHistory",
"OccupationIndexed", "MaritalStatusIndexed"], outputCol = "features")
df = assembler.transform(loanStatusIndexer)
# 使用 ChiSqSelector 进行特征选择
chiSqSelector = ChiSqSelector(numTopFeatures = 3, featuresCol = "features", outputCol =
"selectedFeatures", labelCol = "label")
result = chiSqSelector.fit(df).transform(df)
# 显示结果
result.select("label","features", "selectedFeatures").show(truncate = False)
```

输出结果：

```
+-----+------------------------------+---------------+
|label|           features           |selectedFeatures|
+-----+------------------------------+---------------+
| 0.0 |[25.0,5000.0,100000.0,1.0,1.0,0.0] | [25.0,1.0,0.0] |
| 1.0 |[30.0,6000.0,150000.0,1.0,0.0,1.0] | [30.0,0.0,1.0] |
| 0.0 |[35.0,8000.0,200000.0,0.0,2.0,0.0] | [35.0,2.0,0.0] |
+-----+------------------------------+---------------+
```

2）UnivariateFeatureSelector

➢ 函数：pyspark. ml. feature. UnivariateFeatureSelector(featuresCol='features', outputCol=None, labelCol='label', selectionMode='numTopFeatures')。

➢ 功能：根据单变量统计测试来选择与目标变量最相关的特征。

➢ 返回值：UnivariateFeatureSelectorModel 实例。

➢ 参数说明

featuresCol：输入特征数据的列名。

outputCol：经过特征选择后的输出列名。

labelCol：标签列的名称，用于与特征进行相关性测试。

selectionMode：特征选择的模式。可选的模式包括'numTopFeatures'(根据重要性选择顶部 N 个特征)，'percentile'(根据重要性选择顶部一定百分比的特征)，'fpr'(基于假阳性率选择特征)，'fdr'(基于假发现率选择特征)，'fwe'(基于家族误差率选择特征)。

➢ 温馨提示

Spark 支持三种单变量特征选择器：卡方检验、ANOVA F-检验和 F-值。用户必须通过设置 featureType 和 labelType 来选择单变量特征选择器。

当 featureType 为分类且 labelType 为分类时，Spark 使用卡方检验，即 sklearn 中的 chi2。

当 featureType 为连续且 labelType 为分类时，Spark 使用 ANOVA F-检验，即 sklearn 中的 f_classif。

当 featureType 为连续且 labelType 为连续时，Spark 使用 F-值，即 sklearn 中的 f_regression。

举例：在这个示例中，使用银行贷款审批数据集，以确定哪些特征对预测贷款违约(Loan Status)最为重要。使用 UnivariateFeatureSelector 选择了一个特征，该特征与目标变量之间的卡方值最高。选择的特征将存储在"selected_features"列中。

```
# 特征选择
selector = UnivariateFeatureSelector(featuresCol = "features", outputCol = "selectedFeatures",
labelCol = "label", selectionMode = "numTopFeatures")
selector.setFeatureType("continuous").setLabelType("categorical").setSelectionThreshold(1)
# 使用 UnivariateFeatureSelector 进行转换
selected_df = selector.fit(df).transform(df)
selected_df.select("features","selectedFeatures").show(truncate = False)
```

输出结果：

```
+-----------------------------+--------------+
|    features                 |selectedFeatures |
+-----------------------------+--------------+
|[25.0,5000.0,100000.0,1.0,1.0,0.0] | [1.0]         |
|[30.0,6000.0,150000.0,1.0,0.0,1.0] | [0.0]         |
|[35.0,8000.0,200000.0,0.0,2.0,0.0] | [2.0]         |
+-----------------------------+--------------+
```

3）PCA

➢ 函数：pyspark. ml. feature. PCA(k=None，inputCol=None，outputCol=None)。

➢ 功能：降维。

➢ 返回值：返回一个 PCA 模型实例，该实例可以用来将数据转换为指定的主成分数目。

➢ 参数说明

k：要保留的主成分数量，默认为 None，表示保留所有主成分。

inputCol：输入特征列的名称。

outputCol：输出特征列的名称。

举例：在这个示例中，使用 PCA 将输入特征投影到一个维度为 3 的新特征空间。新的特征存储在"pca_features"列中。我们可以通过设置参数 k 来指定要保留的主成分数量。

```
from pyspark.ml.feature import PCA
# 创建 PCA 对象
pca = PCA(k = 2, inputCol = "features", outputCol = "pca_features")
# 使用 PCA 进行转换
model = pca.fit(df)
result = model.transform(df)
# 显示转换后的结果
result.select("features", "pca_features").show(truncate = False)
```

输出结果：

```
+------------------------------+------------------------------------+
|           features           |            pca_features            |
+------------------------------+------------------------------------+
|[25.0,5000.0,100000.0,1.0,1.0,0.0] |[-100104.96688208864,-1998.9846264632813] |
|[30.0,6000.0,150000.0,1.0,0.0,1.0] |[-150112.46830335743,-1499.156054052616]  |
|[35.0,8000.0,200000.0,0.0,2.0,0.0] |[-200149.95727136312,-1998.8847571598185] |
+------------------------------+------------------------------------+
```

4）VarianceThresholdSelector

➢ 函数：pyspark. ml. feature. VarianceThresholdSelector(featuresCol= 'features'，outputCol= None，varianceThreshold=0.0)。

➢ 功能：根据特征的方差选择保留的特征。

➢ 返回值：返回一个 VarianceThresholdSelector 实例。

➢ 参数说明

featuresCol：特征列的名称，默认为 'features'。

outputCol：输出特征列的名称，如果未指定，则默认为特征列名称后加上"_selected"。

varianceThreshold：方差的阈值，小于或等于该阈值的特征将被丢弃。默认为 0.0，即不进行丢弃。

举例：在这个示例中，使用 VarianceThresholdSelector 对特征列"features"进行特征

选择,保留了方差大于 0.1 的特征。结果存储在"selected_features"列中。

```
from pyspark.ml.feature import VarianceThresholdSelector

# 创建 VarianceThresholdSelector 对象
varianceselector = VarianceThresholdSelector(varianceThreshold = 20, outputCol = "selectedFeatures")
# 使用 VarianceThresholdSelector 进行特征选择
varianceselected_df = varianceselector.fit(df).transform(df)
# 显示选择后的结果
varianceselected_df.select("features","selectedFeatures").show(truncate = False)
```

输出结果:

```
+-------------------------------+--------------------+
|           features            |  selectedFeatures  |
+-------------------------------+--------------------+
|[25.0,5000.0,100000.0,1.0,1.0,0.0] |[25.0,5000.0,100000.0] |
|[30.0,6000.0,150000.0,1.0,0.0,1.0] |[30.0,6000.0,150000.0] |
|[35.0,8000.0,200000.0,0.0,2.0,0.0] |[35.0,8000.0,200000.0] |
+-------------------------------+--------------------+
```

5) VectorSlicer

- 函数: pyspark. ml. feature. VectorSlicer(inputCol=None, outputCol=None, indices=None, names=None)。
- 功能: 选择特征向量中的指定特征列。
- 返回值: 返回一个 VectorSlicer 实例。
- 参数说明

inputCol: 输入向量列的名称,默认为 None。

outputCol: 输出向量列的名称,默认为 None。

indices: 要选择的特征在输入向量中的索引列表。如果未指定 indices,可以通过指定 names 来选择特征。

names: 要选择的特征的名称列表。如果未指定 names,可以通过指定 indices 来选择特征。

举例: 在这个示例中,现在使用 VectorSlicer 选择输入向量列"features"中的第 1 和第 2 个特征,将选择后的结果存储在"selected_features"列中。

```
from pyspark.ml.feature import VectorSlicer

# 创建 VectorSlicer 对象
slicer = VectorSlicer(inputCol = "features", outputCol = "selected_features", indices = [1, 2])
# 使用 VectorSlicer 进行特征选择
vector_selected_df = slicer.transform(df)
# 显示选择后的结果
vector_selected_df.select("features","selected_features").show()
```

输出结果：

```
+-------------------+-----------------+
|      features     | selected_features |
+-------------------+-----------------+
|[25.0,5000.0,1000...  |[5000.0,100000.0]  |
|[30.0,6000.0,1500...  |[6000.0,150000.0]  |
|[35.0,8000.0,2000...  |[8000.0,200000.0]  |
+-------------------+-----------------+
```

9.3.5 机器学习流水线

PySpark 机器学习流水线(Pipeline)是一个方便而强大的工具，用于将多个数据处理和机器学习操作组织在一起，以形成一个统一的流程。流水线可以帮助我们更好地组织和管理数据预处理、特征工程和模型训练等步骤，使代码更具可读性和可维护性。

1. 优点

(1) 组织复杂流程。流水线允许我们将数据预处理、特征工程和模型训练等多个步骤组织在一起，形成一个连续的流程。

(2) 统一接口。流水线使用统一的 API，使得不同步骤之间的数据传递更加容易。

(3) 可读性和可维护性。流水线提供了一种清晰的方式来描述机器学习过程，使代码更易于阅读、理解和维护。

(4) 参数共享。可以在流水线中共享参数，从而在多个步骤之间共享设置和调整。

(5) 网格搜索和交叉验证。可以将流水线与网格搜索和交叉验证等技术结合使用，以选择最佳的模型参数。

(6) 模型持久化。可以将整个流水线保存为一个模型，以便以后加载和使用。

2. 重要的概念

(1) 阶段(Stages)。流水线由一系列的阶段组成，每个阶段代表了一个数据转换、特征提取、特征选择或模型训练等步骤。阶段按照特定的顺序连接在一起，构成了流水线的执行流程。

(2) 转换器(Transformer)。不需要学习任何信息，直接对数据进行转换。它们有一个 transform 方法，该方法将输入 DataFrame 转换为输出 DataFrame，这个过程通常是无状态的，即转换规则是预先定义好的，不需要通过训练数据来确定。常见的没有 fit 方法的转换器有：VectorAssemble(直接合并多个特征列成一个向量列)、IndexToString(将数值索引转换回原始字符串标签)、OneHotEncoder(对分类特征进行独热编码，编码逻辑固定)、VectorSlicer(操作基于指定索引)、Tokenizer(将文本分割成单词列表，基于空格分词)、Binarizer(根据阈值二值化连续数值特征)、Bucketizer(根据边界值将连续数值特征划分成不同桶)、HashingTF(用哈希技术将文本转换成特征向量)。

(3) 估计器(Estimator)。需要通过 fit 方法从数据中学习信息。fit 方法通过输入数据计算模型参数(例如，一个机器学习算法需要从训练数据中学习其模型的参数)，然后返回一个模型对象(也是一个转换器)，这个模型对象可以用来对数据进行转换。fit 方法与 transform 方法的区别如表 9-5 所示。

表 9-5 fit 方法与 transform 方法的区别

方 法	功 能	返回值	使 用 场 景
fit	训练模型计算转换器所需的统计量	模型对象转换器对象	在特征处理阶段,用于学习数据的内部结构(如计算均值和标准差);在模型训练阶段,用于根据训练数据学习模型参数
transform	应用 fit 方法得到的模型或转换器对数据进行转换或预测	转换后的 DataFrame	在特征处理阶段,用于执行数据预处理(如标准化、编码);在模型预测阶段,用于对新数据进行预测

(4) 模型(Model)。模型是特征提取器的输出,代表了对数据的拟合。模型可以用于进行预测、分类、回归等任务。流水线中的一个阶段可能是模型的训练过程,而另一个阶段则是使用该模型进行预测。

(5) 流水线(Pipeline)。流水线将多个阶段连接在一起,形成一个连续的数据处理流程。流水线可以在整个数据转换和模型训练过程中进行管理、调整和优化。

(6) 参数(Parameters)。每个阶段都可以包含一些参数,用于调整其行为。参数可以控制数据处理的细节,如特征提取器的特征数量、模型的学习率等。

- 函数:Pipeline(stages=None)。
- 功能:将多个数据转换和估计器(如特征转换器和机器学习模型)组合成一个执行流程。
- 返回值:一个可以被训练的管道对象。
- 参数说明

stages:管道阶段的列表。这个列表中的每个元素可以是一个数据转换器(如 StringIndexer、VectorAssembler 等)或者是一个估计器(如 LogisticRegression、DecisionTreeClassifier 等)。

举例:有一个房屋销售数据集,包含房屋的特征(如大小和房间数量)以及房屋的销售价格。通过一个 Pipeline 来自动化执行以下步骤。

```
from pyspark.ml import Pipeline
from pyspark.ml.feature import VectorAssembler, StandardScaler, PolynomialExpansion

# 示例数据
data = [ (1, 2000, 3, 500000), (2, 1500, 2, 300000), (3, 2500, 4, 600000)]
columns = ["id", "Size", "Rooms", "Price"]
df = spark.createDataFrame(data, schema = columns)
# 定义 Pipeline 阶段
assembler = VectorAssembler(inputCols = ["Size", "Rooms"], outputCol = "features")
scaler = StandardScaler(inputCol = "features", outputCol = "scaledFeatures")
polyExpansion = PolynomialExpansion(degree = 2, inputCol = "scaledFeatures", outputCol =
"polyFeatures")
# 创建 Pipeline
pipeline = Pipeline(stages = [assembler, scaler, polyExpansion])
# 训练 Pipeline
```

```
pipelineModel = pipeline.fit(df)
# 应用 Pipeline
transformed_df = pipelineModel.transform(df)
# 显示转换后的结果
transformed_df.select("id", "Size", "Rooms", "Price","polyFeatures").show(truncate =
False)
```

输出结果：

```
+---+----+-----+------+---------------------+
|id |Size |Rooms |Price |      polyFeatures       |
+---+----+-----+------+---------------------+
|1  |2000 |3    |500000 |[4.0,16.0,3.0,12.0,9.0]  |
|2  |1500 |2    |300000 |[3.0,9.0,2.0,6.0,4.0]    |
|3  |2500 |4    |600000 |[5.0,25.0,4.0,20.0,16.0] |
+---+----+-----+------+---------------------+
```

9.3.6 模型优化工具

在 PySpark 中提供了用于模型优化的工具，其中包括 CrossValidator 和 TrainValidationSplit，以及参数调整工具 ParamGridBuilder。

1. 模型选择工具

1）CrossValidator

CrossValidator 是一个用于交叉验证的模型优化工具。交叉验证是一种用于评估模型性能并选择最佳参数的方法。CrossValidator 将数据划分为多个折叠(fold)，每次将其中一个折叠作为验证集，其余折叠作为训练集，然后计算模型性能。这个过程会多次进行，每次选择不同的验证集。最后，CrossValidator 会计算所有折叠的平均性能，并返回具有最佳性能的模型。

2）TrainValidationSplit

TrainValidationSplit 是另一种模型优化工具，类似于交叉验证，但它只进行一次划分。数据集被分成训练集和验证集，不同于交叉验证的多次划分。TrainValidationSplit 用于迅速试验不同参数组合，但在某些情况下可能不如交叉验证准确。

2. 参数调整工具

ParamGridBuilder 是用于创建参数网格的工具。超参数是机器学习模型中需要手动设置的参数，例如学习率、正则化参数等。ParamGridBuilder 允许用户创建不同的超参数组合，以便模型可以尝试不同的配置。这有助于找到最佳参数配置，以获得更好的模型性能。

9.4 分类算法

观看视频

分类模型是一种监督学习方法，用于将数据点归入预定义的类别或组。这种模型通过学习从输入特征到输出类别的映射来完成分类任务。分类在数据挖掘中是一项重要的任务，目前在商业上应用最多，常见的典型应用场景有流失预测、精确营销、客户获取、个性偏好等。ML 目前支持的分类算法有逻辑回归、支持向量机、朴素贝叶斯、决策树、随机森林、梯度提升树等。

9.4.1 逻辑回归

1. 概述

逻辑回归是一种被广泛采用的线性分类方法，它适合处理二元分类及多类分类问题。该算法通过 Sigmoid 函数把线性回归模型的输出转换为概率值，以此进行分类预测。

在 PySpark 框架中，逻辑回归通过 pyspark. ml. classification. LogisticRegression 类实现，该实现支持 L1 和 L2 正则化选项，有助于避免模型的过拟合问题，从而提升模型的泛化能力。

2. 主要参数说明

featuresCol：String，默认值为"features"，用于训练模型的特征列的名称。

labelCol：String，默认值为"label"，包含标签的列的名称。

predictionCol：String，默认值为"prediction"，预测结果将存储在该列中。

maxIter：Int，默认值为 100，算法的最大迭代次数。

regParam：Double，默认值为 0.0，正则化参数(≥0)。

elasticNetParam：Double，默认值为 0.0，ElasticNet 混合参数，取值范围为[0, 1]。值为 0 时是 L2 惩罚，值为 1 时是 L1 惩罚。

tol：Double，默认值为 1E-6，迭代算法的收敛容忍度。

fitIntercept：Boolean，默认值为 true，表示是否训练截距项。

threshold：Double，默认值为 0.5，二分类逻辑回归中的阈值，以确定正负类别。

probabilityCol：String，默认值为"probability"，存储每个类别的预测概率的列名。

rawPredictionCol：String，默认值为"rawPrediction"，存储原始预测评分的列名。

3. 关键参数调整建议

maxIter：增加这个参数可以提高模型的准确性，但同时也会增加训练时间。通常，需要在训练时间和模型性能之间找到平衡点。

regParam 和 elasticNetParam：这两个参数控制模型的正则化。适当的正则化可以防止模型过拟合。regParam 增大会增强正则化效果。elasticNetParam 决定了 L1 和 L2 正则化的混合比例，我们可以根据具体问题调整。

tol：如果训练数据非常大，可以适当增加这个值以加快收敛速度。

fitIntercept：如果数据明显不是关于原点对称的，建议设置为 True。

threshold：在不平衡的类别分布中，调整此阈值可以帮助改善模型的性能。

4. 分类

1）二元逻辑回归

最简单的分类示例是二元分类，其中只有标签取值只能是两个。一个例子是欺诈分析，其中一个给定的交易可以分为欺诈或非欺诈；或电子邮件垃圾邮件，其中给定的电子邮件可以分类为垃圾邮件或非垃圾邮件。

2）多元逻辑回归

除了二元逻辑分类之外，还有多元分类，即从超过两个不同的可能标签中选择一个标签。一个典型的例子是 Facebook 预测给定照片中的人，或者气象学家预测天气（下雨、晴天、多云等）。

9.4.2 朴素贝叶斯

1. 概述

朴素贝叶斯算法是一种基于贝叶斯定理的简单且高效的分类方法，核心在于它假设各个特征在给定输出类别的条件下相互独立。这一假设虽然简化了模型的计算复杂度，但在现实世界中，特征之间往往存在一定程度的相关性，这可能会影响算法的准确性。尽管有这一局限性，朴素贝叶斯因其模型简单、学习与预测速度快、适应性强等优点，在文本分类、情感分析等领域展现出了良好的性能。

在 PySpark 框架中，朴素贝叶斯通过 pyspark. ml. classification. NaiveBayes 类得到实现，支持处理大规模的分布式数据集。该实现提供了多项式和伯努利两种模型版本，使其能够灵活适应不同类型的数据和应用场景。

2. 主要参数说明

featuresCol：String，默认值为"features"，这是用于训练模型的特征列的名称。

labelCol：String，默认值为"label"，这是包含标签的列的名称。

predictionCol：String，默认值为"prediction"，预测结果将存储在该列中。

probabilityCol：String，默认值为"probability"，用于存储每个类别的预测概率的列名。

rawPredictionCol：String，默认值为"rawPrediction"，用于存储原始的预测评分的列名。

smoothing：Double，默认值为 1.0，平滑参数，用于处理数据中不存在的特征与类别组合的问题。增加此参数可避免由于数据稀疏导致的概率为零的问题。

modelType：String，默认值为"multinomial"，支持的模型类型包括"multinomial"和"bernoulli"。"multinomial"适用于离散数据，"bernoulli"适用于二值特征。

thresholds：Array[Double]，默认值为 null，用于多类分类的阈值数组，用于调整预测的分类阈值。

3. 关键参数调整建议

smoothing：这是朴素贝叶斯分类器中一个重要的参数，用于防止概率计算中的零概率问题。通常，对于较小的数据集或者当数据分布不均匀时，增加此参数可以提高模型的稳定性和性能。

modelType：选择正确的模型类型对于模型性能至关重要。如果特征是二元的或者非常稀疏，使用"bernoulli"模型可能更合适。对于文本分类或计数数据，通常使用"multinomial"模型。

thresholds：在处理不平衡的数据集或具有特定性能指标需求（如精确度或召回率）

的情况下，调整这个参数可以改善模型的性能。例如，在某些场景下，可能需要牺牲一些精确度来提高召回率，此时可以通过调整阈值来实现。

9.4.3 决策树

1. 概述

决策树算法通过递归地分割数据集，从根节点到叶节点构建决策路径来预测目标类别或数值，核心在于选择最优特征进行分割以最大化类别的纯净度或最小化回归误差。其优势在于模型直观易于理解，不需要复杂的数据预处理，能处理数值和分类数据。然而，它也容易过拟合，特别是树的深度很大时。

在 PySpark 中，pyspark.ml.classification.DecisionTreeClassifier 提供了决策树的实现，这一实现支持自动特征选择和处理不同类型的数据，同时提供参数以调控树的复杂度，如树的最大深度和最小分割节点数，从而帮助防止过拟合，使之适用于大规模分布式数据处理场景。

2. 主要参数说明

featuresCol：String，默认值为"features"，用于训练模型的特征列的名称。

labelCol：String，默认值为"label"，包含标签的列的名称。

predictionCol：String，默认值为"prediction"，预测结果将存储在该列中。

probabilityCol：String，默认值为 "probability"，存储每个类别的预测概率的列名。

rawPredictionCol：String，默认值为"rawPrediction"，存储原始预测评分的列名。

maxDepth：Int，默认值为 5。树的最大深度，深度较大的树会更复杂，可能会导致过拟合。

maxBins：Int，默认值为 32，用于分割特征的最大桶数。增加此参数可以提高模型的灵活性。

minInstancesPerNode：Int，默认值为 1，每个节点最少的实例数。增加此参数可以防止模型过拟合。

minInfoGain：Double，默认值为 0.0，分裂一个节点所需的最小信息增益。增加此参数可以避免过多无意义的分裂。

maxMemoryInMB：Int，默认值为 256，决策树算法中用于缓存节点的最大内存。

cacheNodeIds：Boolean，默认值为 false，是否缓存节点的 ID。在某些数据集上启用它可以加速训练。

checkpointInterval：Int，默认值为 10，设置检查点的间隔(以迭代次数计)。用于大型数据集，以防止栈溢出。

3. 关键参数调整建议

maxDepth：这是最重要的参数之一。较小的值会使模型更简单，但可能不足以捕捉数据的复杂性。较大的值可能会导致过拟合。应根据数据的特性和复杂度进行调整。

maxBins：对于连续特征和具有大量类别的分类特征，增加这个参数可以提高模型的性能。

minInstancesPerNode 和 minInfoGain：这些参数有助于防止过拟合。适当增加它们可以使模型在测试集上表现得更好。

maxMemoryInMB 和 cacheNodeIds：在处理大型数据集时，调整这些参数可以提高训练效率。

9.4.4 随机森林

1. 概述

随机森林是一种集成学习技术，通过构建并整合多个决策树的预测结果来提升模型的准确度和稳定性。这种方法的优势在于其能够有效处理大量数据集中的离群点和噪声，同时避免单一决策树容易发生的过拟合问题。

在 PySpark 中，随机森林通过 pyspark. ml. classification. RandomForestClassifier 类实现。该实现利用了随机森林的鲁棒性，优化了对离群点和噪声的处理，使其成为处理复杂和大规模数据集的理想选择。此外，PySpark 版本的随机森林还支持在分布式环境中进行高效的数据分析和模型训练，进一步提高了处理大数据任务的能力。

2. 主要参数说明

featuresCol：String，默认值"features"，用于训练模型的特征列的名称。

labelCol：String，默认值"label"，包含标签的列的名称。

predictionCol：String，默认值"prediction"，预测结果将存储在该列中。

probabilityCol：String，默认值"probability"，存储每个类别的预测概率的列名。

rawPredictionCol：String，默认值"rawPrediction"，存储原始的预测评分的列名。

maxDepth：Int，默认值 5，树的最大深度。深度较大的树会更复杂，可能会导致过拟合。

maxBins：Int，默认值 32，用于分割特征的最大桶数。增加此参数可以提高模型的灵活性。

minInstancesPerNode：Int，默认值 1，每个节点最少的实例数。增加此参数可以防止模型过拟合。

minInfoGain：Double，默认值 0.0，分裂一个节点所需的最小信息增益。增加此参数可以避免过多无意义的分裂。

numTrees：Int，默认值 20，森林中树的数量。树的数量越多，模型的性能通常越好，但计算成本也越高。

bootstrap：Boolean，默认值是 True，表示是否在构建树时使用样本的自助采样。

subsamplingRate：Double，默认值 1.0，用于训练每棵树的样本比例。

featureSubsetStrategy：String，默认值为"auto"，每次分割时考虑的特征数量。常用值包括"auto" "all" "sqrt" "log2""onethird"。

seed：Long，默认值为随机值，用于随机数生成器的种子。

3. 关键参数调整建议

maxDepth 和 maxBins：这些参数控制树的形状和大小。较大的 maxDepth 或 maxBins 可以增加模型的复杂度，但也可能导致过拟合。

numTrees：增加树的数量可以提高模型的稳定性和准确性，但也会增加计算时间和内存消耗。

minInstancesPerNode 和 minInfoGain：增加这些值可以帮助防止过拟合，尤其是在数据集较小或噪声较多的情况下。

bootstrap 和 subsamplingRate：调整这些参数可以改变模型训练时样本的选择方式，影响模型的多样性和偏差-方差平衡。

featureSubsetStrategy：这个参数控制每次分割时考虑的特征数量，影响模型的随机性和性能。不同的策略可能在不同数据集上表现不同。

9.4.5 支持向量机

1. 概述

支持向量机(Support Vector Machine，SVM)是一种有效的分类技术，核心思想是寻找一个最优超平面，以此来最大化不同类别数据点之间的间隔，从而达到分类目的。这种方法特别适合于处理高维数据集，因为在高维空间中，找到能够有效分隔不同类别的超平面变得可行且高效。

在 PySpark 框架中，通过 pyspark.ml.classification.LinearSVC 类实现了线性支持向量机(Linear SVM)。这一实现利用了 SVM 在高维数据处理中的优势，提供了一种高效的方式来处理大规模的数据集，尤其是在那些特征维度远大于样本数量的场景中。LinearSVC 在 PySpark 中的实现不仅优化了计算效率，还确保了模型在分布式计算环境下的可扩展性和高性能，使其成为处理复杂机器学习任务的强大工具。

2. 主要参数说明

featuresCol：String，默认值"features"，用于训练模型的特征列的名称。

labelCol：String，默认值为"label"，包含标签的列的名称。

predictionCol：String，默认值为"prediction"，预测结果将存储在该列中。

maxIter：Int，默认值为 100，算法的最大迭代次数。

regParam：Double，默认值为 0.0，正则化参数(≥0)，用于避免过拟合并提高模型的泛化能力。

tol：Double，默认值为 1E-6，迭代算法的收敛容忍度。

rawPredictionCol：String，默认值为"rawPrediction"，存储原始预测评分的列名。

fitIntercept：Boolean，默认值为 True，表示是否训练截距项。

standardization：Boolean，默认值为 True，表示是否在训练前标准化特征。

threshold：Double，默认值为 0.0，决定二分类的阈值。

weightCol：String，默认值为 null，用于加权实例的列名。

3. 关键参数调整建议

maxIter：对于更复杂的数据集或模型，可能需要增加最大迭代次数以确保收敛。

regParam：正则化参数对模型的泛化能力至关重要。过大的值可能导致模型过于简单，而过小的值可能导致过拟合。这个参数需要根据数据集进行调整。

tol：收敛容忍度可以根据模型的性能和训练时间来调整。较小的值会使模型更精确，但可能会增加训练时间。

fitIntercept 和 standardization：这些参数通常应保持默认值，除非有特定的理由需要修改它们。

threshold：在处理不平衡数据集时，调整阈值可以帮助改善模型的性能，尤其是在评估指标方面。

weightCol：如果数据集中某些实例比其他实例更重要，可以使用这个参数为不同的实例赋予不同的权重。

9.4.6 梯度提升树

1. 概述

梯度提升树(Gradient Boosted Trees，GBT)是一种强大的集成学习方法，它通过逐步添加决策树并优化损失函数来减少模型的预测误差，特别是在处理具有复杂非线性关系的数据时表现出色。GBT 通过将多个简单模型(如决策树)组合成一个复杂的集成模型，每一棵树都在尝试纠正前一棵树的错误，这种策略有效地提升了模型的性能和预测的准确性。

在 PySpark 中，GBT 的实现由 pyspark.ml.classification.GBTClassifier 类提供。这个实现利用了梯度提升方法的核心优势，通过迭代优化一个可定制的损失函数来逐步提升模型的准确性，提供了灵活的配置选项，如树的数量、学习率和树的深度等，使得模型能够根据具体的应用需求进行调整，以达到最佳的性能。

2. 主要参数说明

featuresCol：String，默认值为"features"，用于训练模型的特征列的名称。

labelCol：String，默认值为"label"，包含标签的列的名称。

predictionCol：String，默认值为"prediction"，预测结果将存储在该列中。

maxDepth：Int，默认值为 5，单棵树的最大深度。深度较大的树会更复杂，可能导致过拟合。

maxBins：Int，默认值为 32，用于分割特征的最大桶数。增加此参数可以提高模型的灵活性。

minInstancesPerNode：Int，默认值为 1，每个节点最少的实例数。增加此参数可以防止模型过拟合。

minInfoGain：Double，默认值为 0.0，分裂一个节点所需的最小信息增益。增加此参数可以避免过多无意义的分裂。

maxIter：Int，默认值为 20，梯度提升决策树的迭代次数。迭代次数越多，模型的性能通常越好，但计算成本也更高。

stepSize：Double，默认值为 0.1，每次迭代优化步长的大小。较小的值可能提高模型的性能，但也需要更多的迭代次数。

lossType：String，默认值为"logistic"，损失函数类型，用于二分类，可选值为"logistic"。

subsamplingRate：Double，默认值为 1.0，用于训练每棵树的样本比例。

checkpointInterval：Int，默认值为 10，设置检查点的间隔(以迭代次数计)。

3. 关键参数调整建议

maxDepth 和 maxBins：这些参数控制树的形状和大小。较大的 maxDepth 或

maxBins 可以增加模型的复杂度,但也可能导致过拟合。

maxIter 和 stepSize:这些参数控制梯度提升过程。增加 maxIter 可以提高模型性能,但也会增加训练时间。调整 stepSize 可以在训练速度和模型性能之间找到平衡。

minInstancesPerNode 和 minInfoGain:增加这些值可以帮助防止过拟合,尤其是在数据集较小或噪声较多的情况下。

subsamplingRate:调整这个参数可以改变模型训练时样本的选择方式,影响模型的多样性和偏差-方差平衡。

lossType:虽然在 GBTClassifier 中通常只有"logistic"损失可用,了解损失函数的类型仍然重要,特别是在调整其他参数时。

9.4.7 评估指标

对于分类算法的评价,关键指标包括准确率、精确率、召回率、F1 分数、PR/AUC-ROC 曲线等。准确率衡量了模型正确预测的比例,而精确率和召回率则分别关注于正类预测的准确性和覆盖度。F1 分数是精确率和召回率的调和平均,用于平衡二者。PR 曲线对于不平衡数据集尤其有用,因为它直接反映了模型在正样本(少数类)上的性能。AUC 曲线下面积(AUC-ROC)则提供了模型在所有可能的分类阈值上的综合性能评价,对于不平衡数据集(即正负样本比例差异很大的情况)较为稳健,特别是当负样本(正常情况)远远多于正样本(如欺诈情况)时。

PySpark 通过 BinaryClassificationEvaluator 和 MulticlassClassificationEvaluator 类来实现分类算法的评价指标。这些类提供了灵活的接口来计算上述指标。

1. 二分类

- 类:BinaryClassificationEvaluator(rawPredictionCol='rawPrediction', labelCol='label', metricName='areaUnderROC')。
- 功能:通过计算如 ROC 曲线下的面积(AUC-ROC)或精确率-召回率曲线下的面积(AUC-PR)等评价指标,提供了一种量化模型预测质量的方式。
- 返回值:该类的 evaluate() 方法返回一个浮点数,表示所选择的评价指标的值。该值越高,通常意味着模型的预测性能越好。
- 主要参数说明

rawPredictionCol:指定包含模型原始预测结果的 DataFrame 列名,默认为 'rawPrediction'。原始预测通常包括每个类别的预测概率或分数。

labelCol:指定包含真实标签的 DataFrame 列名,默认为 'label'。这些标签用于与模型预测进行比较。

metricName:指定要计算的评价指标,默认为 'areaUnderROC'。可选值包括 'areaUnderROC'和'areaUnderPR',分别代表 ROC 曲线下面积和精确率-召回率曲线下面积。

- 关键参数调整建议

选择合适的评价指标(metricName):根据具体的业务目标和模型应用场景选择最合适的评价指标。如果关注模型整体性能和分类阈值的选择,'areaUnderROC' 是一个好的选择；如果关注于正类的预测性能，尤其是在不平衡数据集上，'areaUnderPR'可能更加合适。

确保 rawPredictionCol 正确设置：对于大多数分类器，确保 rawPredictionCol 参数指向包含正确预测概率或分数的列。不正确的设置可能导致评价指标计算错误。

校验 labelCol 匹配：确保 labelCol 参数匹配数据集中真实标签的列名，以便正确地评估模型性能。

metricName：指定计算的评价指标，可选值为"areaUnderROC"（默认值）和"areaUnderPR"，分别代表 ROC 曲线下面积和精确率-召回率曲线下面积。

2. 多分类

- 类：MulticlassClassificationEvaluator(predictionCol='prediction', labelCol='label', metricName='f1', weightCol=None)。
- 功能：它通过计算多类别分类任务的关键指标，如 F1 分数、精确率、召回率、准确率等，提供了一种量化模型预测质量的方法。这些指标有助于了解模型在处理涉及多个类别的分类任务时的综合性能。
- 返回值：该类的.evaluate()方法返回一个浮点数，表示所选择的评价指标的计算结果。该值越高，通常表示模型性能越好。
- 主要参数说明

predictionCol：指定包含模型预测结果的 DataFrame 列名，默认为'prediction'。此列包含模型对每个实例的分类预测。

labelCol：指定包含真实标签的 DataFrame 列名，默认为 'label'。用于与预测结果进行比较。

metricName：指定要计算的评价指标，默认为'f1'。可选值包括 f1(精确率和召回率的调和平均)，weightedPrecision(加权精确率，考虑各类别实例数的精确率加权平均)，weightedRecall(加权召回率，考虑各类别实例数的召回率加权平均)，accuracy(准确率，正确预测的实例比例)，weightCol(指定每个实例的权重列名)，recallByLabel(模型正确预测为该类别的样本数占实际为该类别的总样本数的比例)，precisionByLabel(模型正确预测为该类别的样本数占模型预测为该类别的总样本数的比例)，fMeasureByLabel(针对每个类别的精确率和召回率的调和平均)。

- 关键参数调整建议

选择合适的评价指标(metricName)：根据模型的具体应用场景和业务需求选择合适的评价指标。例如，对于不平衡的数据集，加权的精确率和召回率可能提供更有意义的性能评估。如果要了解模型在某个具体类别上的表现时，针对特定类别评价指标更加有针对性。

考虑实例权重(weightCol)：在存在实例权重的情况下，可以通过指定 weightCol 来对模型评估进行加权，尤其在处理不平衡数据集时这一点很有用。

9.4.8 案例分析

本例使用逻辑回归算法来预测信用卡诈骗。

1. 问题描述

信用卡欺诈是一种严重的金融犯罪，信用卡欺诈是指以非法占有为目的，故意使用伪造、作废的信用卡，冒用他人的信用卡骗取财物，或用本人信用卡进行恶意透支的行为。可以导致金融机构和个人遭受巨大损失。传统的基于规则的方法往往难以应对不断变化的欺诈模式，因此，采用机器学习算法来进行信用卡欺诈预测变得越来越重要。机器学习可以自动从大量的数据中学习欺诈和非欺诈交易之间的模式，从而准确地识别潜在的欺诈行为。

2. 数据集准备及描述

1）读取数据

```
#这里导入了需要使用的模块，包括了 PySpark 的 Pandas API、NumPy
import pyspark.pandas as ps
import numpy as np
#使用 ps.read_csv 方法读取一个 CSV 文件。header = 0 表示第一行作为列名
data = ps.read_csv("file:///tmp/spark/data/CreditCard.csv", header = 0)
```

2）数据描述

```
data.info()
<class 'pyspark.pandas.frame.DataFrame'>
Int64Index: 284807 entries, 0 to 284806
Data columns (total 31 columns):
 #   Column   Non-Null   Count      Dtype
---  -----    --------   --------   -----
 0   Time     284807     non-null   float64
……
 29  Amount   284807     non-null   float64
 30  Class    284807     non-null   int32
dtypes: float64(30), int32(1)
```

该数据集“creditcard.csv”中的数据来自 2013 年 9 月由欧洲持卡人通过信用卡进行的交易。共 284 807 行交易记录，其中数据文件中 Class==1 表示该条记录是欺诈行为，总共有 492 笔。输入数据中存在 28 个特征 V1，V2，…，V28（通过 PCA 变换得到，不用知道其具体含义），以及交易时间 Time 和交易金额 Amount。

3）分类统计

```
data['Class'].value_counts(sort = True)
```

输出结果：

```
0    284315
1      492
Name: Class, dtype: int64
```

输出结果显示了数据集中 Class 列的值计数，表明该数据集高度不平衡：共有 284 315 条交易被标记为正常（Class 为 0），而只有 492 条交易被标记为欺诈（Class 为 1）。

3. 特征工程

1）导入模块

```
#导入一些用于特征工程的模块,包括字符串索引、向量组装、标准化、独热编码等功能
from pyspark.ml.feature import StringIndexer
from pyspark.ml.feature import VectorAssembler, StandardScaler
from pyspark.ml.feature import OneHotEncoder
```

2)将数据转换为 Spark DataFrame

```
#将数据从其原始格式转换为 Spark DataFrame,以便后续使用 Spark 的特征工程模块
data_spark = data.to_spark()
```

3）特征正规化

```
#使用 VectorAssembler 将特征 "Amount" 放入一个向量中,并输出到新的列 "Amount_norm" 中
vector_assembler = VectorAssembler(inputCols = ["Amount"], outputCol = "Amount_norm")
data_spark = vector_assembler.transform(data_spark)
```

4）标准化

```
#使用 StandardScaler 对 "Amount_norm" 进行标准化,将其输出到新的列 "normAmount" 中
standardScaler = StandardScaler(inputCol = 'Amount_norm', outputCol = 'normAmount')
model_norm = standardScaler.fit(data_spark)
data_norm = model_norm.transform(data_spark)
```

5）删除不需要的列

```
#删除了 "Time"、"Amount" 和 "Amount_norm" 列
data_norm = data_norm.drop('Time', 'Amount','Amount_norm')
```

6）合并特征

```
将除了 "label" 列以外的所有特征合并成一个名为 "features" 的向量列
col_list = data_norm.columns[0: - 3] + ['normAmount']
Vassembler = VectorAssembler(inputCols = col_list, outputCol = 'features')
df_features = Vassembler.transform(data_norm)
```

7）准备模型训练数据

```
#从特征集中选择 "features" 和 "class" 列,并将 "class" 列重命名为 "label",以符合一些机
#器学习模型的要求
df_model = df_features.select('features', 'class')
df_model = df_model.withColumnRenamed('class', 'label')
```

8）划分训练集和测试集

```
#将数据集随机划分为训练集和测试集,比例为 80% 训练集和 20% 测试集。种子值为 0,以确
#保每次运行时划分的结果一致
df_train, df_test = df_model.randomSplit([0.8, 0.2], seed = 0)
```

以上代码的主要目的是将原始数据进行特征处理和格式转换，使其可以用于训练机器学习模型。这个过程包括了特征向量的组装、特征的标准化、删除不需要的列以及将数据准备成可以用于训练的格式。

4. 模型训练

1）导入模块

```
#这一行导入了二分类任务所需的分类模型类，包括了逻辑回归和随机森林分类器
from pyspark.ml.classification import LogisticRegression
```

2）创建逻辑回归模型对象

```
#创建一个逻辑回归模型对象 lr.labelCol = 'label' 指定了用于训练的标签列名称为 'label'，这
#个列包含了样本的标签(0 或 1)
lr = LogisticRegression(labelCol = 'label')
```

3）拟合模型

```
#使用训练数据集 df_train 对逻辑回归模型 lr 进行拟合，得到一个训练好的模型 lrModel
lrModel = lr.fit(df_train)
lr.fit() 方法会在 df_train 上训练逻辑回归模型，学习模型参数以最小化损失函数
```

5. 模型评估与选择

1）导入模块

```
#导入用于二分类模型评估的 BinaryClassificationEvaluator 类
from pyspark.ml.evaluation import BinaryClassificationEvaluator
```

2）生成预测

```
#在已经训练好的逻辑回归模型 lrModel 上使用 transform 方法对测试数据集 df_test 进行预
#测。predictions 是一个包含了预测结果的 DataFrame
predictions = lrModel.transform(df_test)
```

3）创建评估器

```
#创建一个二分类模型评估器对象 evaluator，用于评估模型的性能。labelCol = 'label' 表示要
#用于评估的标签列的名称是 'label'。当正负样本极度不平衡时，AUC - PR 是一个比传统的 AUC -
#ROC(接收者操作特征曲线下面积)更有用的性能指标
evaluator = BinaryClassificationEvaluator(labelCol = 'label',metricName = "areaUnderPR")
```

4）计算评价指标

```
#使用评估器 evaluator 对预测结果 predictions 进行评估
areaUnderPR = prevaluator.evaluate(predictions)
areaUnderROC = rocevaluator.evaluate(predictions)
```

5）输出评价值

```
print('areaUnderPR:',areaUnderPR)
print('areaUnderROC:',areaUnderROC)
```

输出结果：

```
areaUnderPR: 0.6946210346638665
areaUnderROC: 0.9874596954900462
```

结果分析：

当面对不平衡数据集时，AUC-PR 通常比 AUC-ROC 提供更实用的性能衡量。尽管逻辑回归模型在 AUC-ROC 上表现出色，但 AUC-PR 的结果表明在识别欺诈交易（正类）方面还有提升的空间。因为模型在处理大量的正常交易（负类）时表现很好，但在精确识别较少的欺诈交易时性能下降。

6. 拓展

1）数据不平衡

因为正常的交易远远多于欺诈交易。处理这种不平衡的数据集，需要采取一些特定的策略来改善模型的性能，特别是对少数类（欺诈交易）的识别能力。下面采用欠采样方法。

处理不平衡数据：

```
# 分别获取多数类和少数类的样本
major_df = data_spark.filter(col("Class") == 0)
minor_df = data_spark.filter(col("Class") == 1)
# 计算倍率
ratio = int(major_df.count()/minor_df.count())
sampled_majority_df = major_df.sample(False, 1/ratio)
#合并回一个平衡的数据集
balanced_df = sampled_majority_df.unionAll(minor_df)
```

使用 StandardScaler 对 "Amount_norm" 进行标准化，将其输出到新的列 "normAmount"中：

```
standardScaler = StandardScaler(inputCol = 'Amount_norm', outputCol = 'normAmount')
model_norm = standardScaler.fit(balanced_df)
data_norm = model_norm.transform(balanced_df)
```

评价指标：

```
from pyspark.ml.evaluation import BinaryClassificationEvaluator
prevaluator = BinaryClassificationEvaluator(labelCol = 'label',metricName = "areaUnderPR")
#创建一个二分类模型评估器对象 evaluator,用于评估模型的性能
rocevaluator = BinaryClassificationEvaluator ( labelCol = ' label ' , metricName =
"areaUnderROC")
#使用评估器 evaluator 对预测结果 predictions 进行评估
areaUnderPR = prevaluator.evaluate(predictions)
areaUnderROC = rocevaluator.evaluate(predictions)
print('areaUnderPR:',areaUnderPR)
print('areaUnderROC:',areaUnderROC)
```

输出结果：

```
areaUnderPR: 0.9865725705085346
areaUnderROC: 0.9820693709582597
```

结果分析：

PR AUC 显著提高，从 0.6946 增加到 0.9866，这是一个巨大的进步，说明模型在正类的预测上变得更加准确和可靠，尤其在面对不平衡数据集时。

ROC AUC 略有下降，从 0.9875 降到 0.9821，虽然是轻微下降，但仍然保持在一个非常高的性能水平。这表明模型在区分正负类样本的能力上略有减弱，但总体上仍然非常出色。

2）模型调参

导入模块：

```
from pyspark.ml.tuning import ParamGridBuilder
from pyspark.ml.evaluation import BinaryClassificationEvaluator
from pyspark.ml.tuning import CrossValidator
```

构建参数网格：

```
#创建一个包含 9 种不同参数组合的参数网格。每种组合都由一个特定的 regParam 值和一个
#elasticNetParam 值定义
paramGrid = ParamGridBuilder() \
    .addGrid(lr.regParam, [0.01, 0.5, 2.0]) \
    .addGrid(lr.elasticNetParam, [0.0, 0.5, 1.0]) \
    .build()
```

选择评估指标：

```
evaluator = BinaryClassificationEvaluator(rawPredictionCol = "rawPrediction", labelCol =
"label", metricName = "areaUnderPR")
```

设置交叉验证：

```
crossval = CrossValidator(estimator = lr,
                          estimatorParamMaps = paramGrid,
                          evaluator = evaluator,
                          numFolds = 3)        # 使用 3 折交叉验证
# 假设 df 是训练数据集
cvModel = crossval.fit(df_train)
```

获取最佳模型的评价指标：

```
# 初始化二元分类评估器，设置评估指标为 PR-ROC
binaryEvaluator = BinaryClassificationEvaluator(labelCol = "label", rawPredictionCol =
"rawPrediction", metricName = "areaUnderPR")
auc_pr = binaryEvaluator.evaluate(cvModel.transform(df_test))
print("PR-ROC on test data: ", auc_pr)
```

输出结果：

```
PR - ROC on test data: 0.9850251858668664
```

9.5 回归算法

回归模型是统计学中用于估计目标变量（通常是连续型变量）与一个或多个预测变量（特征）之间关系的一种工具。它们在实际应用中的主要目的是预测和解释。例如，在医疗领域，回归模型可以用来预测病人的恢复时间基于各种生理参数；在商业领域，它们被用来预测销售额或顾客需求等。

此外，回归模型还用于数据探索，帮助我们理解不同变量间的关系。例如，在经济学中，回归模型可以帮助分析利率变化如何影响股市行为。这种分析对于策略和决策的制定至关重要。

PySpark 提供了一系列适用于大规模数据处理和分析的回归算法，包括线性回归、决策树回归（DecisionTreeRegressor）、随机森林回归（Random Forest Regressor）、梯度提升树（GBT Regressor）、因子分解机等。因为分类算法中已经阐述了决策树、随机森林、梯度提升树算法。本节重点阐述线性回归、因子分解机算法。

9.5.1 线性回归

1. 概述

线性回归是统计学中用于分析目标变量与一个或多个自变量之间线性关系的基础回归算法。通过构建一个或多个自变量的加权和来预测目标变量，线性回归模型旨在找到最佳的权重系数，以最小化预测值和实际值之间的差异。这种方法的一个主要优点是模型简单、直观，并且容易理解和实施。

在 PySpark 框架中，线性回归通过 LinearRegression 类实现。该实现不仅支持传统的普通最小二乘法（Ordinary Least Squares，OLS）进行参数估计，还支持包括 Lasso（L1 正则化）和 Ridge（L2 正则化）在内的正则化技术。正则化方法有助于防止模型过拟合，提高模型在未知数据上的泛化能力，特别是在处理具有高维特征空间的数据集时。

2. 主要参数说明

featuresCol（字符串，默认值为"features"）：指定包含用于训练模型的特征数据的列名。

labelCol（字符串，默认值为"label"）：指定包含目标变量（要预测的值）的列名。

predictionCol（字符串，默认值为"prediction"）：定义模型预测结果的列名。

maxIter（整数，默认值为 100）：优化算法的最大迭代次数。

regParam（浮点数，默认值为 0.0）：正则化参数，用于控制模型的过拟合。

elasticNetParam（浮点数，默认值为 0.0）：ElasticNet 混合参数，决定 L1 和 L2 正则化的混合比例。0 代表 L2 正则化，1 代表 L1 正则化。

tol（浮点数，默认值为 1e-6）：迭代算法的收敛容忍度。

fitIntercept(布尔值,默认值为 True):是否训练截距项。

solver(字符串,默认值为"auto"):用于优化的求解算法。可选值包括"l-bfgs" "normal" "auto"。

3. 关键参数调整建议

maxIter:对于较复杂的数据集或模型,可能需要更多的迭代来达到收敛。可以适当增加此值,但也会增加训练时间。

regParam 和 elasticNetParam:通过调整这两个参数可以控制模型的正则化程度和类型。适当的正则化有助于防止过拟合,特别是在特征数量较多时。

tol:如果模型难以收敛,可以尝试增加此值。但过大的容忍度可能会导致模型过早停止迭代,影响准确性。

fitIntercept:通常保持默认即可,除非有特定理由认为数据通过原点。

solver:对于不同规模的数据集,不同的求解器可能表现更好。"l-bfgs" 适用于较大的数据集,而 "normal" 适用于较小的数据集。

9.5.2 因子分解机

1. 概述

因子分解机(Factorization Machines, FM)是一种融合了线性回归、支持向量机(SVM)和矩阵分解技术的预测算法,它不仅能处理特征的线性关系,还能捕捉特征间的交互效应,这在传统的线性模型中是难以实现的。因子分解机特别适用于稀疏数据集,这使得它在处理具有大量特征的应用场景中,如推荐系统、文本分类和回归任务时,表现出了卓越的性能。

在 PySpark 框架中,FMRegressor 类为因子分解机提供了实现,专门针对回归问题。这个实现通过优化模型以捕捉特征间复杂的交互关系,有效地提升了在高维稀疏数据集上的预测准确度。PySpark 的 FMRegressor 通过提供灵活的参数设置(如因子维数和正则化参数),使得用户能够根据具体问题调整模型,以达到最佳的性能。

2. 主要参数说明

featuresCol:字符串,默认值为"features"。这个参数指定了包含用于训练模型的特征数据的列名。

labelCol:字符串,默认值为"label"。指定了包含目标变量(要预测的值)的列名。

predictionCol:字符串,默认值为"prediction"。定义了模型预测结果的列名。

factorSize:整数,默认值为 8。这个参数决定了模型因子向量的大小,影响了模型捕捉特征间交互作用的能力。

stepSize:浮点数,默认值为 0.1。学习率,决定了模型权重更新的速度。

regParam:浮点数,默认值为 0.0。正则化参数,用于控制模型的过拟合。

miniBatchFraction:浮点数,默认值为 1.0。指定了每次迭代使用的训练数据样本的比例。

loss:字符串,默认值为"squaredError"。可选值包括"squaredError"(平方误差)和"logisticLoss"(逻辑损失),定义了用于训练的损失函数类型。

solver：字符串，默认值为"sgd"。可选值包括"sgd"（随机梯度下降）和"adam"（自适应矩估计）。这个参数指定了用于优化模型的算法。

3. 关键参数调整建议

factorSize：增加因子大小可以提高模型捕捉特征交互作用的能力，但过大的因子可能导致过拟合和计算成本的增加。需要根据数据的复杂性和特征数量进行调整。

stepSize：较小的步长可以提高模型的稳定性和性能，但需要更多的迭代次数。可以通过交叉验证来调整和确定最佳步长。

regParam：正则化有助于防止过拟合。根据模型在验证集上的表现调整正则化强度。

miniBatchFraction：对于大型数据集，可以减少批次样本比例以加快训练速度。但需要确保每个批次中的样本数量足够代表整体数据。

solver：对于不同的数据集和问题，"sgd"和"adam"可能会有不同的表现。可以尝试两者并选择表现最佳的优化算法。

9.5.3 评估指标

回归算法的评价指标主要用于衡量回归模型预测值与实际值之间的差异，从而评估模型的准确性和效果。常见的评价指标包括均方误差（Mean Square Error，MSE）、均方根误差（Root Mean Square Error，RMSE）、平均绝对误差（Mean Absolute Error，MAE）、R-squared（决定系数）和调整 R-squared。

在 PySpark 环境中，针对回归算法的性能评估，已经实现 RegressionEvaluator 类评价回归模型性能。常用指标包括均方误差、均方根误差和决定系数（R^2）。MSE 测量预测值和实际值之间的平均平方差异，而 RMSE 是 MSE 的平方根，更适合比较不同数据集。R^2 衡量模型解释的变异性比例，值越接近 1 表示模型拟合越好。但不能评估模型预测的准确性。因此，在实际应用中，通常需要综合考虑这些指标，以全面评估模型的性能。此外，还需要注意数据的分布和特性，以确保选择合适的评价方法。

- 函数：RegressionEvaluator(predictionCol='prediction', labelCol='label', metricName='rmse', weightCol=None, throughOrigin=False)。
- 功能：用于评估回归模型的性能。它通过比较模型预测值和实际值来计算指定的评价指标，如 RMSE、MSE、MAE 或 R2。
- 返回值：此类的 evaluate()方法返回一个浮点数，表示所选评价指标的计算结果，具体数值取决于选定的 metricName 参数。
- 主要参数说明

predictionCol：str，默认值为'prediction'。指定包含模型预测结果的 DataFrame 列名。

labelCol：str，默认值为'label'。指定包含真实标签数据的 DataFrame 列名。

metricName：RegressionEvaluatorMetricType，默认值为'rmse'。指定评价指标，可选值包括 'rmse'（均方根误差），'mse'（均方误差），'r2'（决定系数），和 'mae'（平均绝对误差）。

weightCol：Optional[str]，默认值为 None。如果提供，该参数指定了每个点的权重列名，用于加权回归。

throughOrigin：bool，默认值为 False。该参数指定线性回归是否通过原点。

➢ 关键参数调整建议

选择适合的评价指标(metricName)：根据回归问题的具体需求和特点选择合适的评价指标。例如，如果对大的预测误差特别敏感，可以选择 'rmse'；如果需要评估模型解释的方差比例，可以选择 'r2'。

使用权重调整评价(weightCol)：如果数据集中的某些观察点比其他点更重要，考虑使用 weightCol 参数给这些点更高的权重。这在处理不平衡数据或具有更高业务价值的预测时尤其有用。

9.5.4 案例分析

通过准确预测二手车的交易价格，该案例不仅能够帮助消费者和卖家做出更加明智的决策，还能为二手车交易平台提供强大的数据支持，增强其市场竞争力，推动二手车市场的健康发展。此外，该案例的方法和框架也可扩展应用到其他领域的价格预测问题中。

1. 案例介绍

在当今的汽车市场中，二手车交易占据了重要的地位。随着新车价格的不断攀升和消费者需求的多样化，越来越多的人倾向于购买二手车作为经济实惠的选择。二手车交易不仅涉及个人消费者，也涉及大量的车商和在线交易平台。准确预测二手车的交易价格对于买家、卖家和平台运营商都至关重要，它可以帮助买家避免高估车辆价值，帮助卖家合理定价，同时也能提升交易平台的用户体验和市场竞争力。

2. 数据读取

```
# 导入 PySpark 的 Pandas API，用于处理大规模数据集
import plotly.graph_objects as go
import warnings
warnings.filterwarnings("ignore")
sc.setLogLevel("error")
# 使用 PySpark 的 Pandas API 读取训练数据集、测试集的 CSV 文件
ps_df = ps.read_csv("file:///tmp/spark/data/usedcar/car data.csv", header = "infer", sep = ",")
```

3. 探索性分析

基本信息：

```
ps_df.info()
```

输出结果：

```
<class 'pyspark.pandas.frame.DataFrame'>
Int64Index: 301 entries, 0 to 300
Data columns (total 9 columns):
 #   Column          Non-Null Count   Dtype
---  -------------   -------------    -----
```

```
    0   Car_Name          301 non-null   object
    1   Year              301 non-null   int32
    2   Selling_Price     301 non-null   float64
    3   Present_Price     301 non-null   float64
    4   Kms_Driven        301 non-null   int32
    5   Fuel_Type         301 non-null   object
    6   Seller_Type       301 non-null   object
    7   Transmission      301 non-null   object
    8   Owner             301 non-null   int32
dtypes: float64(2), int32(3), object(4)
dtypes: float64(20), int32(10), object(1)
```

结果分析如下：这是一个包含301行和9列的数据集，没有空值。其中列含义如下。

Car_Name：汽车名称，数据类型为对象（字符串）。

Year：汽车的生产年份，数据类型为整数（int32）。

Selling_Price：汽车的销售价格，数据类型为浮点数（float64）。

Present_Price：汽车的现价，数据类型为浮点数（float64）。

Kms_Driven：汽车的行驶里程，数据类型为整数（int32）。

Fuel_Type：汽车的燃料类型，数据类型为对象（字符串）。

Seller_Type：汽车的卖家类型，数据类型为对象（字符串）。

Transmission：汽车的变速器类型，数据类型为对象（字符串）。

Owner：汽车的所有者数量，数据类型为整数（int32）。

4. 数据预处理

1）异常值的分析

```
ps_df.describe()
```

输出结果：

```
         Year          Selling_Price  Present_Price   Kms_Driven      Owner
Count    301.000000    301.000000     301.000000      301.000000      301.000000
Mean     2013.627907   4.661296       7.628472        36947.205980    0.043189
std      2.891554      5.082812       8.644115        38886.883882    0.247915
min      2003.000000   0.100000       0.320000        500.000000      0.000000
25%      2012.000000   0.900000       1.200000        15000.000000    0.000000
50%      2014.000000   3.600000       6.400000        32000.000000    0.000000
75%      2016.000000   6.000000       9.900000        48767.000000    0.000000
max      2018.000000   35.000000      92.600000       500000.000000   3.000000
```

结果分析：根据所提供的数据摘要，没有明显的异常值，数据在合理范围内分布。不过，对于Present_Price和Kms_Driven两列，数据的分布相对较广。

2）缺失值与空值处理

```
ps_df.isnull().sum()
```

输出结果：

```
Car_Name          0
Year              0
Selling_Price     0
Present_Price     0
Kms_Driven        0
Fuel_Type         0
Seller_Type       0
Transmission      0
Owner             0
dtype: int64
```

3）数据转换

```
#将原始数据集中的年龄计算出来,并删除了 Year 列和 Car_Name 列(取值太多),然后将剩余的
#类型数据列转换为哑变量
ps_df['Age'] = 2020 - ps_df['Year']
ps_drop = ps_df.drop(['Year','Car_Name'],axis = 1)
ps_dum = ps.get_dummies(data = ps_drop,drop_first = True)
```

5. 特征工程

```
#将经过哑变量处理后的 Pandas DataFrame 转换为 Spark DataFrame,并将其中的特征列组合成特
#征向量
from pyspark.ml.feature import VectorAssembler, StandardScaler
spark_df = ps_dum.to_spark()
vector_columns = ps_dum.columns.to_list()[1:]
vectorassembler = VectorAssembler(inputCols = vector_columns, outputCol = "features")
vec_df = vectorassembler.transform(spark_df)
```

6. 模型训练与评估

```
#应用决策树模型进行训练,并对模型进行评估
from pyspark.ml.regression import DecisionTreeRegressor
from pyspark.ml.evaluation import RegressionEvaluator

# 假设 'df_transformed' 是包含 'scaledFeatures' 和目标列 'label' 的 DataFrame
# 分割数据集为训练集和测试集
train_data, test_data = vec_df.randomSplit([0.8, 0.2], seed = 12)
# 创建决策树回归模型
dt = DecisionTreeRegressor(featuresCol = 'features', labelCol = 'Selling_Price')
# 训练模型
dt_model = dt.fit(train_data)
# 在测试集上进行预测
predictions = dt_model.transform(test_data)
# 使用 RMSE 和 R^2 评估模型
evaluator_rmse = RegressionEvaluator(labelCol = "Selling_Price", predictionCol =
"prediction", metricName = "rmse")
evaluator_r2 = RegressionEvaluator(labelCol = "Selling_Price", predictionCol =
"prediction", metricName = "r2")
```

```
rmse = evaluator_rmse.evaluate(predictions)
r2 = evaluator_r2.evaluate(predictions)
print("Root Mean Squared Error (RMSE) on test data = ", rmse)
print("R-Squared (R2) on test data = ", r2)
```

输出结果：

```
RMSE = 1.3918657332500524
R2 = 0.9080068745441752
```

结果分析：

RMSE(均方根误差)为1.3918657332500524，这意味着模型在测试数据集上的预测值与实际值之间的平均偏差约为1.39。由于RMSE越低越好，这个值相对较低，说明模型的预测性能较好。

R2(决定系数)为0.9080068745441752，这意味着模型能够解释测试数据集中目标变量方差的约90.80%。R2的取值范围在0～1，越接近1表示模型的拟合度越好，即模型能够很好地解释目标变量的变化。这个值相对较高，说明模型的拟合效果很好。

```
# 获取模型的参数及其值
paramMap = model.extractParamMap()
# 打印参数及其值
for param, value in paramMap.items():
  print(f"{param.name}: {value}")
```

输出结果：

```
cacheNodeIds: False
checkpointInterval: 10
featuresCol: features
impurity: variance
labelCol: Selling_Price
leafCol:
maxBins: 32
maxDepth: 5
maxMemoryInMB: 256
minInfoGain: 0.0
minInstancesPerNode: 1
minWeightFractionPerNode: 0.0
predictionCol: prediction
seed: -1407754390808368278
```

7. 调参

```
from pyspark.ml.regression import DecisionTreeRegressor
from pyspark.ml.tuning import ParamGridBuilder, CrossValidator
from pyspark.ml.evaluation import RegressionEvaluator

# 分割数据集,使用前面已经处理好的数据
#train_data, test_data = df_vector.randomSplit([0.8, 0.2],seed=1234)
```

```
# 决策树回归模型
dt = DecisionTreeRegressor(featuresCol = "features", labelCol = "Selling_Price")
# 创建参数网格
paramGrid = ParamGridBuilder() \
    .addGrid(dt.maxDepth, [ 8,9,10]) \
    .addGrid(dt.minInstancesPerNode, [2,3,4]) \
    .build()
# 设置交叉验证
crossval = CrossValidator(estimator = dt,
                    estimatorParamMaps = paramGrid,
                    evaluator = RegressionEvaluator(labelCol = "Selling_Price", predictionCol =
"prediction", metricName = "rmse"),
                    numFolds = 4)
# 训练模型
cvModel = crossval.fit(train_data)
print("Best Param (maxDepth):",cvModel.bestModel.getMaxDepth())
print("Best Param (minInstancesPerNode):", cvModel.bestModel.getMinInstancesPerNode())
# 预测
dt_predictions = cvModel.transform(test_data)
# 评估
dt_evaluator = RegressionEvaluator(labelCol = "Selling_Price", predictionCol =
"prediction", metricName = "rmse")
dt_rmse = dt_evaluator.evaluate(dt_predictions)
print("RMSE on test data:", dt_rmse)
# 计算 R2
dt_evaluator_r2 = RegressionEvaluator(labelCol = "Selling_Price", predictionCol =
"prediction", metricName = "r2")
dt_r2 = dt_evaluator_r2.evaluate(dt_predictions)
print("R2 on test data:", dt_r2)
```

输出结果：

```
Best Param (maxDepth): 9
Best Param (minInstancesPerNode): 3
RMSE on test data: 1.3803809377248473
R2 on test data: 0.9095187493376815
```

结果分析：基于输出的 RMSE 和 R^2 值，可以判断这个线性回归模型表现极为出色，预测准确度非常高。结合最佳参数的选择，这表明模型在训练过程中已经找到了非常好的平衡，即能够很好地拟合数据。

8. 拓展

1）可视化评估模型准确性

```
#拟合图直观地展示了模型预测值与实际值之间的关系，如图 9-1 所示
#理想情况下，所有点应该紧贴在拟合线(通常是等值线，y = x)上，这表示模型预测与实际观测完
#美一致
import plotly.graph_objects as go

# 加载数据，从模型预测结果中获取预测值和实际值，构建 ps 数据，然后使用 Plotly 绘制散点图
predictions_plot = ps.DataFrame(best_predictions.select("prediction", "label"))
```

```
# 创建散点图展示预测值和实际值
# 添加散点图
fig = predictions_plot.plot.scatter(x = 'label', y = 'prediction')
# 添加完美预测的折线图
fig.add_trace(go.Line(x = [predictions_plot['label'].min(), predictions_plot['label'].max
()], y = [predictions_plot['label'].min(), predictions_plot['label'].max()], mode = 'lines',
name = 'y = x'))
# 设置图表的布局
fig.update_layout(title = '预测值 vs 真实值',title_x = 0.5,height = 400, xaxis_title = '真实
值', yaxis_title = '预测值', legend_title = '对照线')
# 显示图表
fig.show()
```

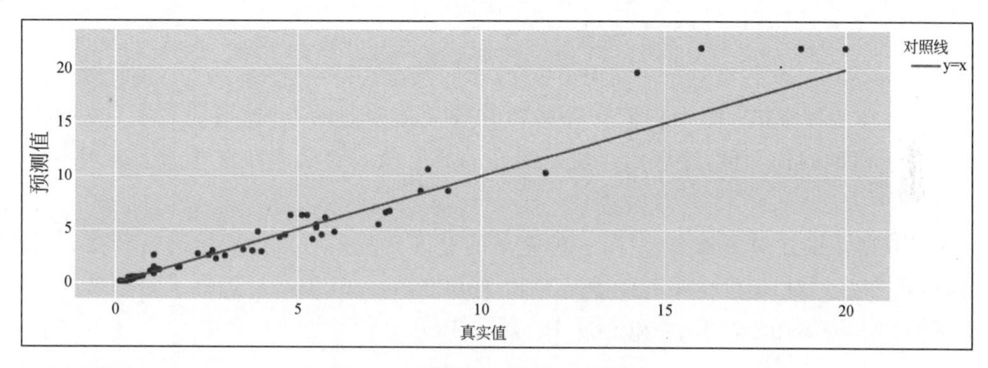

图 9-1　预测值与真实值拟合图 1

从提供的拟合图来看，模型的预测值与实际值非常接近，显示了强烈的线性关系和高度的拟合度，表明回归模型在此数据集上表现良好。尽管图中的线性关系看起来很强，但实际应用中还需要考虑其他统计检验和残差分析来进一步验证模型的适用性。

```
#检查残差的独立性、常态性和同方差性(残差随着预测值的变化而均匀分布)，如图 9-2 所示
# 计算残差 prediction
predictions_plot['residual'] = predictions_plot['label'] - predictions_plot['prediction']
# 绘制残差图
# 添加散点图
fig = predictions_plot.plot.scatter(x = 'prediction', y = 'residual')
#px.scatter(predictions_pd, x = 'prediction', y = 'residual', title = 'Residuals vs
Predictions', labels = {'prediction': 'Predicted', 'residual': 'Residual'})
fig.add_hline(y = 0, line_dash = "dash")
fig.show()
```

从残差图中，可以做出以下分析。

(1) 残差的分布：绝大部分残差集中在零线(水平虚线)附近，这意味着模型的预测对于大多数数据点来说都是相对准确的。

(2) 存在异方差性：残差的扩散程度(即残差的变化范围)似乎随着预测值的增加而增大。这种模式(残差的分散随着预测值的增加而增加)表明模型可能存在异方差性(heteroscedasticity)。在预测值较小的地方，模型预测较为准确，但在预测值较大时，预测的不确定性增加。

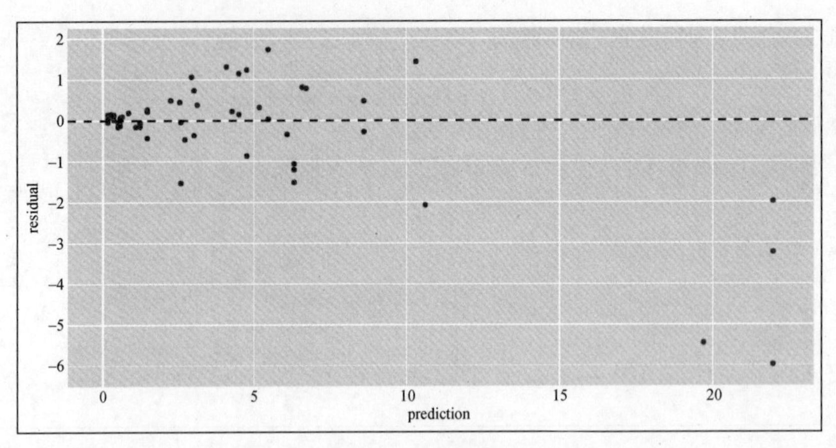

图 9-2　残差图

(3) 潜在的异常值：图中右侧有一些具有较大正残差的点，这可能表明这些点的实际值远大于模型的预测值，这些点可能是潜在的异常值或者模型在这些点上表现不佳。

2) 解决方法

(1) 数据转换。对于异方差性，一种常见的处理方法是对目标变量进行转换，如取对数，以稳定方差。对'卖价'(Selling_Price)和'现价'(Present_Price)进行了对数转换，并创建了新的列 Log_Selling_Price 和 Log_Present_Price。

```
from pyspark.sql.functions import log

# 如果价格为 0 的情况很少或可以忽略，可以直接取对数
# 如果存在价格为 0 的情况，需要对价格进行偏移，例如使用 log(price + 1)
df = df.withColumn("log_price", log("price"))
# 更新特征向量化步骤，使用新的目标变量
# 更新模型训练和评估步骤，使用新的目标变量
```

输出结果：

```
Best Param (maxDepth): 8
Best Param (minInstancesPerNode): 2
RMSE on test data: 0.25211289650351554
R2 on test data: 0.9603536760067841
```

(2) 分桶：对'Kms_Driven'进行分桶处理，因为这个数据的分布可能是多模态的，分桶可以帮助模型更好地理解不同的行驶里程范围。新的桶分布列为 Kms_Driven_Bins，其中每个桶的宽度设定为 10000 千米(1 千米=1000 米)。

```
# 定义分桶的边界
from pyspark.ml.feature import Bucketizer
splits = list(range(0, int(log_df.agg({"Kms_Driven": "max"}).collect()[0]["max(Kms_
Driven)"]) + 10000, 10000))
# 初始化 Bucketizer，桶的个数影响决策树的 maxBins
```

```
bucketizer = Bucketizer(splits = splits, inputCol = "Kms_Driven", outputCol = "Kms_Driven_Bins")
# 对'Kms_Driven'应用分桶处理
df_binned = bucketizer.transform(log_df)
vector_columns = df_binned.drop("Kms_Driven","Present_Price","Selling_Price"," Log_
Selling_Price").columns
vectorassembler = VectorAssembler(inputCols = vector_columns, outputCol = "features")
vec_df = vectorassembler.transform(df_binned)
# 使用过滤后的数据重新训练模型
```

输出结果：

```
RMSE = 0.07784893327698204
R2 = 0.9962197707882796
#绘制 log 和分桶后的拟合图 9-3
```

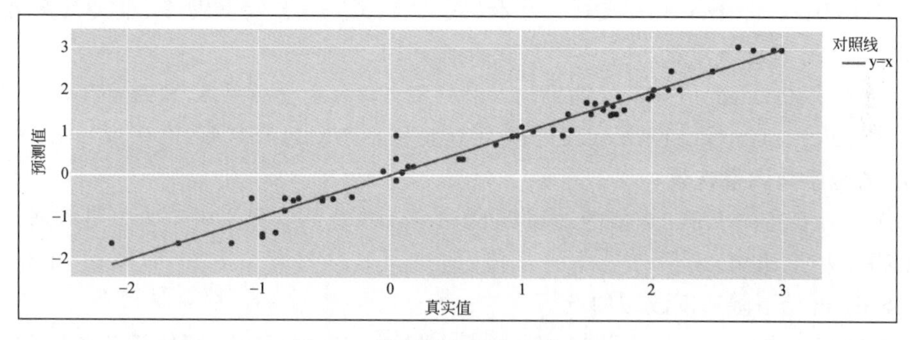

图 9-3　预测值与真实值拟合图 2

9.6　聚类算法

观看视频

聚类算法是一种无监督学习方法，用于将数据集中的对象分组成多个类别，以此方式，使得同一类别内的对象相似度高，而不同类别间的对象相似度低。聚类的目的是发现数据内在的分布结构，而不依赖于预先定义的分类标准。主要实现方法包括：①K-Means，用于处理大规模数据集并快速收敛找到聚类中心；②DBSCAN，优于识别任意形状的簇和噪声数据；③层次聚类，通过构建一个多级的簇层次，适合发现数据的层次结构；④高斯混合模型，适用于估计数据点属于各聚类的概率。

在实际应用中，聚类算法广泛应用于市场细分，帮助企业识别不同的消费者群体，以定制化营销策略；社交网络分析，通过识别具有相似兴趣的用户群体来优化推荐系统；异常检测，通过识别与大多数数据模式不符的异常点来预防欺诈行为；以及图像分割，在图像处理中区分不同的对象或区域，为图像识别和分析提供基础。这些应用展示了聚类算法在不同领域解决实际问题的能力。

9.6.1　K-Means

1. K-Means 概述

K-Means 是一种流行的聚类算法，其核心思想是通过迭代过程选定聚类中心，并将数据点划分到最近的聚类中心，从而实现数据的分组。该算法旨在最小化聚类内部的点与聚类中心之间的距离总和，确保聚类内的数据点尽可能相似，而聚类间的数据点尽可能不同。K-Means 的主要优点包括简单、高效，这使其非常适合处理大规模数据集。

在 PySpark 环境中，K-Means 算法通过 pyspark. ml. clustering. KMeans 类实现。该实现利用了 PySpark 的 MLlib 机器学习库，提供了一个高效且易于使用的 API，使得在大数据环境下执行聚类分析变得更加便捷。PySpark 的 K-Means 实现支持分布式计算，这意味着可以在多个计算节点上并行处理数据，大大提高了处理大型数据集时的速度和效率。

2. 主要参数说明

setK(k)：聚类的数量，即最终要形成的聚类中心数目。

setSeed(seed)：随机种子，用于聚类初始化时选择中心点，保证结果可复现。

setMaxIter(maxIter)：最大迭代次数，默认为 20。迭代次数越多，聚类结果可能越精确，但计算时间也会增长。

setFeaturesCol(featuresCol)：指定输入数据集中特征向量的列名，默认为"features"。

setPredictionCol(predictionCol)：指定模型输出预测列的名称，默认为"prediction"。

3. 关键参数调整建议

(1) 选择合适的 k 值：k 值的选择对 K-Means 算法的结果影响巨大。可以通过肘部法则(Elbow Method)来估计最佳的 k 值，即找到聚类内误差平方和(Sum of Squared Error，SSE)开始下降速度放缓的点。

(2) 特征标准化：在执行 K-Means 之前，对特征进行标准化(特征缩放)是非常重要的，因为 K-Means 是基于距离的算法，特征的尺度会影响聚类结果。

(3) 初始化方法：虽然 PySpark 的 K-Means 实现使用了一种高效的初始化方法("k-means||")，但是通过设置不同的随机种子(setSeed)，运行几次算法可能会得到更稳定的聚类结果。

(4) 评估模型：使用轮廓系数(Silhouette score)等指标来评估聚类的质量，这有助于确定聚类的凝聚度和分离度，从而评估不同 k 值或参数设置的效果。

9.6.2 BisectingKMeans

1. BisectingKMeans 概述

BisectingKMeans 是一种聚类算法，是 K-Means 算法的一个变种，采用分而治之的策略来进行聚类。算法从将所有点作为一个簇开始，然后递归地将簇分裂成更小的簇，直到达到指定的簇数量或满足其他停止条件。这种方法特别适用于形成层次聚类，且通常能得到更加紧凑的簇。

在 PySpark 中，BisectingKMeans 聚类算法可以通过 pyspark. ml. clustering. BisectingKMeans 类来实现。这使得在大规模分布式数据集上应用 BisectingKMeans 成为可能。

2. 主要参数说明

setK(k)：目标簇的数量。默认值是 4，需要根据具体问题来调整。

setSeed(seed)：随机种子，用于算法的初始化，确保结果可复现。

setMaxIter(maxIter)：最大迭代次数。虽然 BisectingKMeans 的分裂过程是递归的，但这个参数控制了每次分裂的 K-Means 算法的迭代次数。

setFeaturesCol(featuresCol)：指定输入特征数据列的名称。

setPredictionCol(predictionCol)：指定模型预测结果的列名。

3. 关键参数调整建议

(1) 选择合适的 k 值：与 K-Means 类似，k 值的选择对聚类结果有重大影响。可以通过评估模型的轮廓系数或聚类内误差平方和来选择最佳的 k。

(2) 迭代次数：setMaxIter 参数可能需要根据数据集的大小和复杂度进行调整。较大的数据集或更复杂的数据结构可能需要更多的迭代次数来达到稳定的聚类结果。

(3) 特征预处理：确保对输入特征进行适当的预处理，如标准化或归一化，特别是当特征量纲差异大时，这一步骤对于改善聚类质量尤为重要。

9.6.3 GaussianMixture

1. 概述

GMM(Gaussian Mixture Model)是一种基于概率的聚类算法，假设数据由多个高斯分布混合组成。与 K-Means 相比，GMM 不仅考虑数据点到聚类中心的距离，还考虑了数据点在每个聚类的分布概率，允许聚类具有不同的大小和方差。这增加了聚类的灵活性，使其能够处理更复杂的聚类形状。

PySpark 中的 GMM 实现通过 pyspark.ml.clustering.GaussianMixture，利用分布式计算支持大规模数据集的高效聚类。它提供灵活的参数设置，包括聚类数、收敛阈值和迭代次数，允许用户根据需求调整。该实现输出聚类均值、方差和混合权重，为数据分析提供丰富信息。

2. 主要参数说明

setK(k)：指定混合模型中高斯分布的数量，等价于聚类的数量。

setSeed(seed)：设置随机种子，以保证实验的可重复性。

setFeaturesCol(featuresCol)：指定包含特征向量的列名。

setPredictionCol(predictionCol)：设置模型预测结果的列名，默认为"prediction"。

setMaxIter(maxIter)：最大迭代次数，默认值通常足够，但对于复杂的数据集，可能需要增加此值。

3. 关键参数调整建议

(1) k 值选择：与 K-Means 相同，选择合适的 k 值至关重要。可以通过 BIC(Bayesian Information Criterion)或 AIC(Akaike Information Criterion)来评估不同 k 值的模型性能，选择最优的 k。

(2) 特征预处理：考虑到 GMM 对数据分布有假设，对数据进行标准化或归一化处理可以帮助改善聚类结果。

(3) 初始化和收敛：GMM 的结果可能对初始化敏感，可以尝试不同的 seed 值或增加迭代次数 setMaxIter 来获得更稳定的聚类结果。

9.6.4 LDA

1. LDA 概述

LDA 是一种主题模型,用于发现文档集合中的潜在主题。每个文档视为主题的混合,每个主题由词分布定义。优点是能无监督地揭示文档的隐藏结构,适用于文本挖掘、分类和推荐等。缺点包括对参数选择敏感,可能难以解释模型结果。

PySpark 中的 LDA 实现利用分布式计算,支持大数据集上的高效主题模型训练和推断。提供灵活的参数配置(如主题数、迭代次数),以及模型结果的详细分析,使其在处理大规模文本数据时特别有用。

2. 主要参数说明

k:主题数,即要从数据中提取的主题数量。

maxIter:迭代次数,算法的最大迭代次数。

docConcentration:文档主题分布的 Dirichlet 先验参数(通常称为 α)。

topicConcentration:主题词分布的 Dirichlet 先验参数(通常称为 β)。

featuresCol:特征列名称,包含用于主题建模的词频向量。

3. 关键参数调整建议

(1) 选择合适的 k 值:主题数 k 的选择对模型性能有重要影响。需要通过实验或领域知识来选择合适的 k 值,以确保模型既能捕捉到足够的主题细节,又不会过于复杂化。

(2) 优化迭代次数 maxIter:较高的迭代次数可能提高模型的准确性,但也会增加计算成本。建议选择一个在性能和计算时间之间取得平衡的迭代次数。

(3) 调整 Dirichlet 先验参数:docConcentration 和 topicConcentration 参数控制文档-主题和主题-词的分布,适当调整这些参数可以帮助模型更好地拟合特定的数据集。

(4) 特征选择和预处理:在对文本进行向量化时,通过调整 CountVectorizer 的 vocabSize 和 minDF 参数,可以有效控制词汇表的大小和词项的最小文档频率,从而影响模型的输出。

9.6.5 评价指标

聚类评价指标用于衡量聚类算法的性能,主要分为内部评价指标和外部评价指标。内部评价指标通过分析数据集本身的结构来评估聚类质量,常见的有轮廓系数(Silhouette Score)、Calinski-Harabasz 指数和 Davies-Bouldin 指数等,它们关注聚类的紧密度和分离度。外部评价指标则通过将聚类结果与预先定义的标准或真实标签进行比较来评估,如纯度(Purity)和 Rand 指数等,这类指标适用于已知真实类别信息的情况。

在 PySpark 环境中,提供了 ClusteringEvaluator 类,该类主要用于计算轮廓系数,作为评估聚类结果的一个通用方法。轮廓系数是一种衡量聚类效果好坏的指标,它结合了聚类的凝聚度和分离度,值的范围在−1 到 1 之间,值越大表示聚类效果越好。

➤ 类:ClusteringEvaluator(predictionCol='prediction', featuresCol='features', metricName='silhouette', distanceMeasure='squaredEuclidean')。

➢ 功能：通过计算轮廓系数来衡量聚类结果的质量。轮廓系数是一种衡量聚类效果的指标，结合了聚类的凝聚度和分离度，适用于评估聚类的紧密性和分隔性。

➢ 返回值：ClusteringEvaluator.evaluate() 方法返回一个浮点数，表示计算得到的轮廓系数值。轮廓系数的范围是−1 到 1，值越大，表示聚类效果越好。

➢ 主要参数说明

predictionCol：指定包含聚类预测结果的 DataFrame 列名，默认为'prediction'。此列中的值表示每个数据点被分配到的聚类标签。

featuresCol：指定包含特征向量的 DataFrame 列名，默认为'features'。用于计算聚类质量指标。

metricName：指定使用的评价指标，默认为'silhouette'。目前，ClusteringEvaluator 支持的是轮廓系数('silhouette')。

distanceMeasure：指定计算距离时使用的距离度量，默认为'squaredEuclidean'。可选值包括'squaredEuclidean'(平方欧几里得距离)和'cosine'(余弦距离)。

➢ 关键参数调整建议

选择合适的 distanceMeasure：根据数据的特性和聚类算法的需求选择合适的距离度量方法。例如，对于高维数据，'cosine'距离可能比'squaredEuclidean'距离更能反映数据点间的相似性。

确保 featuresCol 正确指定：'featuresCol'参数必须正确指向包含了用于聚类的特征向量的列。特征的选择和预处理直接影响到聚类的质量和轮廓系数的计算。

9.6.6 案例分析

农业中的作物产量预测是一项关键的预测分析技术。通过应用机器学习，这种技术能够帮助农民和农业企业准确预测特定季节的作物产量。它不仅指导农民何时种植作物，而且还帮助确定最佳收获时间，以此来优化作物产量。

1. 案例介绍

预测某农作物产量案例利用先进的数据分析和机器学习技术，为农业生产者提供准确的作物产量预测。这样的系统可以帮助农民、农业企业和研究人员优化种植计划、资源分配和市场策略，从而提高产量、降低成本并增加利润。此外，帮助读者更好地理解数据分析的流程，以及建立一些常见的预测模型和聚类模型。

2. 探索性分析

数据读取。

```
# 导入 PySpark 的 Pandas API，用于处理大规模数据集，数据来源于 kaggle 官网
import pyspark.pandas as ps

# 使用 PySpark 的 Pandas API 读取训练数据集、测试集的 CSV 文件
# "file:///tmp/spark/data/laimei/train.csv" 指定了训练数据集的文件路径
train_data = ps.read_csv("file:///tmp/spark/data/laimei/train.csv")
train_data.info()
```

输出结果：

```
<class 'pyspark.pandas.frame.DataFrame'>
Int64Index: 15289 entries, 0 to 15288
Data columns (total 18 columns):
 #   Column      Non - Null             Count Dtype
 --  ---------   ---------------        ---------
  0  id          15289 non - null       int32
  1  clonesize   15289 non - null       float64
  2  honeybee    15289 non - null       float64
…
16   seeds       15289 non - null       float64
17   yield       15289 non - null       float64
dtypes: float64(17), int32(1)
```

对输出结果分析可知：数据集有 15 289 行数据，索引从 0 到 15 288。共有 18 列，每列都有 15 289 个非空值，意味着数据集中没有缺失值。数据类型包括 17 个 float64 类型的列和 1 个 int32 类型的列(id)。数据列的含义如表 9-6 所示。

表 9-6 数据列的含义

字 段 名	描 述
id	某作物唯一标识
Clonesize	某作物克隆平均大小，单位：m^2
Honeybee	蜜蜂密度(单位：蜜蜂/m^2/分钟)
Bumbles	大型蜜蜂密度(单位：大型蜜蜂/m^2/分钟)
Andrena	安德烈纳蜂密度(单位：安德烈纳蜂/m^2/分钟)
Osmia	钥匙蜂密度(单位：钥匙蜂/m^2/分钟)
MaxOfUpperTRange	花期内最高温带日平均气温的最高记录，单位：℃
MinOfUpperTRange	花期内最高温带日平均气温的最低记录，单位：℃
AverageOfUpperTRange	花期内最高温带日平均气温，单位：℃
MaxOfLowerTRange	花期内最低温带日平均气温的最高记录，单位：℃
MinOfLowerTRange	花期内最低温带日平均气温的最低记录，单位：℃
AverageOfLowerTRange	花期内最低温带日平均气温，单位：℃
RainingDays	花期内降水量大于 0 的日数总和，单位：天
AverageRainingDays	花期内降雨日数的平均值，单位：天
fruitset	果实集
fruitmass	果实质量
seeds	种子数
yield	产量

3. 数据清洗

本数据集没有缺失值，先对重复记录、异常值进行检查和处理。

```
# 检查后发现没有重复记录
ps.set_option('compute.ops_on_diff_frames', True)
```

```
duplicate_rows = train_data[train_data.duplicated()]
number_of_duplicate_rows = duplicate_rows.shape[0]
ps.set_option('compute.ops_on_diff_frames', False)
print(number_of_duplicate_rows)
```

输出结果如下：

```
0
```

4. 特征工程

1）特征标准化

```
# 选择所有特征用于聚类模型
x_cluster = train_data.copy()
# 对数据进行标准化
scaler = StandardScaler()
x_scaled = scaler.fit_transform(x_cluster)
```

2）特征转换

```
from pyspark.ml.feature import VectorAssembler
# 将数据转换为 Spark DataFrame
sdf = train_data.to_spark()
sdf.show(1)
# 将特征转换为向量
vec_assembler = VectorAssembler(inputCols = columns[1: - 2], outputCol = "features")
sdf_vec = vec_assembler.transform(sdf)
```

3）特征的相关性

（1）热力图绘制：

```
import plotly.express as px
# 确保 corr_matrix 是一个 Pandas DataFrame
# 计算相关性矩阵
df = train_data
corr_matrix = df.drop(['id'],axis = 1).corr()
fig = px.imshow(corr_matrix.to_pandas(),
            text_auto = True,
            aspect = "auto",
            color_continuous_scale = 'RdBu_r', # 为了更好的视觉效果,使用红蓝色渐变
            labels = dict(color = "相关性"),
            )
fig.update_layout(title = "特征相关性热力图",title_x = 0.5)
fig.show()
```

输出结果如图 9-4 所示。

（2）根据热力图 9-4，可以发现不同特征之间的相关性。

“yield”作为预测目标，与“fruitset”“fruitmass”“seeds”都有较强的负相关性，这表明这些因素在提高产量方面起着重要作用。其他特征如“clone size”和不同类型的授粉者

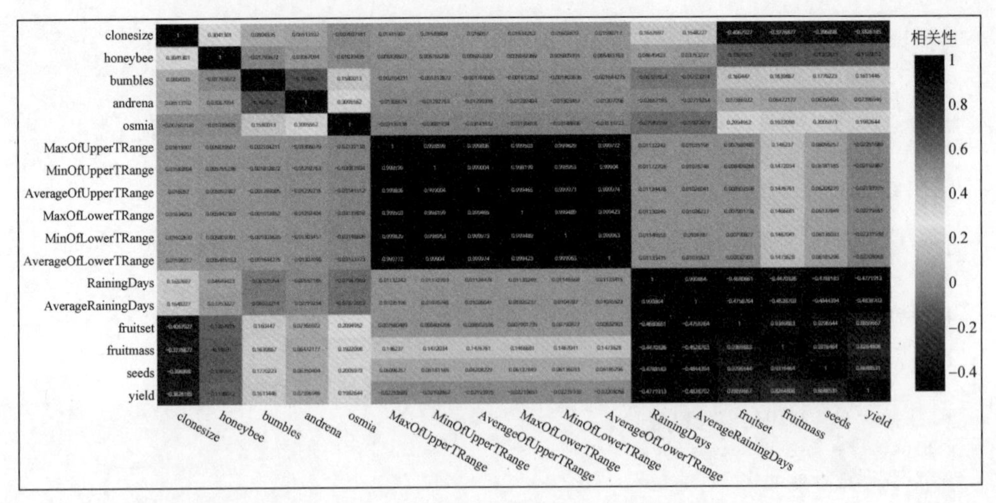

图 9-4 热力图

(如“honeybee”“bumble”等),它们与“yield”和其他特征的相关性较低,这可能表明它们对产量的直接影响较小。“fruitset”与“seeds”和“fruitmass”之间有很强的负相关性。这表明随着“fruitset”的增加,“seeds”和“fruitmass”的数值会减少,反之亦然。可以考虑进行特征选择或特征融合。

5. 模型训练与评估

1) 聚类分析

(1) 找到合适的 k 值:

```
from pyspark.ml.clustering import KMeans
from pyspark.ml.evaluation import ClusteringEvaluator
# 初始化列表来存储每个 k 值的 WSS (inertia) 和轮廓系数
wssse_values = []
silhouette_scores = []
k_range = range(2, 11)

for k in k_range:
    # 训练 K-Means 模型
    kmeans = KMeans().setK(k).setSeed(10).setFeaturesCol("features")
    model = kmeans.fit(sdf_vec)
    # 计算 WSS (Within Set Sum of Squared Errors)
     # 计算 WSSSE
    wssse = model.summary.trainingCost
    wssse_values.append(wssse)
    # 计算轮廓系数
    predictions = model.transform(sdf_vec)
    evaluator = ClusteringEvaluator()
    silhouette_score = evaluator.evaluate(predictions)
    silhouette_scores.append(silhouette_score)
```

输出的代码如下,其效果如图 9-5 所示。

```
import plotly.graph_objects as go
from plotly.subplots import make_subplots
# 将其转换为列表
k_range = list(range(2, 11))
# 创建1×2的子图布局
fig = make_subplots(rows = 1, cols = 2, subplot_titles = ('Elbow Method For Optimal k',
'Silhouette Score For Each k'))
# 第一个子图:Elbow Method
fig.add_trace(
    go.Scatter(x = k_range, y = wssse_values, mode = 'lines + markers', name = 'WSSSE'),
    row = 1, col = 1
)
# 第二个子图:Silhouette Score
fig.add_trace(
    go.Scatter(x = k_range, y = silhouette_scores, mode = 'lines + markers', name = 'Silhouette
Score'),
    row = 1, col = 2
)
# 更新x轴和y轴标签
fig.update_xaxes(title_text = "num of k", row = 1, col = 1)
fig.update_yaxes(title_text = "WSSSE", row = 1, col = 1)
fig.update_xaxes(title_text = "num of k", row = 1, col = 2)
fig.update_yaxes(title_text = "silhouette_score", row = 1, col = 2)
# 调整布局并显示图表
fig.update_layout(height = 400, width = 900, title_text = "Elbow Method and Silhouette Score
Analysis")
fig.show()
```

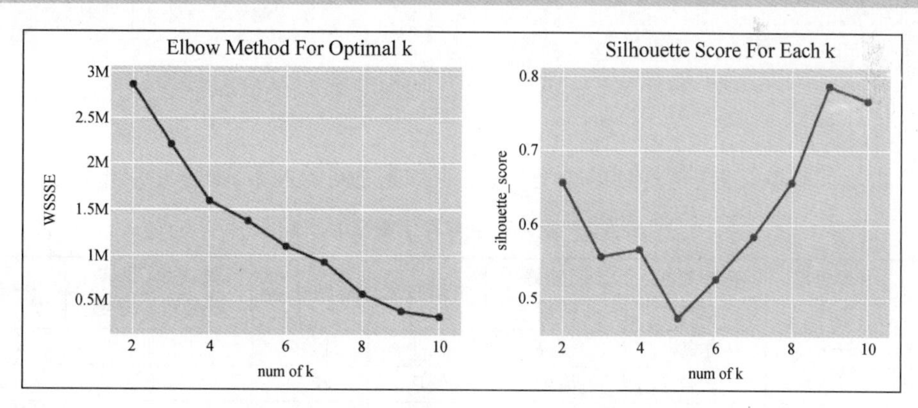

图 9-5 肘部法则图(左)和轮廓系数图(右)

(2) 图分析。

肘部法则图分析：肘部法则图显示了 k 值从 2 到 10 的变化，对应的 WSSSE 值随着 k 值增加而下降。k=4 之后，WSSSE 下降的幅度减小，这表明 k=4 可能是一个潜在的肘点。

轮廓系数图分析：从 k=2 开始，轮廓系数首先是下降的，然后在 k=4 达到一个高点，之后又开始下降。

综合考虑肘部法则和轮廓系数的结果，k=4 在两个指标上都表现出了聚类效果的优势。肘部法则显示 WSSSE 的下降在 k=4 处开始变得平缓,而轮廓系数在 k=4 处达到峰值,两者都表明了 k=4 是一个相对合理的聚类数目选择。

2) 建立模型

```
from pyspark.sql.functions import *
# 执行 K-均值聚类,选择 4 个聚类
kmeans = KMeans().setK(4).setSeed(15).setFeaturesCol("features")
model = kmeans.fit(sdf_vec)
# 获取聚类标签,并将其添加到原始数据中
transformed = model.transform(sdf_vec).select(col('id').alias('transformed_id'),
col('prediction').alias("cluster"))
sdf_clustered = sdf.join(transformed, sdf.id == transformed.transformed_id)
sdf_clustered = sdf_clustered.drop("id","transformed_id")
# 查看每个聚类的统计数据
cluster_summary = sdf_clustered.groupBy("cluster").mean()
# 下面对数值列取小数点后 2 位
columns = cluster_summary.columns[1:]        # 获取除了族类之外的列名
# 构建四舍五入到两位小数的表达式列表,列名删除 avg()
rounded_exprs = [round(c, 2).alias(c.split("(")[1].replace(")","")) for c in columns]
# 应用所有表达式
cluster_rounded = cluster_summary.select(rounded_exprs)
# 显示结果
cluster_rounded.sort(asc("avg(yield)")).show()
```

输出结果如图 9-6 所示。

clonesize	honeybee	bumbles	andrena	osmia	MaxOfUpperTRange	MinOfUpperTRange	AverageOfUpperTRange	MaxOfLowerTRange	MinOfLowerTRange	AverageOfLowerTRange	RainingDays	AverageRainingDays	fruitset	fruitmass	seeds	yield	cluster
20.543	0.399	0.283	0.489	0.58	89.193	53.929	74.539	64.304	31.115	52.695	25.798	0.422	0.479	0.439	35.004	5569.212	1.0
20.312	0.402	0.285	0.493	0.591	72.572	43.86	60.625	52.289	25.307	42.916	25.969	0.425	0.48	0.429	34.657	5663.354	0.0
18.578	0.38	0.291	0.495	0.601	91.564	55.364	76.493	66.007	31.941	54.099	6.554	0.158	0.54	0.468	38.428	6699.803	2.0
18.419	0.362	0.292	0.495	0.606	75.351	45.539	62.965	54.321	26.279	44.571	6.913	0.163	0.542	0.465	38.276	6712.289	3.0

图 9-6　聚类效果图

3) 分析

分析不同聚类(即蓝莓产量的分类)与其他特征之间的关系,如表 9-7 所示。

表 9-7　蓝莓产量与其他特征的关系

聚类	平均克隆大小	蜜蜂密度总体	钥匙蜂密度	气温范围	降雨天数	果实集、果实质量和种子数	产量
0	较大	中等	较高	较小	较多	较低	中等
1	最大	较高	最低	较广	较多	中等	最低
2	较小	较高	中等	稳定	较少	较高	较高
3	最小	最低	最高	适中	较少	较高	最高

4) 结论

通过对聚类特征的分析,可以推测可能的种植策略和环境条件如下。

聚类 0:此聚类代表传统的蓝莓种植模式,拥有较大的克隆大小和较高的蜜蜂密度,这表明它依赖于充足的空间和自然授粉。气温和降雨的适中范围为植物提供了稳定的生长环境。然而,产量仅为中等,暗示可能需要进一步改善果实质量或授粉效率来提升产量。

聚类 1:此聚类特征为在热量和授粉资源充足的条件下,产量却出奇地低,这可能表

明存在一些不利因素阻碍了产量的提高。最少的降雨天数可能造成了水分胁迫，导致果实集、果实质量和种子数低下。这提示在类似环境中需要重点关注水分管理。

聚类 2：该聚类表明，在高温少雨的环境下，通过适当调整克隆大小和蜜蜂密度，可以实现高果实集、高质量和高种子数，这进一步转化为较高的产量。这可能意味着这种环境下植物能够适应并利用有限的水资源和热量进行高效生长。

聚类 3：具有最高产量的聚类，与最小的克隆大小和最低的蜜蜂密度对应，但有最高的钥匙蜂密度。适中的气温和较少的降雨表明，在这些条件下，钥匙蜂可能是高产量的关键因素，这强调了特定授粉者在蓝莓生产中的重要性。同时，高果实质量和种子数也表明了高质量果实的生产与特定的环境和生物多样性有关。

9.7 推荐算法

推荐算法是信息过滤系统的一种，旨在预测用户对物品的偏好程度。它们在帮助用户发现可能感兴趣的新产品或服务中扮演着重要角色，解决了信息过载问题。基于不同的理论框架和应用背景，推荐系统可以分为基于内容的推荐、协同过滤推荐，以及混合推荐等方法。

推荐算法主要通过协同过滤、基于内容的推荐，以及混合推荐等方法实现，旨在预测用户对于物品的偏好。协同过滤利用用户或物品之间的相似性来生成推荐，而基于内容的推荐关注于分析物品特征与用户偏好的匹配度。混合推荐系统则综合多种技术，以提高推荐的准确性和覆盖度。这些方法在处理推荐问题时，考虑了用户行为、物品特性及它们之间的关系，通过算法模型如 ALS(Alternating Least Squares，交替最小二乘法)在大数据环境下有效地实现推荐。

推荐算法广泛应用于各种场景，如电子商务平台的商品推荐，帮助用户发现可能感兴趣的产品；内容提供服务(如新闻、视频和音乐)中的内容推荐，增强用户体验；社交网络中的好友推荐，加强用户间的互动；以及在线广告中的目标广告展示，提高广告效果。这些应用通过分析大量数据，理解用户需求和偏好，为用户提供个性化的服务和体验。

9.7.1 ALS

1. 概述

ALS 是一种推荐系统算法，核心在于分解用户-物品评分矩阵为用户特征和物品特征两个低秩矩阵，以预测未知评分。该算法通过交替固定一方特征矩阵优化另一方，迭代减少预测误差。优点包括高效处理大规模数据和支持显式及隐式反馈；缺点是可能对新用户或新物品(冷启动问题)预测不准确。

PySpark 实现的 pyspark. ml. recommendation. ALS 支持分布式计算，有效应对大数据场景，提供显式和隐式反馈处理能力。通过灵活的参数设置，如正则化和迭代次数，可调整模型以适应不同需求，使其成为构建推荐系统的强大工具。

2. 主要参数说明

userCol：指定用户列名称。

itemCol：指定物品列名称。

ratingCol：指定评分列名称。

maxIter：最大迭代次数，默认为10。

regParam：正则化参数，控制模型的过拟合情况。

coldStartStrategy：冷启动策略，设置为"drop"可在生成推荐时排除NaN评分。

nonnegative：是否对特征向量采用非负约束，以确保生成的预测评分为非负数。

3. 关键参数调整建议

(1) 选择合适的maxIter和regParam：通过网格搜索和交叉验证选择最优的迭代次数和正则化参数，以平衡模型的准确性和泛化能力。

(2) 处理冷启动问题：使用coldStartStrategy参数合理处理新用户或新物品的推荐，避免推荐结果中出现NaN值。

(3) 隐式反馈数据的处理：对于隐式反馈数据（如单击、浏览），可以通过设置implicitPrefs为True，并调整alpha参数来优化模型。

(4) 特征矩阵的非负性：通过设置nonnegative为True，可以保证模型预测出的评分为非负，这在某些应用场景中非常有用。

9.7.2 评价指标

推荐系统的评价指标主要包括准确性指标、排名指标、多样性指标、覆盖率指标、新颖性指标、冷启动性能以及可扩展性与效率，旨在从不同维度全面评估推荐模型的性能和用户体验。

在PySpark环境中，提供了RankingEvaluator类。这个类使得在大规模分布式数据集上评估推荐系统成为可能，支持对推荐列表的质量进行量化分析。也可以使用RMSE指标评价。

- 函数：pyspark.ml.evaluation.RankingEvaluator（predictionCol='prediction', labelCol='label', metricName='meanAveragePrecision', k=10）。
- 功能：通过计算如平均精确率（Mean Average Precision，MAP）等排名指标来评估推荐模型的性能。这类指标能够反映推荐列表的顺序质量以及推荐系统对用户偏好的准确理解。
- 返回值：RankingEvaluator的主要方法evaluate()返回一个单一的浮点数值，该值代表了所选排名指标的得分。得分的具体含义取决于选定的metricName参数。
- 参数说明

predictionCol (str，默认为 'prediction')：指定包含模型预测结果的DataFrame列名。预测结果应为推荐列表，列表中的项通常是物品的ID。

labelCol (str，默认为 'label')：指定包含真实交互数据的DataFrame列名。这些数据应为用户实际交互（如评分、购买）的物品列表。

metricName (RankingEvaluatorMetricType，默认为 'meanAveragePrecision')：指定要计算的排名指标。当前文档中提及的默认值为平均精确率（Mean Average Precision，MAP），这是衡量推荐列表中推荐项与用户实际偏好匹配度的常用指标。

k(int，默认为 10)：指定评价时考虑的推荐列表的长度。例如，k=10 意味着仅考虑每个用户的前 10 个推荐项进行评价。

9.7.3 案例分析

1. 案例背景

随着互联网技术的飞速发展和数字媒体内容的爆炸式增长，用户面临着信息过载的问题，即无法从海量的数据中快速找到自己感兴趣的内容。在这种背景下，推荐系统应运而生，成为帮助用户发现有价值信息的关键技术。推荐系统通过分析用户的行为和偏好，预测用户可能感兴趣的商品或服务，从而提升用户体验，增加用户黏性，对于内容提供商和电商平台而言具有极其重要的商业价值。

电影推荐系统是推荐系统研究中的一个热门领域。通过分析用户对电影的评分、观看历史、社交网络等信息，可以预测用户对未观看电影的偏好，从而向用户推荐可能喜欢的电影。MovieLens 数据集由明尼苏达大学的 GroupLens 研究小组提供，是进行电影推荐系统研究的重要资源之一。该数据集包含了用户对电影的评分和标签等信息，对推荐算法的开发和评估提供了丰富的实验数据。

2. 问题描述

在基于 PySpark 和 ALS 算法的电影推荐系统构建过程中，主要面临三个挑战：首先是评分数据的稀疏性问题，即尽管存在大量的用户评分，但相对于所有可能的用户-电影组合，这些评分仍占比极小；其次是冷启动问题，针对新用户或新上映的电影缺乏足够数据以生成可靠推荐；最后是系统的可扩展性挑战，即随着用户和电影数量的增长，如何保持系统推荐质量和响应速度。解决这些挑战的目标是开发一个精确、个性化的推荐系统，不仅能够提高用户满意度，还能促进用户探索和发现新电影，最终提升整体用户体验。

3. 数据读取与描述

ratings.csv 是 MovieLens 数据集的核心文件之一，包含了用户对电影的评分数据。每条评分记录反映了一个用户对一个电影的评价及评价时间。该文件采用逗号分隔值(CSV)格式，包含一个表头行。文件编码为 UTF-8，确保可以正确处理国际化字符。

使用场景：ratings.csv 文件对于开发和评估推荐系统至关重要。通过分析这些评分数据，研究人员可以构建用户偏好模型，开发出能够预测用户评分的算法，并通过实验评估这些算法的效果。

数据规模：数据集包含 20000263 个评分记录，由 138493 个用户对 27278 部电影的评价构成，涵盖了 1995 年 1 月 9 日至 2015 年 3 月 31 日之间的评分活动。

读取包含在多个文件中的评分数据。

```
# 导入包
data_path = "file:///tmp/spark/data/movie/ratings.csv"
ratings = spark.read.csv(data_path, header = True, inferSchema = True).select("userId",
"movieId","rating")
ratings.show()
```

输出结果：

```
+-------+--------+-------+
|userId |movieId |rating |
+-------+--------+-------+
|  1    | 296    | 5.0   |
|  1    | 306    | 3.5   |
…
```

输出的内容包含三列：userId、movieId 和 rating。userId：用户 ID，代表一个具体的用户。用户 ID 是匿名的，但在整个数据集中保持一致。movieId：电影 ID，对应 MovieLens 网站上的电影。这些 ID 在数据集的不同文件中保持一致。rating：用户对电影的评分，按 5 星制度，允许半星评分，范围从 0.5 星到 5.0 星。

4. 划分数据集

将数据分为训练集和测试集，用于模型训练和评估。

```
(train, test) = ratings.randomSplit([0.8, 0.2])
```

5. 模型选择与训练

引入 ALS 算法类，并进行初始化，设置训练过程中的各种参数。

```
from pyspark.ml.recommendation import ALS
als = ALS(maxIter = 5, regParam = 0.01, userCol = "CustomerID", itemCol = "MovieID",
ratingCol = "Rating", coldStartStrategy = "drop")
# 使用准备好的数据集训练模型
model = als.fit(ratings_df)
```

6. 模型评估

```
# 引入评估器并指定评估指标为 RMSE
from pyspark.ml.evaluation import RegressionEvaluator

# 使用训练好的模型进行预测
predictions = model.transform(ratings_df)
# 创建一个评估器实例，设置它的参数用于计算 RMSE
evaluator = RegressionEvaluator(metricName = "rmse", labelCol = "Rating", predictionCol
= "prediction")
# 计算并打印 RMSE 值
rmse = evaluator.evaluate(predictions)
print(f"RMSE = {rmse}")
```

输出结果：

```
RMSE = 0.8211961193077961
```

结果分析：RMSE 值 0.8226 在 1 到 5 分的评分系统中是相对较好的结果，这表明模型能够以较高的准确度预测用户的评分。不过，模型的好坏还需结合实际应用场景和业务目标来综合评判。若预测精度的要求更高，可能还需要进一步优化模型，例如通过调整算法参数、进行更细致的特征工程等方式来进一步降低 RMSE 值。

7. 用户推荐

```
# 使用训练好的模型进行预测
predictions = model.transform(test)
# 为每个用户生成顶部的推荐
userRecs = model.recommendForAllUsers(10) # 为每个用户推荐前 10 部电影
# 为用户 ID 为 1 的用户生成 10 个推荐
userRecs.where(userRecs.userId == 1).show(truncate = False)
```

输出结果：

```
|userId|recommendations
|1     |[{193223, 16.324633}, {190503, 15.556876}, {178147, 15.475145}, {153907,
14.709731},{175455, 14.662816}, {141532, 14.040754}, {153909, 13.906816}, {159809,
13.8724985}, {134381, 13.738222}, {185645, 13.535602}]|
```

结果分析：在这个结果中，每个推荐项是一个由电影 ID 和预测评分组成的元组。预测评分表示模型预测用户可能对这些电影的喜爱程度，分数越高意味着用户可能越喜欢这部电影。例如，对于电影 ID 为 193223 的电影，预测评分为 16.324633，表示用户对这部电影的偏好程度较高。

8. 调参

```
# 引入用于交叉验证的类和构建参数网格的类。此步骤对内存要求较高
from pyspark.ml.tuning import CrossValidator, ParamGridBuilder

# 构建参数网格，指定 ALS 算法中的 rank 和 regParam 参数的不同值以进行测试
paramGrid = ParamGridBuilder() \
    .addGrid(als.rank, [10, 20, 50]) \
    .addGrid(als.regParam, [0.01, 0.1, 0.5]) \
    .build()
# 创建交叉验证器，设置它的参数，包括评估器、参数网格、评估器和交叉验证的折数
crossval = CrossValidator(estimator = als,
                          estimatorParamMaps = paramGrid,
                          evaluator = evaluator,
                          numFolds = 3)
# 执行交叉验证过程，找到最佳参数组合
cvModel = crossval.fit(train)
# 使用调优练好的模型进行预测
predictions = cvModel.transform(test)
# 创建一个评估器实例，设置它的参数用于计算 RMSE
evaluator = RegressionEvaluator(metricName = "rmse", labelCol = "Rating", predictionCol =
"prediction")
# 计算并打印 RMSE 值
rmse = evaluator.evaluate(predictions)
print(f"RMSE = {rmse}")
# 获取最佳模型的参数
bestModel = cvModel.bestModel
print("Best Model Params:")
print(" Rank:", bestModel.rank)
print(" RegParam:", bestModel._java_obj.parent().getRegParam())
```

输出结果：

```
RMSE = 0.7043232828764185
Best Model Params:
 Rank: 20
 RegParam: 0.1
```

结果分析：通过调整参数改进了模型的 RMSE(均方根误差)性能，从 0.822 降低到 0.7043。这表明模型对评分的预测更加准确了。同时，找到的最佳参数组合是 rank 为 20 和 regParam(正则化参数)为 0.1。虽然已经通过交叉验证找到了一个好的参数组合，但仍然可以进一步调优。

9. 拓展

为了使用 RankingEvaluator，需要准备两个列：一个是模型为每个用户推荐的项目 ID 列表(预测)，另一个是每个用户实际感兴趣的项目 ID 列表(标签)。

1) 模型训练

```
from pyspark.ml.recommendation import ALS
# 分割数据集
(train, test) = ratings_df.randomSplit([0.8, 0.2])
# 初始化 ALS 模型,指定 MovieID 和 CustomerID
als = ALS(maxIter = 5, regParam = 0.01, userCol = "CustomerID", itemCol = "MovieID",
ratingCol = "Rating", coldStartStrategy = "drop")
# 训练 ALS 模型
model = als.fit(train)
```

2) 生成推荐

```
# 为每个用户生成顶部的推荐
userRecs = model.recommendForAllUsers(10)      # 为每个用户推荐前 10 部电影
```

3) 准备数据

为了准备评估数据，需要从 userRecs 中提取推荐的 MovieID，并从测试集中聚合每个用户的实际观看的 MovieID 列表。然后，将这些数据准备成 RankingEvaluator 所需的格式。

```
from pyspark.sql.functions import col, expr
# 转换推荐结果以提取电影 ID
userRecs = userRecs.withColumn("prediction", expr("transform(recommendations, x -> x.
MovieID)"))
# 准备测试数据的实际标签
trueLabels = test.groupBy("CustomerID").agg(expr("collect_list(MovieID) as label"))

from pyspark.sql.functions import col, udf
from pyspark.sql.types import ArrayType, DoubleType

# 定义一个 UDF,将整数数组转换为浮点数数组
int_to_float_udf = udf(lambda array: [float(i) for i in array], ArrayType(DoubleType()))
# 应用 UDF 来转换 userRecs 中的 prediction 列
```

```
userRecs = userRecs.withColumn("prediction_float", int_to_float_udf(col("prediction")))
# 应用 UDF 来转换 trueLabels 中的 label 列
trueLabels = trueLabels.withColumn("label_float", int_to_float_udf(col("label")))
print(f"Mean Average Precision at k = 10: {mapk}")
```

输出结果：

```
Mean Average Precision at k = 10: 5.847597298081518e-08
```

结果分析：MAP的值范围从0到1，其中1表示完美的推荐精度。5.847597298081518e-08这样的低值意味着模型的推荐精度非常低。这意味着在前10个推荐中，与用户实际偏好相匹配的电影数量较少，或者说系统推荐的电影与用户的实际兴趣不够吻合。这可能是由多种因素造成的，包括模型训练的数据量不足、模型参数未能优化，或者存在数据稀疏性和冷启动问题等。

本章小结

本章首先介绍了PySpark ML库，从Spark ML的基础概述开始，覆盖了基本数据类型如本地向量和矩阵。接着深入到机器学习的基本方法，包括假设检验、摘要总结、处理数据不平衡、特征工程及构建机器学习流水线和模型优化的工具。在算法部分，详细讨论了分类、回归、聚类和推荐算法的核心概念、主要算法以及相关的评估指标。每种算法类别后，通过案例分析展示了这些算法在实际问题中的应用和效果，为读者提供了理论与实践结合的学习路径。

习题9

1. 判断题

(1) Spark ML是一种基于深度学习的机器学习库。(　　)

(2) 本地向量是Spark ML中用于存储稠密数据的数据类型。(　　)

(3) 特征工程包括特征提取和特征转换两个步骤。(　　)

(4) 分类模型用于解决回归问题，而回归模型用于解决分类问题。(　　)

(5) 聚类模型用于将数据分成有限个不相交的组别。(　　)

2. 选择题

(1) Spark ML中的机器学习流水线用于(　　)。

A. 特征工程　　B. 模型训练　　C. 模型预测　　D. 模型评估

(2) 在Spark ML中，不是用于读取数据的函数是(　　)。

A. read_csv()　　B. read_json()

C. read_parquet()　　D. read_data()

(3) 特征工程中的特征提取方法包括(　　)。

A. PCA　　B. TF-IDF

C. One-Hot Encoding　　D. All of the above

(4) 在分类模型中,常用的评估指标是(　　)。

A. Accuracy　　B. Precision　　C. Recall　　D. All of the above

(5) 在推荐模型中,常用的评估指标是(　　)。

A. RMSE　　B. Precision　　C. Recall　　D. AUC-ROC

3. 简答题

(1) 什么是机器学习流水线?它在机器学习中的作用是什么?

(2) 简述模型评估与参数调优的过程。

实验9　PySpark ML 编程实践

1. 实验目的

(1) 学习使用 PySpark ML 库中的 ALS 算法进行协同过滤推荐。

(2) 掌握使用 PySpark ML 进行数据处理、模型训练、预测及评估的整个流程。

(3) 利用 Netflix 数据集实践构建推荐系统,理解推荐系统的基本原理和应用场景。

(4) 评价模型性能,了解如何调整参数改善推荐效果。

2. 实验环境

(1) 开发平台:已搭建好的基于 Jupyter Notebook 的 PySpark 开发环境。

(2) 数据集:Netflix 评分数据集,包含用户 ID、电影 ID 和评分等。

3. 实验内容和要求

1) 数据加载与预处理

内容:使用 PySpark 加载 Netflix 评分数据,进行必要的预处理,包括选择合适的特征、处理缺失值等。

要求:

(1) 展示数据加载过程,并对数据集进行探索性分析。

(2) 预处理数据,确保模型训练所需的数据质量。

2) 构建 ALS 推荐模型

内容:使用 PySpark ML 的 ALS 算法构建推荐模型,分别对用户和电影进行特征向量的学习。

要求:

(1) 设定合理的 ALS 参数,如 rank、maxIter、regParam 等。

(2) 将数据集分为训练集和测试集,用训练集训练模型。

3) 模型评估与调优

内容:使用测试集评估 ALS 模型的性能,探索不同参数设置对模型效果的影响。

要求：

(1) 使用适当的评价指标(如 RMSE)评估模型性能。

(2) 尝试不同的参数配置，记录模型性能的变化，找到最优参数组合。

4) 进行电影推荐

内容：基于训练好的 ALS 模型，对指定的用户进行电影推荐。

要求：

(1) 为若干特定用户推荐评分最高的 10 部电影。

(2) 展示推荐结果，并尝试解释推荐的合理性。

参 考 文 献

[1] 林子雨，赖永弦，陶继平. Spark 编程基础[M]. 北京：人民邮电出版社，2018.

[2] 林子雨，大数据技术原理与应用——概念、存储、处理、分析与应用[M]. 2 版. 北京：人民邮电出版社，2017.

[3] 王利锋. Linux 容器云实战：Docker 与 Kubernetes 集群：慕课版[M]. 北京：人民邮电出版社，2021：121-127.

[4] MOSTIPAK J. (2019). Hotel Booking Demand [Data set]. Kaggle. Available at：https://www.kaggle.com/datasets/jessemostipak/hotel-booking-demand (Accessed 20 March 2024).

[5] DAL A，CAELEN O，JOHNSON R A，et al. Calibrating probability with undersampling for unbalanced classification[C]//2015 IEEE symposium series on computational intelligence. IEEE，2015：159-166.

[6] ISLAM M. (2020). Car Price Prediction [Source code]. Kaggle. Available at：https://www.kaggle.com/code/mohaiminul101/car-price-prediction (Accessed 20 March 2024).

[7] QU H，OBSIE E，DRUMMOND F. (2020). Data for：Wild blueberry yield prediction using a combination of computer simulation and machine learning algorithms [Data set]. Mendeley Data，V1. https://doi.org/10.17632/p5hvjzsvn8.1

[8] HARPER F M，KONSTAN J A. (2015). The MovieLens Datasets：History and Context. ACM Transactions on Interactive Intelligent Systems (TiiS)，5(4)，Article 19.

图书资源支持

感谢您一直以来对清华版图书的支持和爱护。为了配合本书的使用，本书提供配套的资源，有需求的读者请扫描下方的“书圈”微信公众号二维码，在图书专区下载，也可以拨打电话或发送电子邮件咨询。

如果您在使用本书的过程中遇到了什么问题，或者有相关图书出版计划，也请您发邮件告诉我们，以便我们更好地为您服务。

我们的联系方式：

清华大学出版社计算机与信息分社网站：https://www.shuimushuhui.com/

地　　址：北京市海淀区双清路学研大厦 A 座 714

邮　　编：100084

电　　话：010-83470236　010-83470237

客服邮箱：2301891038@qq.com

QQ：2301891038（请写明您的单位和姓名）

资源下载：关注公众号“书圈”下载配套资源。

资源下载、样书申请

书圈

图书案例

清华计算机学堂

观看课程直播